高等职业教育"十四五"规划教材

田间试验与统计分析

张力飞　梁春莉　主编

中国农业大学出版社
·北京·

内容简介

田间试验与统计分析是按照高等职业教育教学要求，以为专业服务和“够用”为原则，根据专业课的内容特点和要求确定本门课程的内容。教材主要内容有：试验计划书拟定、田间试验设计与实施、试验数据调查取样、数据资料整理、统计假设检验、试验结果方差分析、简单直线相关与回归。项目前列出知识目标、技能目标、素质目标，项目后列有习题，中间由若干任务组成。书后拓展有科技论文撰写和 SPSS 分析软件的使用，附有相关附录。为便于学习，部分内容配有动画或视频，内容设计符合高等职业教育特色，适合高等职业院校师生教与学。本书可作为职业院校作物生产技术、园艺技术、生物技术等种植类专业教材。

图书在版编目（CIP）数据

田间试验与统计分析/张力飞，梁春莉主编．--北京：中国农业大学出版社，2022.3（2024.8 重印）

ISBN 978-7-5655-2714-2

Ⅰ．①田…　Ⅱ．①张…②梁…　Ⅲ．①田间试验－统计分析－高等职业教育－教材　Ⅳ．①S3-33

中国版本图书馆 CIP 数据核字（2022）第 020969 号

书　　名　田间试验与统计分析

作　　者　张力飞　梁春莉　主编

策划编辑　康昊婷　　**责任编辑**　林孝栋

封面设计　郑　川

出版发行　中国农业大学出版社

社　　址　北京市海淀区圆明园西路 2 号　　**邮政编码**　100193

电　　话　发行部 010-62733489，1190　　读者服务部 010-62732336

编辑部 010-62732617，2618　　出　版　部 010-62733440

网　　址　http://www.caupress.cn　　**E-mail**　cbsszs@cau.edu.cn

经　　销　新华书店

印　　刷　北京溢漾印刷有限公司

版　　次　2022 年 3 月第 1 版　　2024 年 8 月第 3 次印刷

规　　格　185 mm×260 mm　　16 开本　　13 印张　　320 千字

定　　价　39.00 元

编审人员

主　编　张力飞　辽宁农业职业技术学院
　　　　梁春莉　辽宁农业职业技术学院
副主编　刘　丹　重庆三峡职业学院
　　　　于红茹　辽宁农业职业技术学院
　　　　赖运平　成都农业科技职业学院
　　　　孙　平　辽宁农业职业技术学院
　　　　夏国京　辽宁农业职业技术学院
参　编　董兴月　黑龙江农业职业技术学院
　　　　林玉飞　温州科技职业学院
　　　　孙文英　河南农业职业学院
　　　　刘淑芳　辽宁农业职业技术学院
　　　　于立杰　辽宁农业职业技术学院
　　　　翟秋喜　辽宁农业职业技术学院
　　　　赵　凯　西安市农业技术推广中心
主　审　陈杏禹　辽宁农业职业技术学院
　　　　王国东　辽宁农业职业技术学院

前　言

田间试验与统计分析是一门理论性和实践性较强的基础性课程。通过本课程的学习，不仅可以培养学生独立地进行植物生物学性状、果实经济性状、苗木质量的调查与鉴定，而且还可以开展小型应用性农业科学试验，并能针对收集、整理的数据资料进行分析，得出正确结论，为进一步提高学生分析植物的遗传与育种特性、栽培与技术推广，以及毕业后从事农业应用性试验与调查工作奠定坚实的基础。

党的二十大明确指出要全面推进乡村振兴。全面建设社会主义现代化国家，最艰巨最繁重的任务仍然在农村。全方位夯实粮食安全根基，深入实施种业振兴行动，发展乡村特色产业，拓宽农民增收致富渠道。要遵循职业教育规律，开展教育改革，深化产教融合、科教融汇，专业群对接产业链、人才链、创新链，校企共同研制培养方案和课程标准，完善教学条件和教学资源，提升技术服务和成果转化水平。要全面实施职业教育数字化，服务学生因材施教和个性化发展，培养大国工匠、高技能人才，促进学习型社会、技能型社会建设。为了实现这一目标，本教材以"应用"和"技能"教育为主线，按岗位要求构建教材内容体系，明确了知识目标和技能目标。实训内容上突出实践技能操作的阐述与展示，同时也体现出 Excel 软件统计功能的强大。理论内容以"必需、够用"为度，突出理论知识的应用性和服务性。

全书遵循高职学生认知规律，尊重个体需要，并注重学生的可持续发展。全书设有试验计划书拟定、田间试验设计与实施、试验数据调查取样、数据资料整理、统计假设检验、试验结果方差分析、简单直线相关与回归七个项目。项目前列出知识目标、技能目标、素质目标，项目后列有习题，中间由若干任务组成。语言简练，条理清晰，适合高等职业院校师生教与学。

本教材由张力飞、梁春莉任主编，刘丹、于红茹、赖运平、孙平、夏国京任副主编。具体编写分工如下：绪论、项目 1、项目 2、项目 3、拓展 1、附录由张力飞、董兴月编写；项目 4，梁春莉、翟秋喜编写；项目 5 由孙平、刘丹、孙文英编写；项目 6 由于红茹、刘淑芳、于立杰编写；项目 7、拓展 2 由夏国京、赖运平、林玉飞编写；此外，赵凯参与了部分内容的整理工作。全书由张力飞统稿，陈杏禹、王国东审稿。

在编写过程中，本教材参考了有关单位和学者的文献资料，在此一并致以衷心的感谢。由于编者水平有限，教材中难免出现疏漏，恳请各校师生批评指正。

编　者

2023 年 5 月

目　录

绪　论

知识目标

了解生物统计的意义；熟悉田间试验的特点；掌握田间试验的基本要求、试验研究的方法。

技能目标

能够复述试验研究的方法、田间试验的基本要求。

素质目标

热爱田间试验，树立为“三农”服务思想。

二维码 0-1
名人故事——
袁隆平禾下乘凉梦

随着人们生活水平的不断提高，粮食、园艺植物产品作为营养源越来越被重视。因此，为市场提供优质而多样化的农产品已成为种植者的重要目标。世界上先进国家十分重视农产品生产中的技术创新，在品种培育、丰产优质高效栽培、采后处理、贮藏加工及供销等一系列技术方面的进展日新月异。中国素有“园艺之母”的称号，栽培历史悠久、资源非常丰富，新中国成立后园艺植物生产在原来十分薄弱而落后的基础上迅速恢复发展，特别是近十余年来，园艺植物生产呈现了一片蓬勃发展的形势，也成为农民脱贫致富的重要途径。农民对科学种树、种菜的渴求日益迫切。在国际市场的竞争中，更要求高产、优质、低耗，为了满足周年供应的需要，要求迅速提高农产品的保鲜、贮藏、加工、运销等技术水平。这一切，都要求科研工作者积极地试验为生产服务。

在田间自然条件下，以植物生长发育的各种性状、产量和品质等作指标，研究植物与环境之间关系的农业科学试验方法称为田间试验。它的基本任务是在大田或保护自然或保护地条件下研究新品种、新产品、新技术的增产效果，客观评定具有各种优良特性的高产品种及其适应区域，评定新产品的增产效果及对环境的反应，正确的评判最有效的增产技术措施及其适用范围，使农业科研成果合理地应用和推广，发挥其在农业生产上的重要作用，并为各级农业部门及农户提供科学决策和技术咨询，促进农业科研成果尽快转化为生产力。

在一定条件下，观察、比较植物各方面的现象、结果，从而得出某种科学结论的一切活动就叫做试验。在这个过程中,设计试验、抽样调查和分析试验数据占有非常重要的位置。统计最简单的概念就是计数、计算、分析数字,这些数字是说明大量同类事物或现象数量特征或规律性的数字,叫统计数字。从全部研究的植物对象中抽出一部分进行调查,取得原始资料,根据数学原理,主要根据概率论原理进行分析,从而获得统计数字的方法就叫作统计。

试验与统计是紧密相连的。制订、选择、实施试验设计,获取试验数据,只有符合统计学的一定要求,或以统计学的理论和方法为基础,才能使试验结果科学可靠,达到事半功倍的效果。

一、田间试验的基本要求

在田间试验中,由于植物种类的不同,试验要求也会略有不同。例如果树试验,因为大多数果树是多年生木本植物,植株多高大,根系分布深而广,繁殖方法多种多样,受年龄时期和外界条件影响,其生长结果、发育规律等方面都可能有较大的差别,因此试验中必须考虑到果树多年生连续性的特点,试验的年份可能受到前几年的影响,需要较长的期限;选择好试验地和繁殖方法相同的试验植株,才能得出科学的结论。而蔬菜、花卉、大田作物试验则相对简单些。但考虑到田间试验的复杂性和植物的差异性,进行试验设计时,应严格按照试验要求划分小区,合理取样,适当增加重复次数,以减少误差。田间试验的基本要求如下。

1. 目的性

进行田间试验,目的一定要明确,在对试验因素不够了解的情况下应先进行单项试验,后进行综合试验,分清主次。对试验的预期结果及其在生产、科研中的作用,要大致心中有数,这样才能抓住当时当地生产实践中急需解决的问题,避免试验的盲目性,提高试验的效果。

2. 代表性(典型性)

代表性指试验的自然条件(包括土壤种类、地势、土壤肥力、气候等)和生产条件(包括施肥水平、耕作制度等)与试验结果所服务的地区相适应,亦称试验的典型性,它决定着试验结果可能利用的程度。从地域上说,代表的范围越广,其意义也就越大;从时效性说,既要考虑目前的条件,也要适当考虑将来的发展,使试验成果具有较长远的适用性。

3. 正确性

试验要求正确,否则也就失去意义。试验的正确性反映了试验结果的可靠性。试验的正确性越高,试验结果就越可靠,就越能反映客观实际。试验的正确性包括试验的准确性和精确性两个方面。准确性指试验性状的观测值与其相应真值的接近程度。观测值与其相应真值越接近,试验就越准确,但在一般试验中,真值是未知数,故准确性不易确定。精确性指同一试验中同一试验性状的重复观测值彼此接近的程度。重复观测值彼此越接近,则试验越精确,它是可以计算的。在没有系统误差时,精确与准确是一致的,所以,在田间试验中,应力求减少试验误差,以求试验结果的准确可靠。一般情况下,由于植物本身的遗传性就十分复杂,加之外界环境的影响,必然产生或大或小的误差。例如品种比较试验,目的是比较不同品种的丰产性,因此,除了品种这个因素外,其他条件(如土壤、气候、田间管理等)应尽量保持一致，否则，就会使品种的丰产性鉴定结果失真。即使在各种外界条件都相对一致的情况下，不同品种也会由于某一特定环境条件发挥品种程度不同，使试验结果产生误差，这个误差是不可避免的，但是可以降至最小。错误是不允许的，如记录错误、称重错误等。田间试验时，必须尽最大努力准确地执行试验技术，避免发生人为差错，最大可能地保证试验条件的一致，以提高试验结果的正确性。

4. 重演性

重演性是指相似条件下，进行相同的试验，可以获得相同或相似的试验结果。试验结果越类似，其试验重演性越好。这对于在生产实践中推广试验成果极为重要。由于自然条件和生产条件的复杂，不同年份或不同地区进行相同的试验，结果往往不同，即使在相同的条件下，试验结果也会有出入。为了判定试验结果的正误，要有多年和多点的试验才能得出结论。把每一项试验在本地区重复两三年。由于每年的自然环境条件总有不同，所获得的试验结果是在不同的年份、不同的自然条件下的平均值，使重演的可能性提高，更容易被大面积推广。在整个试验过程中，要充分了解和掌握试验区的自然条件和栽培管理水平，细致、完整、及时地进行田间试验记载，分析各试验现象，找出规律性，以便正确地估计试验的重演性。

综上所述，为了提高田间试验效果，目的必须明确，选好试验地和试验材料，科学地进行试验设计，认真观察记载，对数据应采用有效的生物统计方法，以使试验结果符合客观规律，在生产上发挥更大作用。

二、试验研究的方法

试验研究的方法很多，涉及许多基础学科，确定课题后必须根据试验的目的要求和具体条件，选用不同的研究方法。一般可分为调查研究法和试验研究法。

调查研究法是就已有的事实对生物各方面进行研究，是最常采用的研究方法。速度快、效果好，简单易行，适用于多方面的研究。试验研究法是人为新创造一些条件对生物各方面进行研究，这些新创造条件是人们依据研究目的而拟定的，是可以控制的。具体又可分为下列四类：

1. 经验总结调查法

在各地广泛进行的植物栽培中，有许多宝贵的经验对推动植物发展有积极作用，是一种节省时间而提高试验效果的方法。对某项先进技术或丰产优质的综合管理经验调查是经常采用的试验方法。可采取座谈、访问和实地调查相结合的方式进行，以使结果较为可靠，必要时还可设置试验加以证实。

2. 生物学调查法

生物学调查法是植物研究中的重要手段，常配合田间试验、调查研究等以取得有关植物各器官生长发育等方面的数据资料，分析说明试验效果，并在生产中推广。例如计算果树花叶芽比、叶果比、枝果比、干周等，都可作为确定果树负载量的因素。另外，还可总结出规律性资料，例如定期测量果树根系、枝条、果实等的生长量，定期解剖芽眼观察分化情况等，都可帮助我们了解果树的年周期中各器官的生长发育动态，借以提高管理水平。所以，生物学调查法是一种应用范围很广的研究方法。

3. 田间试验法

在田间新创一些条件对植物各方面进行研究是植物常用的重要研究方法。它是以差异对比法为基础，在控制或人工处理条件下，突出对比因素，以比较不同处理的反应和效果。一般植物的田间试验需要较长的时间。为了加速试验进程，节约经费和提高效果，可采用预备试验和正式试验相配合的方法。在正式试验中还可分为几个步骤，先进行小区试验，继而选择效果最好的处理进行田间生产试验，最后将最佳处理推广于生产。新育成或引进的品种要布点进行区域化试验，以确定最佳推广的范围。

4. 室内研究法

利用人工控制的环境条件，如温室、大棚、生长箱、组织培养室、人工气候室等设备进行植物各方面的研究，可得到较为准确可靠的试验结果，误差少而速度快，随着设备条件的改善，这种研究方法应用已越来越多。另外，许多植物试验正在逐步深化，例如组织切片、生理生化分析研究等也正在快速发展，这对指示某些与生产有关的问题或理论研究均有重要意义。室内研究法已逐渐成为普遍采用的研究方法。室内研究法有调查性的，如根系观察、营养诊断、花芽分化观察等；也有试验性的，如盆栽试验、水培试验、组织培养试验等。

以上四种方法应当互相配合、综合应用，以期用较短的时间完成研究任务。

三、生物统计的功用

生物统计是运用数理统计的原理和方法来研究生物界数量现象的科学，是数学与生物学相结合的交叉科学。学习田间试验与统计分析，应该了解生物统计的基本功用。

1. 科学地整理和描述数据资料

果树、蔬菜、花卉等植物都有着极其复杂的生命活动过程，同时与环境条件存在不可分割的关系，在生长发育过程中受经常变化着的气象及土壤肥力等自然条件的影响，其数量现象具有普遍的变异性，例如在同一组条件下测量 100 个苹果的单果重数据，往往各不相同，把这些数据收集起来往往庞杂零乱，很难说明任何问题，只有用统计方法将资料加以整理、归纳、分析，才能发现其规律性，即该品种的平均单果重。所以，生物统计可以科学地整理和描述数据资料。

2. 提供样本推断总体的科学方法

在一般的试验中，试验对象都是样本，而试验的目的，当然在于认识总体的表征与规律，总体一般极为庞大，例如一窖苹果、一个地区的李树等，它们的总体参数通常是难以得到的。这就产生了如何才能由样本推断总体的问题，数理统计已搞清楚了样本与总体的若干规律，进而能提供由样本推论总体的科学方法。

3. 判断试验结果的可靠性

试验数据间的变异简单说来是由两方面原因造成的，一是处理不同，二是试验误差。处理效应与误差效应同时表现在一个试验结果数据中，如果不进行统计分析就不会知道处理的真实作用，也不会知道试验的准确性如何，统计方法为解决推断试验结果的可靠性提供了强有力的手段。

4. 确定和度量事物间的相互关系

自然界中任何事物和现象都不会孤立地存在、孤立地变化，而是彼此联系、相互作用、相互影响。例如番茄果实重量与果实横径有关，那么，它们是什么性质的关系？关系的密切程度如何？变化规律怎样？诸如此类的关系与问题，生物统计都有解决的办法，它对处理生产管理、预测产量等现实问题极有帮助。

5. 提供试验设计的重要原则

为了以较少的人力、物力、财力投入试验，并获取更多的信息、可靠的试验结果，试验就必须有科学的设计。田间试验中，人们所能控制的是试验因素，而对非试验因素是很难控制一致的，尤其是偶然因素的干扰，使试验不敏感，甚至真相被掩盖，只有借助统计学中的随机和重复原则，才能对偶然因素加以处理，增加试验的敏感性。

不能要求每个试验工作者都成为生物统计学家，但将统计原理和方法应用于试验设计、数据的调查、整理与分析，提高试验的效率和可靠性，对每个试验工作者来说，实属必要。

四、学习田间试验与统计分析的方法

田间试验与统计分析课程，概念新，公式多，综合性强，掌握一定的学习方法是很重要的。

1. 弄懂基本原理和方法

学习田间试验与统计分析课程，要求有较为深厚的专业知识和一定的数理基础。对于高等职业院校的同学们来说，专业理论只学一部分，专业实践尚有欠缺，进行田间试验，一时难以抓住关键；尤以生物统计，全从概率角度思考问题，给学习带来一定的难度。所以，学习本课程，一定要着重于理解，弄懂基本原理，掌握基本方法，既不追求纯理论的推导、证明，更反对一知半解和死记硬背。

2. 积极参加小型科学试验

田间试验与统计分析是一门实践性很强的应用工具课，只懂理论，不能实践，就像黑板上栽树一样，没有意义。应该利用教学实习、顶岗实训、就业实习、科研项目等一切机会，积极参加科学试验，或者就本地本校条件，结合实际需要，自行设计小型应用性试验。在参加科学试验活动当中，应有意识地应用所学理论和方法指导实践，并在科研实践中加深对基本概念、基本方法的理解。将田间试验和统计分析有机地结合起来，运用统计原理指导试验的设计、实施、调查，获得试验结果后，应用统计方法去分析、推断结论，这样，理论与实践结合，试验与统计结合，科学试验水平即会相应提高。

3. 熟练统计公式的应用

学习田间试验与统计分析课程难度最大的是统计公式的应用。初学者往往是记住了统计公式，却不知道用于什么资料；或者有了试验资料，却不知道用什么统计公式去分析，有时也就胡乱对付一通。解决的办法是：理解公式含义，整理资料类型，一定的公式应用于一定的资料类型，反复实践，不断应用，从生疏到熟练。这就要求认真地多做一些习题。除了每章后附有的习题外，还应多收集一些科研中、阅读中碰到的各种数据资料，进行统计分析，久而久之，统计分析的能力也就提高了。

习 题

一、不定项选择题

1. 田间试验的基本任务是（　　）。
   A. 研究新品种、新产品、新技术的增产效果
   B. 评定高产品种及其适应区域
   C. 评定新产品的增产效果及其对环境的反应
   D. 评判新技术及其适用范围
2. 田间试验的基本要求是（　　）。
   A. 目的性　B. 代表性　C. 正确性　D. 重演性
3. 下列选项属于田间试验的自然条件的是（　　）。
   A. 土壤种类　B. 地势　C. 施肥水平　D. 气候
4. 下列选项属于田间试验的生产条件的是（　　）。
   A. 施肥水平　B. 土壤种类　C. 耕作制度　D. 土壤肥力
5. 试验的正确性包括（　　）。
   A. 代表性　B. 准确性　C. 精确性　D. 目的性
6. 田间试验的自然条件不包括下列（　　）。
   A. 土壤种类　B. 地势　C. 土壤肥力　D. 耕作制度
7. 重复观测值彼此越接近，则试验越（　　）。
   A. 正确　B. 准确　C. 精确　D. 可靠
8. 试验研究的方法一般包括调查研究法和（　　）。
   A. 田间试验法　B. 试验研究法　C. 室内研究法　D. 生物学调查法
9. 试验数据间的变异简单说来是由两方面原因造成的：一是处理不同；二是（　　）。
   A. 试验误差　B. 环境不同　C. 管理水平差异　D. 试验人不同
10. 下列选项不属于生物统计功用的是（　　）。
    A. 提供试验设计的重要方法
    B. 提供样本推断总体的科学方法
    C. 判断试验结果的可靠性
    D. 科学地整理和描述数据资料

二、判断题

（　　）1. 在田间自然条件下，以果蔬植物生长发育的各种性状、产量和品质等作指标，研究果蔬植物与环境之间关系的农业科学试验方法称为田间试验。

（　　）2. 田间试验，顾名思义只有在田间做的试验才称为田间试验。

(　　)3. 田间试验的区域选择一般与生产条件和自然环境条件没关系。

(　　)4. 田间试验的自然条件包括土壤种类、地势、土壤肥力、气候等。

(　　)5. 田间试验的生产条件包括施肥水平、耕作制度、植株长势等。

(　　)6. 试验的正确性反应试验结果的可靠性。

(　　)7. 准确性是指试验性状的观测值与其相应真值的接近程度。

(　　)8. 重复观测值彼此越接近，则试验越精确。

(　　)9. 重演性是指相似条件下，进行相同试验，可以获得相同或相似的试验结果。

(　　)10. 由于田间试验要求有重演性，因此在相同条件下，试验结果必须一致。

三、简答题

1. 请列举你身边进行中的田间试验(至少 3 项)。
2. 你准备怎样学习田间试验与统计分析这门课程？

项目1
田间试验计划书拟定

知识目标

解释试验指标、因素、水平、水平组合(处理)和试验误差。掌握试验计划、方案的基本内容,调控试验误差的方法。

技能目标

独立拟定田间试验计划书。

素质目标

找准党和政府的科研任务,树立解决生产实际问题、推广先进技术的理念。

进行任何一项工作之前,都要有明确的目的及要达到这一目的所采用的手段、具体的方法和步骤,以期获得预期的结果。在进行田间试验之前,首先要选定试验课题,并根据试验要求,制定试验计划。课题的选定通常来自党和政府提出的科研任务、生产中急需解决的问题、推广国内外先进经验、引进先进的科研成果、科研空白及个人在工作和学习时发现的新问题。无论哪种情况,都应结合当时当地条件,量体裁衣、量力而行,做到既新颖先进,又切合实际。课题选定以后,要围绕课题尽量收集有关资料,了解与本课题有关的生产经验、研究水平、发展动向、学术和经济上的价值,并征求专家、同行们的意见,明确主攻方向。

任务1 认识试验中的几个基本概念

一、试验指标

试验中用来衡量试验效果的标准称为试验指标,简称指标。在不同的试验中,指标的选择是不一样的,要确能反映和衡量试验效果的好坏,并利于准确测定。例如:当试验目的在于了解不同肥料对凯特杏的喷施效果时,指标可以选用单产(kg/株);当试验目的是判断杀虫剂的药效时，指标可选用虫口死亡率，等等。

二维码 1-1
试验中的几个
基本概念

二、试验因素、水平、水平组合和试验因素效应

1. 试验因素

依据试验目的和条件而确定的能影响试验指标的研究对象称为试验因素，简称因素或因子。例如做品种比较试验，研究的对象是品种，试验若干品种是依据试验目的和条件确定的，能对试验指标（主要是单产）产生影响，故品种为试验因素。又如做不同施钙量对无花果新梢生长影响的试验，研究的对象是施钙量，是我们依据试验目的和条件确定的，对试验指标（新梢的长度和粗度）可以产生影响，施钙量则为试验因素。有时亦将试验因素称为处理因素。

2. 水平

每个试验因素的具体内容或不同状态称为水平，亦称因素的水平。例如试验苹果的不同枝接法对嫁接成活率的影响。试验因素为枝接法，但枝接的方法很多，试验中采用哪些枝接法应有具体内容。如我们选用舌接、切接、劈接和腹接，这 4 种接法即为试验因素枝接法的 4 个水平。又如试验不同疏果剂对国光苹果坐果的影响。试验因素是疏果剂，但疏果剂的种类和使用浓度很多，我们确定用 200 μL/L 萘乙酸加 300 μL/L 乙烯利、2 000 μL/L 西维因、1 000 倍的敌百虫为疏果剂的 3 种不同状态，即为因素疏果剂的 3 个水平。

3. 水平组合

在有的试验中，往往同时考察多个因素，这就出现了各因素的水平相互搭配的情况。在两个以上因素的试验里，各因素的不同水平按一定的组合方式搭配在一起称为水平组合，有时亦称为处理组合。例如在一个苹果嫁接试验中，探索不同时期采用不同枝接法对嫁接成活率的影响，这是一个两因素试验，因素、水平、水平组合如下：

因素：　　枝接法　　　　　　　　　　枝接期

水平：舌接　劈接　切接　腹接　　　　4 月上旬　4 月中旬　4 月下旬

水平组合：4 月上旬{舌接、劈接、切接、腹接}　4 月中旬{舌接、劈接、切接、腹接}　4 月下旬{舌接、劈接、切接、腹接}

或者：舌接{4 月上旬、4 月中旬、4 月下旬}　劈接{4 月上旬、4 月中旬、4 月下旬}　切接{4 月上旬、4 月中旬、4 月下旬}　腹接{4 月上旬、4 月中旬、4 月下旬}

写法不同，但实际内容相同，共 12 个水平组合，水平组合数为各因素水平数的乘积。

在单因素试验中，不同水平即不同处理，水平亦称处理；在多因素试验中，不同水平组合即不同处理，水平组合亦称处理。

4. 试验因素效应

试验因素对性状所起的作用称为试验因素效应，可以分成下面 3 种情形加以讨论。

二维码 1-2 试验因素效应

(1)简单效应　试验中处于相对独立状态的单因素对性状所起的作用，或者说，试验中其他因素水平相同，而某个因素水平不同所引起的性状差异称为简单效应，简称简效。例如我们在某地做追施氮肥对辽峰葡萄产量影响的试验，每公顷追施尿素 300 kg，每公顷产量 18 000 kg；相同条件，每公顷追施尿素 425 kg，每公顷产量 19 500 kg，这就是说，在每公顷追施尿素 300 kg 的基础上，增施 125 kg 尿素的效应为增产 1 500 kg/hm^2，这种效应仅是氮量的不同水平引起的产量差异，为简单效应。在多因素试验里，情况较为复杂，表 1-1 资料是基本条件和植株生长趋于一致的四块葡萄园的氮、磷量试验结果。当一个因素的水平相同，另一个因素不同水平间的产量差异，属于简单效应。如氮的简单效应(N_{425}-N_{300})，在 P_{225} 的水平上为 1 500 kg/hm^2，在 P_{375} 的水平上为 2 250 kg/hm^2；磷的简单效应(P_{375}-P_{225})，在 N_{300} 的水平上为 2 250 kg/hm^2，在 N_{425} 的水平上为 3 000 kg/hm^2。

(2)主要效应　在同一试验中，一个因素内简单效应和的平均值称为主要效应，亦称平均效应，简称主效。在表 1-1 资料中，N 的主效是(1 500＋2 250)÷2＝1 875(kg/hm^2)，P 的主效是(2 250＋3 000)÷2＝2 625(kg/hm^2)。

表 1-1　多因素试验的各种效应示例　　kg/hm^2

		N 量		简　效	主效 N
		N_{300}	N_{425}	N_{425}-N_{300}	
P	P_{225}	Ⅰ 18 000	Ⅱ 19 500	1 500	1 875
	P_{375}	Ⅲ 20 250	Ⅳ 22 500	2 250	
P_{375}-P_{225}		2 250	3 000	互　作	
主效 P		2 625		375	

(3)互作效应　在一个多因素试验里，不仅各个因素在起作用，而且多因素之间有时会联合起来影响某一性状，这样的效应称为互作效应，简称互作，亦称交互作用、连应。在表 1-1 试验里，Ⅰ园为 $N_{300}P_{225}$(即每公顷施 N 量为 300 kg，P 量为 225 kg，下同)，公顷产葡萄 18 000 kg，Ⅱ园为 $N_{425}P_{225}$，每公顷产 19 500 kg，Ⅰ园、Ⅱ园相比，P 量均为 225，仅因多施 125 kg 的 N 就增产 1 500 kg；Ⅰ园、Ⅲ园相比，N 量没有差异，仅因多施 150 kg 的 P 就增产 2 250 kg/hm^2；Ⅰ园、Ⅳ园相比，Ⅵ园既多施 125 kg 的 N，又多施 150 kg 的 P，一般推理，Ⅵ园应比Ⅰ园增产 1 500＋2 250＝3 750(kg/hm^2)，但实际增产 22 500－18 000＝4 500(kg/hm^2)，多增产 750 kg/hm^2，即除 N、P 的简单效应外，它们还联合起来产生互作效应。按照这种分析，互作的直观计算是：

$$N\cdot P=\frac{1}{2}[(N_{425}P_{375}-N_{300}P_{225})-(N_{425}P_{225}-N_{300}P_{225})-(N_{300}P_{375}-N_{300}P_{225})]$$

$$=\frac{1}{2}[(22\,500-18\,000)-(19\,500-18\,000)-(20\,250-18\,000)]=375(kg)$$

这里使用1/2，是使互作像主效一样，在每单元的基准上计算。将上式括弧解开并移项：

$$N \cdot P=\frac{1}{2}[(N_{425}P_{375}-N_{300}P_{225})-(N_{425}P_{225}-N_{300}P_{225})-(N_{300}P_{375}-N_{300}P_{225})]$$

$$=\frac{1}{2}[(N_{425}P_{375}-N_{300}P_{375})-(N_{425}P_{225}-N_{300}P_{225})]=\frac{1}{2}[2\,250-1\,500]=375(\text{kg})$$

$$=\frac{1}{2}[(N_{425}P_{375}-N_{425}P_{225})-(N_{300}P_{375}-N_{300}P_{225})]=\frac{1}{2}[3\,000-2\,250]=375(\text{kg})$$

即互作效应为简单效应差的平均值。这样看来，互作效应只有在因素内简单效应不一致时才存在。

从效应值看，互作可分为正互作（起增强的作用）、负互作（起减弱的作用）和零互作（无互作）。上面N、P试验的例子显然是正互作。两个因素间的互作称为一级互作，有较大的实际意义，容易理解，往往容易表现出是否显著。三个因素间的互作称为二级互作，其余类推。二级以上的互作称为高级互作，实际意义不大，一般难以解释，通常被并入误差。

【练一练】

下面是一份新嘎拉苹果授粉试验资料，请你说说它的试验因素、水平和试验指标。

新嘎拉苹果授粉试验

试验以八年生新嘎拉苹果树为试验材料，分别用藤牧一号、岳帅、恋姬、红王将、珊夏、美国八号、绿帅的花粉为其授粉，调查其坐果率、单果重、果形指数、可溶性固形物含量、果实硬度以及着色度等。试验结果表明，用绿帅作新嘎拉苹果授粉品种，表现最好；其次是藤牧一号；第三是美国八号。

任务2　拟定试验方案和计划

拟定试验计划和试验方案，需要先了解试验种类及其有关的一些问题。

一、试验种类

由于试验的内容、进展阶段、试验涉及的因素多少、试验小区面积的大小以及试验期限、场所等的不同，试验种类名目繁多。

二维码1-3
田间试验的种类

1. 依试验内容分类

（1）栽培试验　主要研究各种栽培技术措施的丰产、稳产、优质等，它是将遗传型相同的植物品种置于某栽培因素的不同水平下的比较试验，以探讨该栽培因素的何种水平最能发挥该品种的增产作用。如秋白菜的播种期、播种方式比较试验，是将秋白菜置于不同播种期、不同播种方式下的比较，以确定最佳播种期和播种方式。又如苹果栽植密度比较试验，密度就是研究的因素，如栽植密度分 2 m×3 m、2 m×4 m、3 m×4 m、3 m×5 m 四种，则每一种密度就叫作一个水平或一个处理，通过试验以确定其高产的最佳密度。栽培试验包括栽培技术对比试验、丰产栽培技术试验、栽培技术示范试验等。

(2)品种试验　主要研究各种植物的引种、育种和良种繁育等问题。如品种比较试验就是常用的品种试验，它是将遗传型不同的品种置于相同条件下的比较试验，以选出在产量、品质、抗性等指标上超过原推广品种的新品种，并予以推广应用。品种试验多是育种中最后一个程序的试验。

(3)植保试验　主要研究病虫害的防治措施和新农药的药效等。包括病害防治试验、虫害防治试验、药效试验等。

(4)土壤肥料试验　主要研究各种类型土壤的施肥种类、施肥数量、施肥时期、施肥方法的效果，以及土壤的改良措施等。

(5)贮藏试验　主要研究不同管理技术措施，不同贮放条件、方法对贮藏后果实品质影响。

除此之外，还有遗传试验、园艺机械试验等。

2. 依试验因素的多少分类

(1)单因素试验　只研究某一个因素的若干处理效应的试验称为单因素试验，换句话说，就是试验中只有一个研究对象。上述所举之例，如不同施钙量对无花果新梢生长的影响，研究的只有“施钙量”这一个因素，而在这个因素内设置不同的水平或处理，即不同的施钙量，以比较其优劣，除试验因素外，其他的因素是相对一致的。单因素试验，设计简单，目的明确，实施方便，统计分析比较容易。但不能了解几个因素间的作用，试验结果往往具有一定的局限性，甚至会得出错误的试验结论。因此，一般在对研究的对象完全不了解时采用。

(2)复因素试验　同时研究两个或两个以上因素效应的试验称为复因素试验。例如施肥时期和施肥量相结合的试验就是多因素试验，今以 A 代表施肥时期，B 代表施肥量，假若在这一试验中设置三个不同的施肥时期用 A_1、A_2、A_3 表示，三种不同的施肥量用 B_1、B_2、B_3 表示，则这个试验共有 3×3＝9 个处理组合，即不同施肥时期与不同施肥量之间共有 9 种不同的搭配方式，其具体搭配方式为 A_1B_1、A_1B_2、A_1B_3、A_2B_1、A_2B_2、A_2B_3、A_3B_1、A_3B_2、A_3B_3，这 9 个处理组合在其他因素基本保持一致的条件下进行比较试验，以评定不同处理组合对产量的影响如何。复因素试验，不仅可以研究各个因素单方面的效应，而且还能研究因素间的互作效应，能够较全面地说明问题，试验效率也比单因素试验高，所以复因素试验比单因素试验更加切合园艺植物的生长发育和生产实际。但复因素试验在设计上比较复杂，在统计分析上比较烦琐，所以在应用时因素不宜过多，水平也要有所控制，否则会使试验过程复杂，分析比较困难。

(3)综合性试验　也是一种复因素试验，但试验中的各个因素的不同水平不构成平衡的处理组合，而是选择一种至数种成套的技术措施进行试验，与当地现行采用的成套技术措施相比较，研究综合效应，最后根据产量、质量、树势和经济效益，得出比较满意的综合性优秀的栽培技术措施。如配套栽培技术的比较。综合性试验多采用大区试验，是发展农业生产，提高科学水平的迅速有效途径。

3. 依试验时间的长短分类

(1)一年试验　只进行一年的试验称为一年试验。某些试探性试验通常只进行一次，以取得初步材料作为进一步研究的依据。由于是一年自然现象的反应，往往不能做出正确的结论。

(2)多年试验　重复进行两年以上的试验，能综合历年不同气候等环境条件的试验结果，从而能得出较为可靠的结论。

4. 依试验地点的多少分类

(1)单点试验　只在一个地点进行的试验称为单点试验。涉及范围小，所得结果仅能说明当地气候条件下的反应，一般作辅助试验。

(2)多点试验　同时在几个地点进行的相同试验称为多点试验。其区域的代表较广，试验结果的正确性较高，可以缩短试验研究的年限，提早确定试验成果的适应范围，有利于加速推广。进行试验时，必须确定一两个试验点进行比较细致的观察记载和分析，其余各点仅做一般观察记载和试验结果的验证。

5. 依试验面积的大小分类

(1)小区试验　在小区试验中，每个水平或处理一次所占用的土地(小区)的面积一般在几平方米至几十平方米之间，这是在试验探索阶段一般采用的试验形式，因为这时处理效果尚不明确，往往需要在一个因素中设置较多的水平，或采用多因素试验以探讨不同处理的效应，所以整个试验将会有很多小区，此时若采用较小面积的小区试验，则试验的面积就不致过大，便于对试验条件进行控制，以提高其精确性。

(2)大区试验　当小区试验进行到一定阶段后，试验效果已基本明确，在此基础上实行大区试验是必要的。在大区试验中，每个小区的面积一般在 300 m^2 以上，因此其栽培条件已接近于大田生产，具有大田生产的代表性，起到了示范作用。大区试验为推广应用打下了基础。

6. 依试验指标的多少分类

(1)单指标试验　试验中仅设一个衡量标准，如不同嫁接期、不同嫁接法对苹果苗嫁接成活率的影响试验，指标就是“成活率”。

(2)多指标试验　试验中设有两个以上衡量标准，如不同剪砧期、不同剪砧高度对苹果苗木质量的影响试验，指标包括苗木的“高度”“粗度”“伤口愈合程度”等。

二、试验方案的拟定

试验方案是根据试验的目的和条件而拟定的用以比较的整个试验处理的总称，亦称处理方案。例如做温室无花果品种比较试验，试验方案为：麦司依陶芬、金傲芬、波姬红、日本紫果、新疆早黄、绿抗一号、布兰瑞克、谷川。这是一个单因素(品种)8个处理的试验方案，它是根据试验目的和条件选择出来的。品种各个不一，可以比较它们的优劣，而试验中的其他因素，不论是地下管理条件，还是树上栽培措施，均属非试验因素，都应该严格一致。又如做新嘎拉苹果喷布不同次数不同浓度疏花剂试验，我们将试验因素、水平、水平组合写在下面：

试验因素：次数　　　　　　　浓度

水　　平：2次　3次　　　　　50倍　100倍　150倍

水平组合：

$$50倍\begin{cases}2次\\3次\end{cases}\qquad 100倍\begin{cases}2次\\3次\end{cases}\qquad 150倍\begin{cases}2次\\3次\end{cases}$$

本试验共有 6 个处理，总称为试验方案。值得注意的是，在这里，品种新嘎拉不是试验处理，虽然处理在新嘎拉树上进行，但没有与它相比较的另外品种，只是作为试验的一个条件要求，而为非试验因素。

拟定试验方案是整个试验工作的主要部分，如果考虑不周，不能把所要比较的处理全部包括在内，或者过于复杂，或者处理的级别不够恰当，试验任务就不能很好地完成。一般来说，拟定试验方案需要注意以下几点：

1. 确定试验因素

任何一个试验，都涉及很多方面，确定的试验因素一定要能准确地反映试验目的并合乎试验条件，在充分了解前人研究历史和目前研究现状的基础上，找出本试验的主要因素，然后选择一两个关键性的因素进行试验，在得到初步结论后再进行比较复杂的试验，由浅入深，由简入繁。

2. 确定试验处理

试验因素确定以后，紧接着就是确定该因素的处理或水平，要求做到：

(1)简单明确　例如做苹果修剪量的试验，试验方案可设修剪量为原枝量的 1/16、1/8、1/4、1/2，而不要用剪去多长、多重来表示。

(2)间距适当　如做桃苗繁育初期施肥量的试验，有下列 3 种方案：①每公顷施肥 75 kg、76 kg、77 kg，间距太小，效应不明显，也找不出最高限施肥量。②每公顷施肥 50 kg、150 kg、250 kg，间距过大，结果虽明显，但只是大致结果。③每公顷施肥 50 kg、100 kg、180 kg，间距不等，不便于分析。处理间的级差既不能过大，也不能过小，最好以常用量为中心点，以此向高低两边成等差级数延伸。

(3)有中心处理　预计试验结果是最优的处理称为中心处理，围绕这个中心处理再设其他处理，使试验效应呈抛物线状。即试验方案中既有较低效应的处理，又有较高效应的处理，超过这个较高效应处理，效应又降低了，这是最理想的方案。在实际工作中，有时中心处理难以估计，需要查阅文献，请教专家，深入实际，必要时可以进行一些处理差异幅度较大的预备试验，使方案内的处理有其科学依据和必要性。

(4)有趋向性　上面的施肥试验，最好是等距离的，而且应包括既有较低的施肥量，又有较高的施肥量，使施肥量的效应呈抛物线形状。

(5)选准对照　在试验中作对比用的标准处理称为对照。不同的试验内容需要选用不同类别的对照。选用对照的原则：第一，选当地表现优良者做对照，如做栽培技术对比试验，应以当地较为普遍采用的优良技术做对照。第二，选确实能反映试验实质者做对照，如做叶面喷 0.5%磷酸二氢钾液的试验，若试验目的是明确喷磷酸二氢钾有否效应，选喷等量的水做对照；若试验目的是明确磷酸二氢钾的作用，方案中除有喷 0.5%磷酸二氢钾液，喷等量的水，选什么也不喷做对照(称为空白对照)。第三，选适于特殊要求的做对照。如试验目的在于比较品种对于病原菌的反应，选易感病品种做对照。但不是每个试验都非选对照不可，有时限于试验要求或试验条件，采用试验中的处理做对照而进行相互比较，称为相互对照。

3. 执行唯一差异原则

一般试验主要都是采用差异比较法来确定试验因素效应。试验没有可比性，试验就失去了意义。为了保证试验的可比性，试验方案就要执行唯一差异原则，即试验中只有试验因素有不同级别的差异，其他一切非试验因素应严格控制，尽量要求一致。前例不同时期采用不同枝接法对苹果嫁接成活的影响试验，除嫁接期、枝接法不同外，其他的因素，如所用砧木、接穗、施肥、灌水等，均应一致。这个原则亦称试验的等同原则。

三、试验计划的拟定

不论什么种类的试验，其程序都可分为选题、计划、实施和总结四个阶段。任何田间试验进行之前，必须制定试验计划书，明确试验的目的、内容、方法、进展、预期效果，以及其他栽培管理等措施的规格质量要求。试验计划是进行试验工作的依据，是完成试验任务的重要环节。试验计划力求全面具体，又突出重点。一般田间试验计划书包括以下内容。

(1)课题名称　应确实能反映试验的中心内容。课题要具体明确，重点突出，范围不宜过大。选题的依据：根据国家提出的科研任务，全面规划、分工协作；在调查研究的基础上，找出本地区急需解决的问题；引进、推广国内外先进经验；注意填补科研空白；阅读国内外文献资料。一般不超过25个字。

(2)目的任务　明确提出试验的目的，要解决的问题，阐明本试验在科学上、生产上的意义。分清主次，突出中心。

(3)计划依据　简明介绍他人在本课题或相似课题方面的研究情况、阶段性成果和生产经验，已经具备的条件，指出今后研究的途径。

(4)基本情况　试验地点、面积，环境条件，试材情况(包括供试的品种、株数等)。

(5)试验的内容、方法。

①试验方案　试验处理或处理组合。

②试验设计　试验设计类型、小区排列、小区面积、重复次数、对照与保护行的设置、绘制田间设计图。

③试验实施　实施试验方案的步骤、时间、方法、要求，一般田间管理技术与要求。

④观察记载　观察测定的项目(包括性状测定、实施情况、管理情况)、时间、方法、标准、取样方法和数量。

(6)试验年限及预期效果　试验的起止年限。除提出总的效果外，还应有各不同阶段的不同效果，分阶段的工作内容与重点。

(7)经费来源及预算　包括用工费、试材费等，按照实际需要核实预算。

(8)试验人员　主持单位及负责人，协作单位及参加人等。参加人员应明确分工、团结协作。

(9)计划拟定日期　写清年月日。

在拟定试验计划的时候，应特别慎重拟定试验方案、试验设计和试验指标，这三项是试验计划的重要内容。

【知识拓展】

辽宁农业职业技术学院科学研究项目申请书

项 目 名 称：
项目主持人：
部　　　门：
联 系 电 话：

研究项目科学依据及意义
主要包括： 1. 科学意义和社会应用前景 2. 国内外研究概况、水平及发展趋势 3. 社会效益和经济效益分析

研究内容和预期成果
主要包括： 1. 具体研究内容和重点解决的技术问题 2. 预期达到的各项技术指标 3. 预期成果提供形式及实施方式 4. 与本项目有关的前期研究工作基础和阶段性成果

<table>
<tr><td colspan="7">研究方案
主要包括：
1. 研究方法

2. 总体进度安排

3. 所需设备条件</td></tr>
<tr><td colspan="7">参加课题研究的人员情况</td></tr>
<tr><td>姓　名</td><td>性别</td><td>年龄</td><td>学历</td><td>专业技术职务</td><td>现从事专业</td><td>课题分工</td></tr>
<tr><td></td><td></td><td></td><td></td><td></td><td></td><td></td></tr>
<tr><td></td><td></td><td></td><td></td><td></td><td></td><td></td></tr>
<tr><td></td><td></td><td></td><td></td><td></td><td></td><td></td></tr>
<tr><td></td><td></td><td></td><td></td><td></td><td></td><td></td></tr>
<tr><td></td><td></td><td></td><td></td><td></td><td></td><td></td></tr>
<tr><td></td><td></td><td></td><td></td><td></td><td></td><td></td></tr>
<tr><td></td><td></td><td></td><td></td><td></td><td></td><td></td></tr>
</table>

<table>
<tr><td>申报部门意见[对申报项目提出初审意见，确定项目层次(重点、一般)]：

领导签字(盖章)：
年　　月　　日</td></tr>
<tr><td>院学术委员会意见：

学术委员会主任签字：
年　　月　　日</td></tr>
</table>

任务3 调控试验误差

一、试验误差的概念和类型

试验中，由于存在着人们难以完全控制的许多非处理因素的干扰和影响，使试验处理的真实效应不能完满地反映出来，这样，试验观测值与试验真值之间就出现了差异，这种差异称为试验误差。统计上则表现为统计量与其相应参数之差。

试验误差是不可避免的，也是不能完全消除的，但可以依靠不断地改进试验技术，将试验误差控制在允许的范围内。要正确认识试验错误，它与试验误差是完全不同的两个概念。错误是人为的，如实施错误、观测错误、计算错误、分析方法错误等，由于错误，势必增大误差，这是不能允许的，必须认真工作，反复核对，坚决消除。

试验中的误差，按其产生的原因和性质，一般可分为两类。

1. 系统误差

亦称片面误差，是由试验处理以外的其他试验条件明显的不一致所造成的误差。例如试验地的施肥、灌水、中耕除草等农业技术操作明显的不一致所引起的差异；两个试验者对同一标本反复比色，甲乙读数的差异；一架分析天平使用多年，称重时总比实重多 20 mg，等等，这些均属系统误差，它影响试验的准确性。一般来说，系统误差的出现有一定的明显来源，或遵循某种规律变化，其产生原因往往是可知或能掌握的。因此，应尽可能设法预见各种系统误差的具体来源，消除它们，或设法使系统误差减弱到可以接受的程度。

2. 随机误差

亦称偶然误差，是指在严格控制试验条件相对一致后，仍然出现的偶发性误差。习惯上常说的试验误差即指这种误差，其值似无一定方向和大小，但它是正态分布。随机误差是不可避免的，主要采用概率统计的方法处理，它影响到试验的精确性。

系统误差和随机误差不是截然分开固定不变的。实际上，有时把某些变化复杂数值较小的系统误差当作随机误差处理。而有些随机误差被人们认识并找到控制方法，一旦控制不善时又当作系统误差。当然，即使科学高度发展，偶然性仍不能消除的，也会有随机误差存在。

二、试验误差的来源

由于田间试验的对象是活体，而又是在外界环境条件下进行的，外界环境条件复杂而又变化多端。因此，误差是不可避免的。田间试验的核心是提高试验的精确度，即降低试验误差。试验误差的来源通常包括以下 3 个方面。

1. 试验材料的固有差异

供试种子不一致或基因型不纯合、秧苗树苗大小不一、供试肥料或农药等不均匀性造成的试验材料株间差异，引起误差。如果树试验中，果树是主要试材，即使是无性繁殖，同品种、同树龄，其个体间的差异也是很大的。

2. 试验环境的必有差异

园艺植物的试验离不开土壤和气候。土壤本身就是一个差异万端的历史自然体，土壤结构、不同地势、化学成分、生物群落、前茬作物、耕作制度等方面，复杂多样，其中土壤肥力差异是田间试验误差的最主要来源，是土壤形成过程中各种成土因子变异和长期的耕作过程中各种农事操作的不均衡所造成的。表现为具有方向性肥力梯度差异变化和斑块状的无规律性差异变化。而受地形、自然群落、建筑物等影响很深的微域气候，更是千差万别，这些必有的差异势必影响试验结果。

3. 试验人员的习惯差异

主持和参加试验的人员，不论是几个人还是一个人，也不论态度多么认真、技术多么娴熟，对试验中的操作管理(播种、移栽、施肥、浇灌、中耕除草、病虫害防治等)、观察测量(时间、标准、人员和所用工具或仪器等)，都不可能做到整齐划一。如根外喷肥，要求均匀喷布，谁也做不到“绝对均匀”，势必造成误差。

三、试验误差的控制

试验误差影响着试验的正确性，而试验误差又不能完全消除，这就要求我们，必须针对误差来源，尽最大可能降低它，将其控制在试验允许的范围内。

1. 选择试验地

正确选择试验地是使土壤差异减少到最小限度的一项重要措施，对提高试验精确度有重要作用，一般应考虑以下几个方面：

(1)试验地要有代表性　要使田间试验具有代表性，首先试验地要有代表性，即试验地在气候条件、土壤类型、土壤肥力、耕作、生产条件、栽培管理水平等方面，具有试验所在地区或将来试验推广地区的典型性、普遍性，以便使试验结果能在该地区推广应用。如该地区是沙壤土为主，试验地就不应放在黏性土上。

(2)试验地的土质、肥力要均匀一致　试验地肥力均匀是提高试验精确性的首要条件，肥力差异会掩盖处理效应，甚至出现假象。试验地土壤的质地组成、土层深浅、地下水位高低、耕种历史等要力求一致。一般有较严重斑块状肥力差异的田块，最好不选为试验地。对于土质可以通过实地取点勘查了解；对于土壤肥力，可以用下面三种方法估测其差异程度。

①试探性播种　亦称空白试验，对未种植的备试地，在整个地上条播或撒播指示植物(如小麦、大麦、荞麦、谷子等)，各项管理措施一致，收获时将整个备试地划分为若干面积均等的小区(如 3 m×3 m)，按各小区计产，从各小区产量差异来判断土壤肥力的差异。如果差异不大，可用作试验地；差异大而非用不可时，可进行一次或多次匀田种植，即在各项管理措施一致的情况下，播种同一品种植物一二年或更长时间，通过植物在不同肥力土壤上吸收养分不同的能力，自然均匀土壤肥力。

②调查植株性状　对已种植的备试地进行单株性状调查，分析园地各片的土壤肥力状况，在园区中找出各项指标差异不大的几片面积(不必相连在一起)来做一个试验的几个重复。

③观察备试地杂草　通过观察备试地的茅草、荠菜、蒲公英等的生长状况，判断土壤肥力的差异程度。

(3)试验地应有较好的生态环境　首先，试验地的地势要平坦，如果必须在坡地上进行试验，可选择局部肥力相对一致的地段。在坡地上做试验时要特别注意小区的排别，务必使同一重复的各小区设置在同一等高线上。其次，试验地的四周要空旷，阳光要充足，应尽量避开树木、建筑物、池塘、肥坑、道路等，远离居民点和畜舍，以免造成土壤肥力和气候条件的不一致。最后，试验地既没有环境污染，也没有人、兽、鸟的危害。

2. 选择试验材料

试验材料简称试材，这里是指承接处理的试验植株。要求选择的试验植株基因型要同质，对于生长发育上的一致性，如植株大小、强弱不一致时，则可按照大小、强弱进行分类，而后将统一规格的植株安排在同一区组，或将各类植株按比例混合分配于各个处理。另外，选用的品种应该是当地大量栽培和推广栽培的品种，并注意这些品种存在的问题和特殊效应。如做苹果的钾肥试验，元帅品种较金冠反应敏感，选用元帅效果较好。

3. 设置试验小区

试验过程中引起差异的外界因素中，土壤差异是最主要的又是最难控制的。合理设置试验小区是控制土壤和株间差异的有效措施。

(1)试验小区的概念和面积　试验中，安排一个水平(单因素)或一个水平组合(复因素)所用试验材料的基本单位称为试验小区，简称小区，与试验单元同义，它可以是一片叶子，一个果实，一些植株，温室内一个盆等，到底是多少，便是小区的面积问题。做田间试验，小区面积过小，易受土壤点发性(斑块状)差异的影响，增大试验误差；扩大小区面积，相应增多小区株数，既包括了不同肥力的土壤部位，又减少了个体间的差异，从而降低试验误差。但小区面积增大到一定程度后，误差降低便不太明显，相反，由于小区面积扩大，整个试验区的面积增大，容易受土壤趋向性差异的影响，且由于小区面积扩大而使试验的工作量增加，容易导致各项操作管理不及时和质量不一致，进而增大误差。

二维码 1-4
田间试验小区技术

田间试验采用多大的小区面积，一般来说，第一要考虑的是试验的内容和性质。栽培试验应大于品种比较试验，地下(如耕作、肥水等)试验应大于地上(如疏花疏果、喷布生长调节剂、修剪反应等)试验；预备试验、初级阶段的试验，小区可小一些，而正式试验、生产试验、推广试验，小区可大一些。第二要考虑的是试材种类和多寡。多数草本花卉、蔬菜试验(20～100 m^2)应小于果树、观赏树木试验(50～200 m^2)。试材多，小区可大一些，而试材少，小区可小一些。第三要考虑的是试验土壤的状况。土壤差异大，小区亦大。第四要考虑的是试验本身的重复数和处理数，以及试验拥有的人力、财力情况。如果试验的重复数或处理数较多，或者人力、财力不足，小区面积可小一些。有了这些考虑，结合表 1-2 的参考数据，恰当地决定试验小区的面积。

表 1-2　果树田间试验小区的株数

果树类型	预备试验/株	正式试验/株	每一处理总株数
乔　　木	1～3	9～20	4～30
灌木、浆果	3～8	20～40	60～120
苗圃、苗床	嫁接：15～20 实生：20～40	50～100	100～200

(2)试验小区的形状和方向　正确地决定试验小区的形状和方向，对提高试验精确性有一定的作用。小区的形状分长方形和正方形两种，长方形小区的长与宽之比为(4～6)∶1，当试验地的土壤肥力呈方向性变化时，小区的长边与肥力变化方向平行(图 1-1a)，当试验地的前茬种类不同时，小区的长边沿着各种前茬而伸展(图 1-1b)，当试验地的地形变化时，小区的长边向着不同的地形延伸(图 1-1c)，所以，长方形小区比正方形小区能较全面地包括各种肥力土壤，使小区间的土壤差异相应较小，从而降低试验误差。长方形小区便于操作、管理和观察记载，但长方形小区的边际效应比正方形的大，一般土肥水试验，药效试验，以用正方形小区为宜。

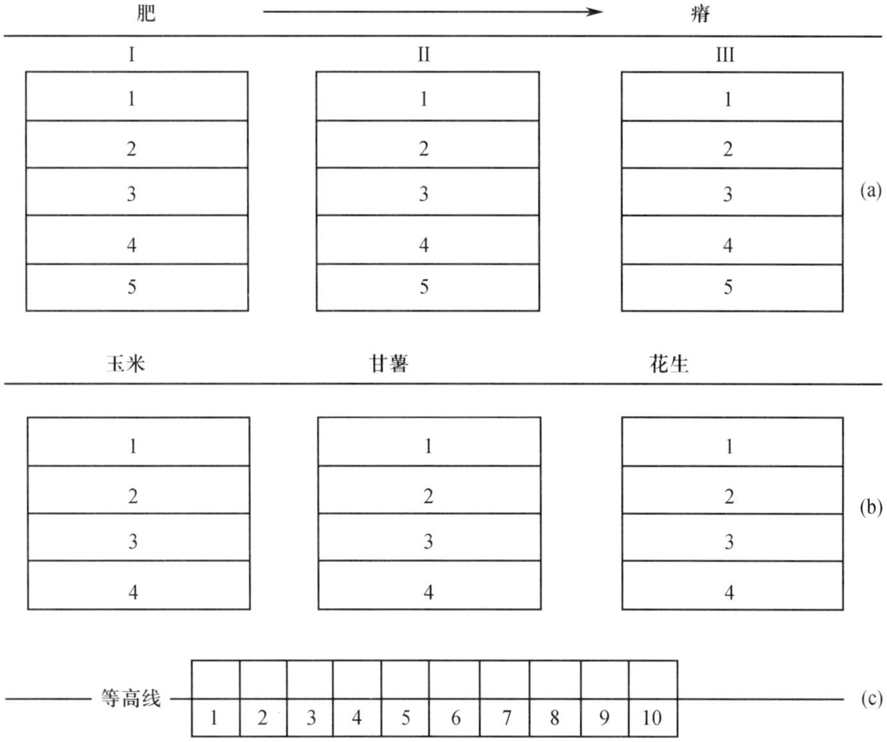

图 1-1　试验小区的形状方向

注：图中阿拉伯数字为小区编号。

(3)设立保护行　由于受环境(如光、风等)和人为(如耕作、施肥、灌水等)因素的影响，试验区的边缘植株与区内植株的生长发育状况有明显的差异，这种差异称为边际影响，亦称边缘效应。为了使试验处理能在比较一致的环境条件下正常执行，消除边际影响，在试验区周围设立不计产量、不做观测的小区或树株，称为保护行(通常用G表示)。保护行还可以保护试验材料不受人畜等外来因素的践踏和损坏。包括保护行面积的小区称为栽植小区，除去保护行面积的小区称为计算小区。保护行的设立分3种情况。

①对试验地　在其四周设立保护行，宽度相当于小区宽，若有房屋、道路的影响，加宽两倍。保护行一般用供试品种，品种试验用对照品种。

②对重复区　在重复区分散的情况下，按上述方法设立保护行。

③对试验小区　一般在小区的两端或两侧设立保护行，但当小区间有道路、水沟、缺株等会引起边际影响时，其他部位也设保护行。有些试验，如土肥水试验、密植试验等，应特别注意边际影响，小区间也应设保护行。在幼年果园、山地果园、单株小区试验，可不设小区保护行。

4. 采用试验设计

正确地采用试验设计，能非常有效地降低试验误差。有关的试验设计在项目2专门讲述。

5. 严密操作管理

所谓严密就是严格要求，周密安排，认真执行。操作管理指试验前的计划、准备，试验中的实施、调查，试验后的整理、总结等一切工作。计划应该完整，考虑全面，并做好充分准备，方案实施应切实无误，调查记载应如实反映客观，不能漏查漏记。对一切非试验因素，只要能够控制，就应尽力控制一致，尤其对田间的栽培管理，尽力求得数量和质量上的一致。例如做修剪试验，果园的耕作、施肥、灌溉、病虫害防治、采收等均属非试验因素，均应制定标准，做到完成质量一致，完成时间一致。如果工作量大，应尽可能在一天内完成一个区组，如果数人工作，以一人完成一个区组为宜。对观察记载，结合试验要求与条件，定出项目、时间、标准、方法、数量，规定填写格式，大家共同遵守。如果有必要，还应培训参试人员，提高技术水平。总之，要从思想上、组织上尽最大努力，最大限度地降低人为因素造成的试验误差。

实训　拟定试验计划书

一、目的要求

熟悉试验计划书的内容、拟定方法和步骤，学会制定较完整的试验计划书。

二、材料用具

1. 材料

可根据当地生产中实际情况确定试验课题，也可依据教师提供资料立项。

(1)西南农学院冬瓜稳产高产栽培技术的探讨试验(资料见附件)。

(2)从外地引进4个葡萄品种(A_1、A_2、A_3、A_4)与当地主栽品种巨峰进行品种比较试验。

2. 用具　直尺、铅笔等。

三、试验计划书的拟定内容和方法

1. 内容

(1)课题名称。

(2)目的任务。

(3)计划依据。

(4)基本情况。

(5)试验方案。

(6)试验设计。

(7)试验实施。

(8)观察记载。

(9)试验年限及预期效果。

(10)经费来源及预算。

(11)试验人员。

(12)计划拟定日期。

2. 方法

(1)根据有关资料立题,明确试验目的要求。

(2)提出对试验、试验地及其他条件具体要求。

(3)确定试验方案并说明其依据。

(4)进行田间试验设计。

(5)确定试验指标和观察记载的项目、标准和方法,设计观测记载表格。

四、拟定试验计划书

参考资料或自拟课题,拟定一份试验计划书。要求内容完整、符合实际,实验设计合理。

五、技能训练评价(表1-3)

表1-3 技能训练评价表

序号	评价内容	评价标准	分值	得分
1	课题名称	反映试验中心内容,具体明确、重点突出	10	
2	目的任务	提出目的(要解决的问题)、试验意义	10	
3	计划依据	清晰的研究进展、阶段性成果、生产经验,具备的条件、研究途径	10	
4	基本情况	明确地点、面积、环境条件、试材情况	10	
5	试验方案	具体	10	

续表1-3

序号	评价内容	评价标准	分值	得分
6	试验设计	合理的设计类型、小区排列、小区面积、重复次数、对照与保护行设置、田间布置图	10	
7	试验实施	合理的试验时间、步骤、方法、要求	10	
8	观察记载	明确项目的观察时间、方法、标准,取样方法和数量	10	
9	试验年限及预期效果	合理的起止年限、预期效果(分阶段的和整体的)	5	
10	经费来源及预算	明确经费提供单位,预计用工、试材等费用	5	
11	试验人员	明确主持人、参加人及各自单位,人员分工	5	
12	计划拟定日期	制定计划具体年月日	5	
合计			100	

附件:西南农学院冬瓜稳产高产栽培技术的探讨试验

一、课题名称:冬瓜稳产高产栽培技术的探讨

二、选题的依据:冬瓜是重庆市秋季主要蔬菜之一。过去有些地区多用棚架栽培,由于支柱材料花费较大,现已很少采用。一般爬地栽培平均亩产只有 1 000 kg 左右,高产者不过 2 000 kg,且品质较差。在学习外地经验后,从 1997 年起推广单架栽培方式以来,因重庆市夏季高温,常有伏旱,加之对品种、架形高低,种植密度,地面覆盖、坐果位置和整枝等问题未能很好解决,极少高产稳产,影响了单架栽培方式的推广。1998 年就冬瓜的品种和栽培方式(单架和爬地)及其与环境条件的关系进行了研究,并取得了一定的成果,因此 1999 年打算进一步探讨单架冬瓜稳产高产的技术措施。

三、预期效果和水平:力争达到亩产 5 000 kg,达到重庆市冬瓜稳产高产栽培的先进水平。

四、试材及手段:试材为南京青皮、长沙粉皮、广东青皮等 3 个冬瓜品种。主要手段是利用丰产品种,采用单蔓单架,重施基肥,合理追肥,合理整枝及用爬地冬瓜进行地面覆盖等栽培技术措施。

五、试验实施方案:该试验共需土地 720 m^2(保护行除外),行株距 1.3 m×1 m,1.3 m×1.8 m,1.3 m×1.7 m 三种密度为主处理,南京青皮、长沙粉皮、广州青皮三个品种为副处理的复因子试验。采用裂区排列的方式,四次重复,小区面积为 20 m^2。主要栽培管理措施是:3 月中旬浸种催芽,用营养袋育苗,于 5 月上旬定植。在定植前重施基肥,在整个生长期追肥 5 次,3 次叶面追肥。其他栽培管理方面,栽植后每行设一篱形单架(高 1.3 m),每株设一支柱。在行间每隔 5 m 栽一株“重庆爬地冬瓜”用于地面覆盖。在植株管理方面,先将瓜蔓于地面盘藤压蔓,待 30 节左右引蔓上架,每株只留主蔓,侧枝完全摘除,南京青皮于 30 节左右留瓜,长沙粉皮和广东青皮于 35 节左右留瓜,每株只留一瓜。观察记载项目为观察记载茎叶生长动态,测定叶面积系数和鉴定叶子的质量,调查雌花分布、着果情况和大小;通过测定叶绿素含量,过氧化氢酶动态研究光合作用,测定土壤养分、水分和小气候等。

六、经费和人工:约 60 个人工,3 000 元左右经费。

七、起止年限：1999—2000年。

八、主持人及执行人：×××，×××，×××。

九、试验单位：西南农学院园艺系蔬菜栽培教研组。

习　题

一、不定项选择题

1. 进行不同肥料对番茄施用效果的试验时，试验指标是(　　)。

A. 成活率　　B. 产量　　C. 病情指数　　D. 虫口死亡率

2. 进行不同嫁接方法试验时，试验指标是(　　)。

A. 成活率　　B. 产量　　C. 病情指数　　D. 虫口死亡率

3. 进行杀虫剂药效试验时，试验指标是(　　)。

A. 成活率　　B. 产量　　C. 病情指数　　D. 虫口死亡率

4. 进行杀菌剂药效试验时，试验指标是(　　)。

A. 成活率　　B. 产量　　C. 病情指数　　D. 虫口死亡率

5. 进行黄瓜不同品种比较试验时，试验因素是(　　)。

A. 品种　　B. 施肥量　　C. 产量　　D. 品质

6. 进行不同嫁接方法试验时，试验因素是(　　)。

A. 成活率　　B. 产量　　C. 嫁接方法　　D. 品种

7. 黄瓜品种比较试验中，品种分别为：津研1-7号、津杂1号、津杂2号、鲁春32，这个试验有(　　)个水平。

A. 1　　B. 2　　C. 3　　D. 4

8. 黄瓜品种比较试验中，品种分别为：津研1-7号、津杂1号、津杂2号、鲁春32，这个试验有(　　)个处理。

A. 1　　B. 2　　C. 3　　D. 4

9. 进行蚜虫药效试验，所用的药剂有吡虫脒、3%啶虫脒、50%辟蚜雾，这个试验有(　　)个处理。

A. 1　　B. 2　　C. 3　　D. 4

10. 进行番茄不同品种(2个品种)和不同施肥量(3种施肥量)的试验，该试验有(　　)处理。

A. 3　　B. 4　　C. 5　　D. 6

二、判断题

(　　)1. 进行黄瓜不同嫁接方法(靠接法、插接法、贴接法)试验，这个试验是单因素试验。

(　　)2. 试验误差是可以避免的，为了试验的准确性可以消除。

(　　)3. 试验误差可以通过改进试验技术，将试验误差控制在允许范围内。

(　　)4. 错误是不允许的，要坚决消除。

(　　)5. 遵循某种变化规律的误差是随机误差。

(　　)6. 在试验中出现偶发性的误差是随机误差。

(　　)7. 当试验地的土壤肥力呈方向性变化时，长方形小区的长边与肥力变化方向垂直。

(　　)8. 长方形小区便于操作、管理和观察记载，因此，试验小区的形状都应该是长方形。

(　　)9. 长方形小区的边际效应比正方形小区大。

(　　)10. 土肥水试验和药效试验最好用正方形小区。

三、简答题

1. 什么是试验方案？拟定一个正确的试验方案需要从哪些方面加以考虑？
2. 什么是试验误差，分哪两类？举一实例说明。
3. 怎样判断试验地的土壤肥力是否一致？
4. 什么是试验小区、栽植小区、计算小区？
5. 简述控制试验误差的途径。
6. 就本地本校条件，拟定一个切实可行的小型应用性试验计划。

项目2
田间试验设计与实施

知识目标

熟悉试验设计的原则，掌握完全随机设计、随机区组设计、间比与对比设计的方法。

技能目标

会独立进行田间试验设计与实施。

素质目标

培养严谨科研态度，设计方法科学、思维缜密，具备分析问题、解决问题基本能力。

任务1　试验设计的原则

试验设计的主要目的是减少误差，提高试验精确度，从试验结果中获得试验误差的估计量，为达到此目的，正确的试验设计和小区技术能大大减少非处理因素对试验结果的影响，尤其是试验设计，应遵循以下三个基本原则。

一、重复

同一试验中的同一处理安排重做若干次称为重复。在田间试验中，同一处理小区的执行次数即为重复次数，如每个处理执行一次叫一次重复；每个处理执行两个小区，即执行两次叫两次重复。例如做白梨的保花保果试验，有5个处理：人工授粉，喷0.5%硼砂液，喷0.5%尿素液，喷800 mg/L稀土，自然授粉(对照)，均在初花期进行，每个处理安排在一个小区，这就是一次重复，即将处理都只做一遍。按试验条件把处理再做一遍，即谓二次重复，依此类推。

1. 重复的作用

设置重复的主要作用是估计试验误差。试验误差是客观存在的，只能由同一处理的几个小区的差异估计得到，因此，同一处理如果没有重复，就无法估计试验误差，有了两次以上的重复，就可以通过这些重复小区之间的产量(或其他性状)差异估计误差。

设置重复的另一个作用是降低试验误差，提高试验的精确度。统计学上试验误差与重复次数的关系是($S_{\bar{x}}=\dfrac{S}{\sqrt{n}}$，$S_{\bar{x}}$ 是样本标准误，S 是标准差，n 是重复次数)，从公式中可以看出，试验误差与重复次数的平方根成反比，即重复次数越多，误差越小，试验的精确度越高。

设置重复的第三个作用是扩大试验范围。在试验中设置重复，同一处理就有可能在不同的试验环境中执行，这样可以防止单一小区所得数值易受特别高或者特别低的土壤肥力或其他非处理因素的影响，因而可以扩大试验范围，提高试验结果的代表性。

2. 重复的次数

重复次数越多，试验误差越小，但是在实际应用中，并不是重复越多越好，多于一定的重复次数，误差减少也很慢，而人力、物力却大幅度增加，反而达不到预想的试验效果。

重复次数的多少，一般应根据试验所要求的精确度高低、试验地土壤差异大小、试验材料的多少、试验地面积大小、小区大小等具体情况而定。一般来说，小区面积较小的试验，通常设 3～6 次重复；小区面积较大的试验，通常设 2～4 次重复；如进行面积较大的生产性示范试验时，设两次重复即可。如果对试验精确度要求高时，重复次数应多些；试验地的土壤差异较大时，重复的次数应多些；试验材料较少时，重复次数可多些；试验地面积较大时，重复次数可多些。最少重复次数可以用误差自由度(DF_e)不小于 12 来计算。

二、随机

试验处理的安排和项目观察点的选取都是机会均等地进行，而不带任何人为的主观偏见，这就叫随机，它符合统计学上估计误差的原理。为了获得无偏误差估计值，除了设置重复外，还要求试验中的每一个处理都有同等的机会设置在任何一个试验小区上，即随机排列。随机可以减轻、排除、估计土肥和小气候引起的差异，还能排除相邻小区间群体竞争的误差。随机排列可以采用抽签法或利用随机数字表的直查法或余查法，随机数字表的用法在任务 2 中进行详细介绍。

三、局部控制

采用各种技术措施，分地段、分范围地控制非处理因素，使之相对严格一致，这就是局部控制，亦称误差控制。将整个试验环境分成若干个相对最为一致的小环境，再在小环境内设置成套处理，即在田间分范围分地段地控制土壤差异等非处理因素，使之对各试验处理小区的影响达到最大程度的一致。因为在较小的地段内，试验环境等非处理因素容易控制，把非试验因子的差异放在重复间而不是重复内，在同一重复内的各个品种或处理间，处于均匀一致的条件下，便于比较。局部控制也是降低误差、控制土壤等环境条件差异的最好的办法。例如试验地有较明确的土壤差异，可以按其肥力梯度划分区组，使区组内相对均匀一致，每个区组内将每个处理安排一次，误差的来源只限于区组内较小地段的很小的土壤差异，误差相对减小。例如高大建筑物前有一块试验地，其小气候呈规律性变化，在设置重复时，小区长边与变异方向平行，使一个区组内的不同处理处于相对一致的条件下。

采用上述三个原则进行田间试验设计，配合应用适当的统计分析，既能准确地估计试验处理的误差，又能获得无偏的、最小的试验误差估计，因而获得较科学的试验结果。田间试验设计三个原则的关系可如图 2-1 所示。

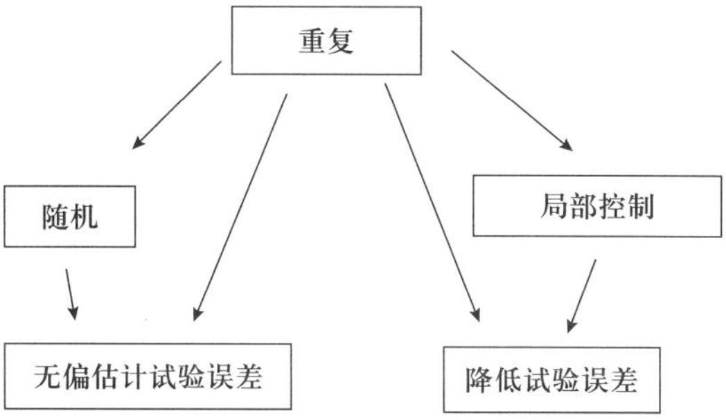

图 2-1　田间试验设计三个原则的关系

任务 2　完全随机试验设计

将全部处理包括重复统一编号，按完全随机方法安排在各小区中。试验没有进行局部控制，主要用于实验室、盆栽试验等。

一、设计示例

【例 2-1】测定不同催芽温度（20 ℃、25 ℃、30 ℃）对番茄发芽率和发芽势的影响，将每一个培养皿设置成一个小区，培养皿内放置 30 粒种子，3 次重复，试做完全随机设计。

设计步骤如下：

1. 写出试验处理、编号并计算小区数

处理：20 ℃　25 ℃　30 ℃

编号：1　　2　　3

小区数＝$k \cdot n$（n 重复数，k 处理数）＝3×3＝9

2. 设置供试小区并编号

准备 9 个大小一致的培养皿，每个培养皿内播入浸泡好的 30 粒试验种子，并将每个培养皿设置成 1 个小区编 1 个号，顺序编成 1～9 号。

二维码 2-1
单因素完全随机试验设计与实施

3. 将试验处理随机到试验小区上

利用随机数字表（附表 1），采用直查法，得到 2，1，7，6，8，5，3，4，9。即第 2、1、7 号小区执行 1 号处理（催芽温度 20 ℃）；第 6、8、5 号小区执行 2 号处理（催芽温度 25 ℃）；第 3、4、9 号小区执行 3 号处理（催芽温度 30 ℃）。

【知识拓展】

随机数字表的常规用法

随机数字表的常规用法有两种:直查法和余查法。

若最大编号为1位数,用直查法。即从表的任意处开始向后查,大于此数的去掉,“0”去掉,如遇相同的数字,只保留第一个。如本题中,由于最大编号是9,采用直查法。假设随机数字表从第1行第1列开始查起,查得的数字依次是:2,2,1,7,6,8,6,5,8,4,6,8,9,5,2,3,…。第二个数2与前面的2重复,去掉;第七个数6与前面的6重复,去掉;第九个数8与前面的8重复,去掉;依此类推,去掉后面的6,8,5,2;这样我们就得到了2,1,7,6,8,5,4,9,3。因为此题3次重复,即2,1,7执行的是第1个处理,6,8,5执行的是第2个处理,4,9,3执行的是第3个处理。动脑筋的同学会发现,这执行第3个处理的3个数应该是固定的,因为查完前两组,最后剩下的3个数只有3,4,9,所以就不需再查,直接写出即可,即2,1,7,6,8,5,3,4,9。

若最大编号为两位或多位数,用余查法。即从表的任意处开始,最大编号是几位数我们就以几位数为一组,数值小于最大编号的留下,大于最大编号的要除以最大编号留余数,除尽的当作最大编号保留。若本题重复4次,最大编号就是12,采用余查法,两位数1组。假设随机数字表从第1行第21列开始查起,查得的数字依次是:87,02,22,57,51,61,09,43,95,06,…。第一个数87大于12,保留其余数3;第二个数02小于12,直接保留2;第三个数22大于12,保留其余数10;依此类推,得到3,2,10,9,3,1,9,7,11,6,再去掉后面重复的,最终得到3,2,10,9,1,7,11,6,4,5,8,12(后四个数直接写,原因同前)。即第3,2,10,9号小区执行第1个处理,第1,7,11,6号小区执行第2个处理,第4,5,8,12号小区执行第3个处理。

二、设计的优点和缺点

1. 优点

(1)对处理数限制少,单、复因素试验均可。

(2)重复次数富有伸缩性。各处理重复次数可以相等,也可不等。

(3)试验设计和试验结果的统计分析比较简单方便。

(4)试验误差的自由度数目增多,提高了检验灵敏度。

2. 缺点

(1)同一处理小区的分布,没有规律,凌乱,不方便观察记载。

(2)由于没有用局部控制,在土壤肥力差异大时,试验误差大,而且无法剔除。

(3)适用于土壤肥力均匀,处理数小于20或者在实验室、温室、食用菌方面的试验上。

任务 3 随机区组试验设计

经局部控制安排在一起的若干试验小区即为区组。随机区组设计是指将试验地按土壤肥力划分为等于重复次数的区组，一个区组即一次重复。然后把每个区组再划分等于处理个数的小区，区组内的各处理随机排列。按照一个区组中是否包括全部处理数，还可将随机区组设计分为完全随机区组和不完全随机区组。这里我们主要介绍完全随机区组。

随机区组设计在田间布置时，应考虑到试验精确度与工作便利等方面，以前者为主。设计的目的在于降低试验误差，区组之间可占有最大的土壤差异，而同区组内各小区间的变异应尽可能小。一般从小区形状而言，狭长形小区之间的土壤差异为最小，而方形或接近方形的区组之间的土壤差异大。因此，在通常情况下，采用方形区组和狭长形小区能提高试验精确度。有单向肥力梯度时，亦是如此，但必须注意使区组的划分与梯度垂直，而区组内小区长的一边与梯度平行(图 2-2)。这样既能提高试验精确度，同时亦能满足工作便利的要求。如处理数较多，为避免第一小区与最末小区距离过远，可将小区布置成两排(图 2-3)。

Ⅰ	Ⅱ	Ⅲ	Ⅳ
6	2	1	3
2	3	2	5
4	5	5	1
5	4	4	6
1	1	6	2
3	6	3	4

图 2-2 6 个品种 4 次重复的随机区组排列

Ⅰ

7	12	4	6	1	9	5
3	13	2	11	8	14	10

Ⅱ

4	10	5	3	1	9	2
6	13	14	8	11	12	7

Ⅲ

3	5	9	10	12	1	7
14	11	13	4	2	6	8

图 2-3 14 个品种 3 次重复的随机区组排列小区布置(两排)

如上所述，若受试验地段的限制，使一个试验的所有区组不能排列在一块土地上时，可将少数区组设在另一地段，即各个区组可以分散设置，但一区组内的所有小区必须布置在一起。

二维码 2-2 单因素随机区组试验设计与实施

一、设计示例

【例 2-2】有一萝卜播种期试验，设定 A(15/7)、B(17/7)、C(19/7)、D(21/7)、E(23/7)、F(25/7)6 个不同时期播种，G(27/7)为对照，小区面积 20 m^2 重复三次，请用随机区组对试验进行设计。

1. 写出处理并编号

处理：A　B　C　D　E　F　G

编号：1　2　3　4　5　6　7

2. 设置小区并编号

在试验园内，按局部控制原则选择 140 m^2 的地块，每 20 m^2 设置 1 个小区编 1 个号，顺序编成 1～7 号。

3. 将试验处理随机到试验小区中

借助随机数字表从第一行一列开始，用直查法得：2，1，7，6，5，4，3，即第 2 个处理 B 放在本区组 1 号小区执行，第 1 个处理 A 放在本区组 2 号小区执行，第 7 个处理 G 放在本区组 3 号小区执行，第 6 个处理 F 放在本区组 4 号小区执行，第 5 个处理 E 放在本区组 5 号小区执行，第 4 个处理 D 放在本区组 6 号小区执行，第 3 个处理 C 放在本区组 7 号小区执行。

4. 其余重复按照上述办理

Ⅰ	2	1	7	6	5	4	3
Ⅱ	6	5	2	3	7	1	4
Ⅲ	6	1	4	3	5	2	7

其田间布置图如图 2-4 所示。

I	B	A	G	F	E	D	C
II	F	E	B	C	G	A	D
III	F	A	D	C	E	B	G

肥力梯度

图 2-4　萝卜播种期试验田间布置图

【例 2-3】设有一苹果树施肥与灌溉试验，施肥分 A_1(50 g/株)、A_2(100 g/株)、A_3(150 g/株)、A_4(175 g/株)、A_5(200 g/株)五个水平，灌溉方式分 B_1(滴灌)、B_2(喷灌)两个水平，5 株为一小区，重复两次，请用随机区组设计。

1. 写出处理并编号

处理：	A_1B_1	A_1B_2	A_2B_1	A_2B_2	A_3B_1	A_3B_2	A_4B_1	A_4B_2	A_5B_1	A_5B_2
编号：	1	2	3	4	5	6	7	8	9	10

2. 设置小区并编号

在试验园内，按局部控制原则选择 50 株树势相近、结果数量相等的苹果树，5 株设为 1 个小区编 1 个号，顺序编成 1～10 号。

3. 将试验处理随机到试验小区中

借助随机数字表从第一行一列开始，用余查法得：2，7，8，5，4，3，1，9，6，10。即第 2 个处理 A_1B_2 放在本区组 1 号小区完成，第 7 个处理 A_4B_1 放在本区组 2 号小区完成，第 8 个处理 A_4B_2 放在本区组 3 号小区完成，第 5 个处理 A_3B_1 放在本区组 4 号小区完成，第 4 个处理

A_2B_2 放在本区组 5 号小区完成，第 3 个处理 A_2B_1 放在本区组 6 号小区完成，第 1 个处理 A_1B_1 放在本区组 7 号小区完成，第 9 个处理 A_5B_1 放在本区组 8 号小区完成，第 6 个处理 A_3B_2 放在本区组 9 号小区完成，第 10 个处理 A_5B_2 放在本区组 10 号小区完成。

4. 其余重复按照上述办理

Ⅰ	2	7	8	5	4	3	1	9	6	10
Ⅱ	8	4	2	3	7	9	6	5	10	1

其田间布置图如图 2-5 所示。

Ⅰ	A_1B_2	A_4B_1	A_4B_2	A_3B_1	A_2B_2	A_2B_1	A_1B_1	A_5B_1	A_3B_2	A_5B_2
Ⅱ	A_4B_2	A_2B_2	A_1B_2	A_2B_1	A_4B_1	A_5B_1	A_3B_2	A_3B_1	A_5B_2	A_1B_1

肥力梯度↓

图 2-5　处理组合田间布置图

二、设计的优、缺点

1. 优点

(1)单、复因子试验均可采用，方法简单，容易掌握，试验结果分析也不复杂。

(2)能估计并有效的控制肥力差异，降低了试验误差。

(3)对试验地大小、形状要求不严格，只要同一区组力求一致。

(4)能获得无偏的试验误差估计进而对试验结果进行差异显著性检验。

2. 缺点

(1)处理数不能超过 20 个，否则区组加大，不易进行局部控制，管理容易出差错，最适 10 个以内。

(2)不能控制具有两个肥力差异所造成的误差。

任务 4　对比法试验设计

对比法设计的试验是将各处理按照序号顺序进行排列，试验设计简单，容易掌握，处理可与对照直接比较。主要用于供试品系多、着重于优良性状的选择，不进行显著性检验的育种初期阶段试验和某些观察性试验。由于没有随机，不能正确地估计出无偏的试验误差，因此，不宜对试验结果进行方差分析，而是采用百分比法分析，即设对照的性状为 100，然后各处理性状与对照相比较，求出百分数。

二维码 2-3
科技助力粮食生产

对比法常用于少数品种或品系的比较试验及示范试验。试验设计通常是每一供试处理均直接排列于对照小区(CK)的两旁，即每隔两个处理设一个对照小区，每一供试处理可与相邻的对照小区直接比较。

二维码 2-4
对比法试验
设计与实施

在同一重复内,处理的排列是顺序式的,其田间排列方式有两种情况:一种是当处理数是偶数时,排列方法见图 2-6。另一种是当处理数为奇数时,排列方法见图 2-7。一般重复 2～4 次,必要时还可适当增加,在不同重复内,处理的顺序可以是顺序式的,但为了避免同一处理的各小区排在一直线上,处理的顺序也可以是逆向式的或阶梯式的,各重复的排列方式有单排式(图 2-8)、双排式(图 2-9)和多排式(图 2-10)。

1	CK	2	3	CK	4	5	CK	6

图 2-6　处理数为偶数时的田间排列方式

1	CK	2	3	CK	4	5	CK	6	7	CK

图 2-7　处理数为奇数时的田间排列方式

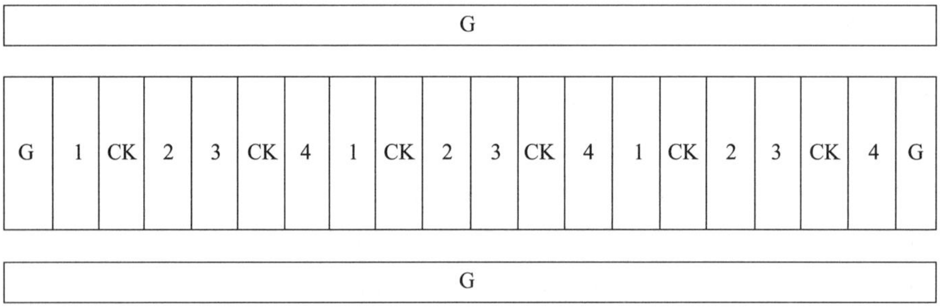

图 2-8　单排阶梯排列方式

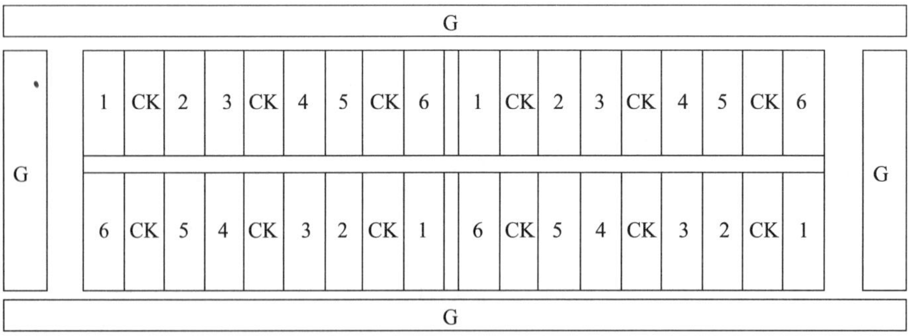

图 2-9　双排逆向排列方式

对比法设计各处理排列直观性强,便于观察比较,方法简单,易于掌握。处理与对照相邻,土壤肥力比较接近,有较高的精确度。但是由于对照小区过多,占试验田的总面积 1/3,试验地利用率不高,各个处理间不能进行直接比较,而且存在群体之间竞争误差。因此对比法试验设计只适用于品比试验或进行示范试验,品种不超过 10 个。

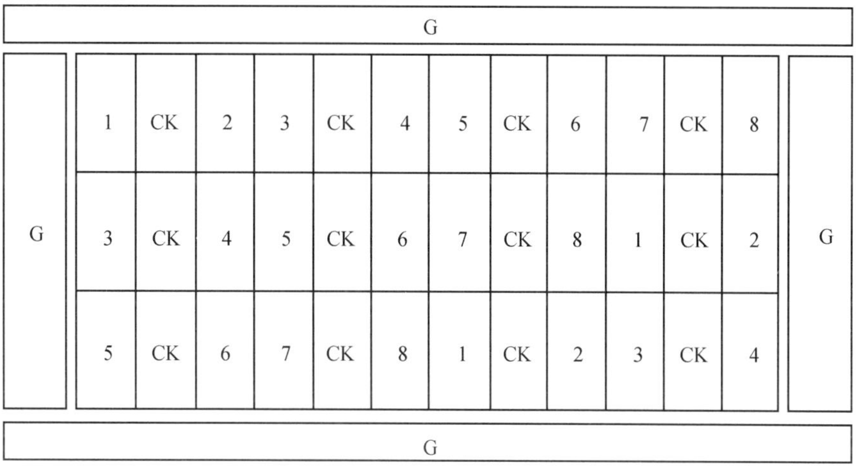

图 2-10 多排阶梯排列方式

一、设计示例

【例 2-4】进行黄瓜品种比较试验，6 个品种分别为 A、B、C、D、E、F，设对照品种为 CK，3 次重复，小区计产面积为 18 m^2，采用对比法试验设计。

1. 写出处理并编号

处理：A	B	C	D	E	F	对照
编号：1	2	3	4	5	6	CK

2. 设置小区并编号

在试验地内，选 162 m^2(18×9)面积地块 3 块，每块地内按每 18 m^2 为 1 个小区编 1 个号，顺序编成 1～9 号。

3. 将处理安排到小区

1	CK	2	3	CK	4	5	CK	6

4. 其余 2 次重复按阶梯式排列得

3	CK	4	5	CK	6	1	CK	2
5	CK	6	1	CK	2	3	CK	4

二、设计的优、缺点

1. 优点

(1)试验设计简单，容易掌握。

(2)处理与对照相邻，有较高的精确度。

2. 缺点

(1)每个处理排列在对照的两旁，对照占用 1/3 面积，土地利用率不高。

(2)没有随机，不能正确地估计试验误差。

(3)只适用于品比试验，品种不超过 10 个。

任务 5 间比法试验设计

二维码 2-5
间比法试验
设计与实施

间比法试验设计是在育种的前期阶段，品种(或品系)较多，对试验要求不高时常采用的试验设计方法。如采用其他设计方法，区组过大，会失去控制，区组排列有困难。间比法试验设计通常是每个重复内或每块试验田第一个小区和末端一个小区，一定是对照，每两个对照小区间，排列相同数目的处理小区，通常是 4 个、9 个甚至 19 个。采用 2～4 次重复，各重复可排成一排；也可排成各重复逆向式的多排(图 2-11)或阶梯式的多排(图 2-12)。如果一块试验田不能安排下所有重复的小区，可以在第二块试验田接着安排，但是开始的第一个小区必须是对照区，这个对照区称为额外对照小区(Ex. CK)(图 2-13)。

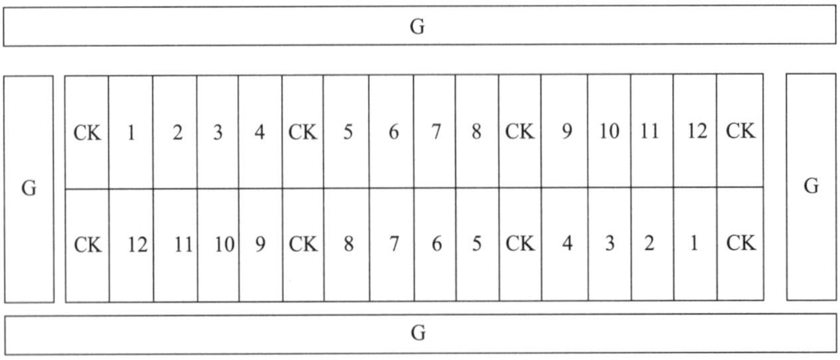

图 2-11 逆向式的多排

一、设计示例

【例 2-5】有 12 个番茄品系进行比较试验，以一个当地主栽品种做对照，采用 3 次重复，小区面积为 25 m^2，请进行间比法试验设计。

1. 写出试验处理并编号

处理：	品系 1	品系 2	品系 3	品系 4	品系 5	品系 6	品系 7	品系 8	品系 9
编号：	1	2	3	4	5	6	7	8	9
处理：	品系 10	品系 11	品系 12	对照品种					
编号：	10	11	12	CK					

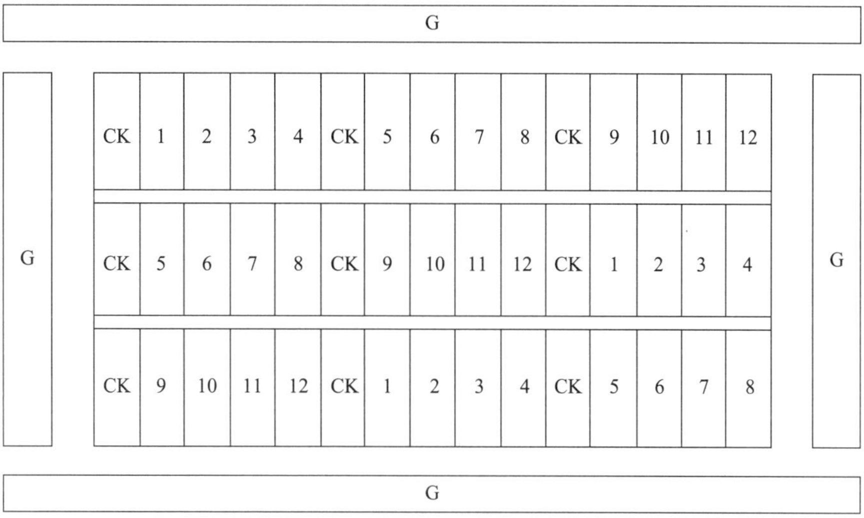

图 2-12　阶梯式的多排

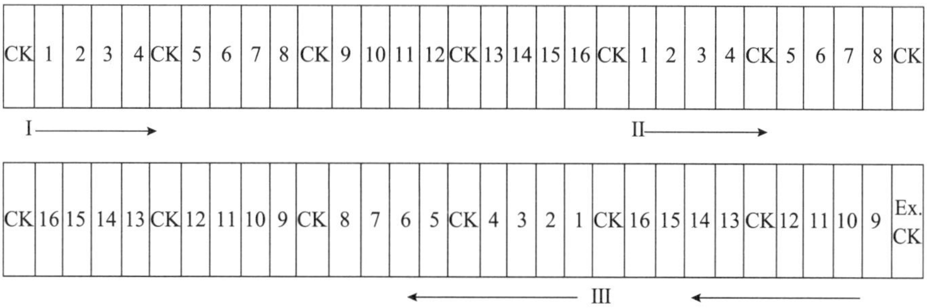

图 2-13　有额外对照小区的逆向双排

2. 设置小区并编号

在试验地内选择地势、土壤状况比较一致的 400 m^2(25 m×16 m)面积地块三块，各块地内再按 25 m^2 划分为 1 个小区编 1 个号，顺序编成 1～16 号。

3. 将处理安排到小区

CK	1	2	3	4	CK	5	6	7	8	CK	9	10	11	12	CK

4. 其余 2 次重复按逆向式排列得

CK	12	11	10	9	CK	8	7	6	5	CK	4	3	2	1	CK

CK	1	2	3	4	CK	5	6	7	8	CK	9	10	11	12	CK

二、试验设计优、缺点

1. 优点

(1)间比法试验设计简单,实施方便,不易出差错。

(2)比对比法经济,土地利用率高。

2. 缺点

(1)直观性不如对比法强,没有对比法精确。

(2)各处理在小区内的排列不是随机的,估计的试验误差有偏性。

实训1　完全随机试验设计与实施

一、目的要求

掌握完全随机试验设计的设计方法和随机数字表的用法,能够独立地根据给出资料进行试验设计,并绘出小区布置图。要求符合试验设计的基本原则,图形符合比例。试验实施时能根据小区布置图进行田间区划。

二、材料用具

1. 用具　铅笔、直尺。

2. 材料

【资料一】　单因素完全随机试验设计

进行菜豆 A、B、C、D、E(CK)5 个品种产量比较试验,小区面积 12 m^2,重复 4 次,用完全随机设计。

【资料二】双因素完全随机试验设计

黄瓜盆栽试验,2 个喷药时期甲和乙,3 种生长调节剂处理 A、B、C,测定对黄瓜株高的影响。每处理 4 盆,重复 4 次,采用完全随机设计。

三、方法步骤

1. 分析资料。

2. 分别写出资料一、二的设计步骤。随机数字表从第 12 行第 1 列起查。

3. 绘制田间设计图。绘制资料一和资料二的田间布置图,并标明处理的安排方式。

4. 田间区划。根据试验设计图进行田间小区的规划。

四、技能训练评价(表 2-1)

表 2-1　技能训练评价表

序号	评价内容	评价标准	分值	得分
1	试验设计	处理并编号正确,小区数计算无误	20	
2		小区设置合理,编号正确	10	
3		处理随机到小区,绘制田间布置图	30	
4	试验实施	试验地选取、分区符合设计要求	20	
5		试验处理实施准确	20	
合计			100	

实训 2　随机区组设计与实施

一、目的要求

掌握随机区组试验设计的设计方法和随机数字表的用法,能够独立地根据给出资料进行试验设计,并绘出小区布置图。要符合试验设计的基本原则,图形符合比例。能根据小区布置图进行田间区划。

二、材料用具

1. 用具　铅笔、直尺等
2. 材料

【资料一】　单因素随机区组试验设计

为比较 4 个氮肥品种在黄瓜上的施用效果,拟设 5 个处理:A 为对照;B 为尿素;C 为硫酸铵;D 为碳酸氢铵;E 为硝酸铵。随机区组设计,重复 4 次,小区面积 10 m^2,请完成一随机区组设计。

【资料二】　双因素随机区组试验设计

有一番茄品种与施肥量两因素随机区组试验,A 因素为品种,分 A_1、A_2、$A_3$3 个水平,B 因素为施肥量,分 B_1、B_2、$B_3$3 个水平,重复 3 次,小区面积 20 m^2,请完成一随机区组设计。

三、方法步骤

1. 分析资料。
2. 分别写出资料一、二的设计步骤。随机数字表从第 12 行左起第一个数字查起。

3. 绘制田间设计图

绘制资料一和资料二的田间布置图，并标明处理的安排方式。注明试验地的位置、小区的大小、土壤肥力、小区气候等条件的变化特点。

4. 田间区划

根据试验设计图进行田间小区的规划。

四、技能训练评价(表 2-2)

表 2-2 技能训练评价表

序号	评价内容	评价标准	分值	得分
1	试验设计	处理并编号正确	20	
2		小区设置合理，编号正确	10	
3		处理随机到小区	20	
4		绘制田间布置图	10	
5	试验实施	试验地选取、分区符合设计要求	20	
6		试验处理实施准确	20	
合计			100	

习 题

一、不定项选择题

(1～7 题共用题干)芸豆盆栽试验，三种肥料 A、B、C，两个喷施时间甲、乙，测定对芸豆产量的影响。小区面积 5 盆，重复 3 次，采用完全随机设计。

1. 随机数字表从第 12 行 31 列起查。依据随机数字表查得的结果，4 号处理在(　　)执行。

A. 第 3、7、6 号小区　　B. 第 17、1、12 号小区

C. 第 15、11、4 号小区　　D. 第 5、16、8 号小区

2. 依据随机数字表查得的结果，1 号处理在(　　)执行。

A. 第 3、7、6 号小区　　B. 第 17、1、12 号小区

C. 第 15、11、4 号小区　　D. 第 5、16、8 号小区

3. 此试验设计的小区数为(　　)个。

A. 18　　B. 15　　C. 9　　D. 6

4. 此试验设计需要(　　)盆芸豆?

A. 30　　B. 45　　C. 75　　D. 90

5. 此设计共有(　　)个处理?

A. 2　　B. 3　　C. 5　　D. 6

6. 完全随机设计的步骤有：①设置小区并编号；②将处理随机到小区上去；③写出处理并编号；④计算小区数。下面排序正确的是(　　)。

A. ①②③④　　B. ③①②④　　C. ③④①②　　D. ①③④②

7. 此试验设计是一个(　　)类型的试验设计？

A. 单因素完全随机设计　　B. 双因素完全随机设计
C. 单因素随机区组设计　　D. 双因素随机区组设计

8. (　　)设计是将试验地按土壤肥力划分为等于重复次数的区组，然后把每个区组再划分为等于处理个数的小区，区组内的各处理随机排列。

A. 完全随机　　B. 随机区组　　C. 裂区　　D. 不完全区组

9. 田间试验设计的主要目的是减少(　　)，提高试验精确度。

A. 误差　　B. 处理　　C. 错误　　D. 非处理因素

10. 同一处理的执行次数为(　　)次数。

A. 执行　　B. 重复　　C. 小区　　D. 处理

11. 田间试验设计遵循的三个基本原则是(　　)。

A. 减少重复、随机和局部控制
B. 重复、降低误差和局部控制
C. 重复、随机和整体控制
D. 重复、随机和局部控制

12. 在一定范围内，田间试验中重复的次数越多，误差就越(　　)。

A. 多　　B. 小　　C. 大　　D. 不变

13. 随机区组试验设计的优点有(　　)。

A. 方法简单　　B. 结果分析简单
C. 能控制肥力差异　　D. 对试验地要求不严格

14. 对比设计的优点有(　　)。

A. 方法简单　　B. 结果分析简单
C. 精确度高　　D. 可以进行方差分析

15. 完全随机试验设计的优点有(　　)。

A. 单、复因素试验都可使用　　B. 统计分析比较简单方便
C. 便于观察记载　　D. 重复次数有伸缩性

16. 下列试验可以采用完全随机设计的有(　　)。

A. 土壤肥力有差异的试验　　B. 培养皿试验
C. 食用菌试验　　D. 蔬菜盆栽

17. 对比设计各重复的排列方式有(　　)。

A. 单排式　　B. 双排式　　C. 多排式　　D. 并排式

18. 随机排列可以采用的方法有(　　)。

A. 抽签法　　B. 人为指定　　C. 随机数字表　　D. 他人指定

19. 间比法设计的优点有(　　)。

A. 方法简单　　B. 结果分析简单

C. 实施方便　　D. 可以进行方差分析

20. 田间试验设计，应遵循的原则不包括(　　)。

A. 重复　　B. 随机　　C. 局部控制　　D. 主观控制

二、判断题

(　　)1. 完全随机试验小区分布没有规律。

(　　)2. 在应用随机数字表时，如果最大编号是两位数或多位数，用余查法。

(　　)3. 采用完全随机设计能估计并有效控制肥力差异。

(　　)4. 完全随机试验设计只能进行单因素试验。

(　　)5. 随机排列不能减少肥力差异引起的误差。

(　　)6. 采用随机区组设计能估计并有效控制肥力差异。

(　　)7. 盆栽试验适合使用完全随机试验设计。

(　　)8 田间试验中设置重复的目的是为了减小试验误差。

(　　)9. 间比法比对比法直观精确。

(　　)10. 在应用随机数字表时，如果最大编号是一位数，用余查法。

(　　)11. 田间试验中设置重复不能提高试验结果的精确度。

(　　)12. 在试验地土壤或环境条件差异大时，可采用完全随机设计。

(　　)13. 田间试验中的重复次数越多，误差越大。

(　　)14. 局部控制不能降低误差。

(　　)15. 在应用随机数字表时，如果最大编号是两位数或多位数，用直查法。

三、简答题

1. 简述田间试验设计的三大原则及其作用。

2. 江南明月梨的果锈严重，某乡农科站试图在 4 月底至 5 月初分别喷波尔多、退菌特、二氧化硅，以找出一个最佳的防治梨果锈的药剂来。他们计划在一个有 388 株明月梨的梨园中试验，用完全随机设计，单株小区，重复 5 次，如何进行?

3. 对富士苹果在不同物候期(萌芽期、展叶期)喷施不同化肥(氯化钾、磷酸二氢钾)，试验对新梢生长的影响，用完全随机设计，单株小区，重复 5 次。完全随机数字表从第 3 行 16 列起查。

4. 有一菜豆试验，A 因素为品种，有 A_1、A_2、A_3、A_4 四个水平，B 因素为播种期，有 B_1、B_2、B_3 三个水平，重复 3 次，小区面积 25 m^2。请完成一随机区组设计。随机数字表从第 20 行第 5 列起查。

项目3
试验数据调查取样

知识目标

熟悉调查的意义、内容和方法。解释调查取样中的总体与样本、取样与样本含量。掌握顺序取样、典型取样、随机取样、划区取样的方法。

技能目标

运用顺序取样、典型取样、随机取样、划区取样方法调查园艺植物的生物学性状。

素质目标

诚实守信、科学严谨的工作态度。

任务1 调查

一、调查的意义

园艺植物无论是一年生的，还是多年生的，都存在着异质性强、试验设计困难、研究年限长等特点。但是，植株表现的特性特征反映了它自身的遗传性及外界环境条件的影响，通过调查研究的方法可以在较短的时间内，获得丰富而有价值的资料和数据，从而尽快掌握符合客观实际的规律，直接或间接为生产服务。因此，调查研究是田间试验中经常采用和必不可少的方法。

二、调查研究的内容

调查研究的范围很广，常进行的调查内容如下。

1. 资源调查

通过调查摸清当地园艺植物资源情况，包括野生的和栽培的，为园艺植物生产发展及品种区域化提供资料，对各地生产有非常重要的指导意义。详细调查方法和内容可参考果树育种、蔬菜育种。

2. 生产经验调查

各地园艺植物栽培中经常创造出适合推广的先进经验和技术，如能及时抓住典型，调查总结，可以直接推动园艺产业的发展。生产经验调查可以是系统调查，也可以是单项调查，是田间试验中非常重要而又经常采用的方法。

我国园艺植物栽培历史悠久，种类繁多，分布广泛，栽培形式多样。随着科学技术的发展和普及，品种更新快，栽培技术改进快，各地的优良品种和先进技术不断出现，若及时加以调查总结，对推动各地园艺植物生产发展有重要的意义。

生产技术调查范围很广，可以进行综合丰产技术经验调查，也可对品种或某项专题经验进行调查，例如品种调查、冻害调查、病虫防治调查、修剪技术、负载量、新技术应用调查等均可进行专题调查总结。

生产经验调查与总结的步骤与内容大致如下。

(1)拟订调查计划　在进行调查前应提前拟订调查计划和制定调查提纲。调查计划一般包括下列内容。

①调查目的　调查研究所要解决的问题，目的必须明确具体。

②调查对象和项目　根据调查目的确定调查对象及项目。例如进行杏树坐果率低的原因调查，调查对象是当地5个杏主栽品种，调查项目为：完全花比例、自花结实率、自然结实率、冻花芽率和冻花率等。调查项目应有观测、记载及数据调查，必要时应设计表格。

③调查单位、方法、数量　主要明确调查的范围，是普查还是抽查？抽查用何种方法？调查多少单位和株数？以取得有代表性的资料为准。

④调查时间和组织实施　根据调查目的选择最佳调查时间，上例中调查时间以花期、生理落果期为最佳，若在采收期、落叶期等就无从调查。调查前要组织好人力及所需要的用具，按时进行各项调查。

(2)调查的基本资料和内容　调查内容依目的而定。关于基本资料的调查一般有下列内容，可以选择使用。

①园地基本情况　如地点、生态条件、耕作历史、面积及设计情况，机械设施条件、植株档案(树种品种、砧木、树龄、行株距、开始结果年龄、历年生长结果情况等)，历年管理情况、病虫害及自然灾害发生情况等。

②社会经济条件　如植物栽培的经济地位、发展水平、交通条件、水利条件，所具备的劳力、资金及管理条件等。

(3)丰产经验总结或专题调查　一般总结早期丰产、连续丰产、提高果实品质的经验，关于砧木和品种适应性也可进行综合性调查。如果有某项技术需要专题总结，则需要进行准确细致的调查，目的明确，可在短期内得到结果。例如抗逆力调查，结实力调查，新技术的应用，修剪反应等都是常进行的专题调查。

(4)调查计划的实施　按照调查计划的时间、内容和要求，逐项深入现场进行调查。调查的方式依具体情况可采取召开调查座谈会、个别访问、现场观察、调查，各个环节均应详细记录，重要项目要调查数据，填写表格，以增加调查内容的准确性，便于推广应用。上述方式可配合进行，对关键问题应反复核实，找出并对比差异，才能总结出真正成功的经验。每一项成功的经验都是反复试验的结果，其中必然有许多失败的教训，因此在总结经验的同时还应总结失败的情况，以使成功的经验更加有说服力，并防止以后采用此方法的人再走弯路。调查时除收集文字、数据资料外，还应注意采集标本、照相、绘图或录像，以增加感性资料，便于总结推广之用。

(5)整理、分析资料和总结　调查所得大量原始的资料、数据应通过整理分析才能得到规律性的结论。为了资料准确和完整，应边调查边整理，发现问题或短缺某些资料时，可及时纠正和补充。资料通过整理分析后即可写出总结报告，一般包括下列内容：①目的要求；②基本情况；③主要生产经验；④结论；⑤存在的问题及解决途径。

【知识拓展】

西丰县果树冻害调查

西丰县在"九五"期间已把果树生产确立为种植业中的一项支柱性产业，并给予了一定的优惠政策，果树生产发展速度较快。目前，全县有果树面积 0.71 万 hm^2，504 万株，2000 年水果产量为 1.86 万 t，比 1990 年增长了 7.4 倍，其中：苹果 8 900 t、梨 4 000 t、山楂 2 100 t、葡萄 400 t、李子 2 000 t、其他 1 200 t。取得了较好的经济效益和社会效益。但是，2000 年冬至 2001 年春期间，我县果树遭到百年不遇的特大冻害，损失较重。为使果树生产健康稳步发展，降低冻害损失，县农业局对冻害果树提出了补救措施，即对受冻果树树干及时涂抹或喷布保护剂，如石硫合剂、腐烂敌等，及时处理病树、病枝及腐烂病疤；对已冻死的 1～2 年生枝及时剪除，花期和生长期喷 0.3%～0.5%尿素，以求尽快恢复树势。同时，于 2001 年 3 月 20 日至 5 月 17 日对全县 20 个乡镇 23 个村果树冻害情况进行了调查。

1. 果树冻害情况

全县果树冻害比较普遍，且重于历年。全县因冻害死亡各种果树 20 万株以上，占总株数的 4%，其中梨树死亡 5 万株，占梨总株数的 4%，主要品种是大慈梨、苹果梨、苹博香、94-01、锦丰、锦香、朝鲜洋梨等；苹果死亡 3 万株，占苹果总株数的 1.5%，主要品种是丹光、丹苹、寒富等；山楂死亡 2 万株，占山楂总株数的 3.5%，主要品种是磨盘、西丰红；其他树种冻死 10 万株。据不完全统计，2001 年全县水果因冻害影响，产量将减少 20%以上。

全县各乡镇因所处位置不同，不同树种、品种冻害情况不同。天德镇天来村金厂屯 133.3 hm^2 大慈梨园，山地阳坡的，花芽冻害 100%，2 级冻害达 66.6%，3 级冻害达 33.3%。柏榆乡解放村穆万军果园有 30 株锦香、130 株锦丰、120 株苹果梨全部冻死，而 50 株尖把梨无任何冻害；同村的李永录果园锦丰、锦香、苹果梨花芽冻害率达 100%，南果梨花芽冻害率为 10%，金红苹果花芽无冻害。安民镇增福村长兴屯刘少先果园大慈梨、平博梨花芽冻害率为100%;5 000株寒富苹果冻死1 000株,2~3级冻害有2 000余株;尖把王10株,1级冻害。南片的房木镇志学村,北坡400株大慈梨、200株苹博香无任何冻害。房水镇李明德果园的300株国光、200株鸡冠全部冻死,西丰红山楂、磨盘山楂均有冻害。凉泉王振军果园10株朝鲜洋梨全部冻死。营厂乡李春福果园除红南果梨冻死外,金红和龙冠苹果均无冻害。

2. 冻害原因

(1)1月份气温过低,且极低温持续时间长　2001年1月份平均气温为−22.3 ℃,比历年平均气温−17.0 ℃低5.3 ℃。1月13日出现绝对最低温−43.4 ℃,1月11—16日极低温均低于−40 ℃,持续6 d,超过一些品种的抗寒极限,因此各类果树冻害较重。

(2)上年干旱、少雨,树体发育不良　去年全县干旱严重,降雨量只有516 mm,且集中于8~9月份,比历年平均降雨量722.6 mm少206.6 mm。各类果树前期生长缓慢,秋季旺长,造成树体养分积累少,降低了果树越冬能力。

(3)果园管理粗放　调查结果表明,凡是果树冻害严重的果园,均为管理粗放园、弃管园,果园间作较为普遍。而管理水平高的果园一般冻害较轻,如房木镇志学村新街屯果园,2000年每株幼树施鸡粪一土篮,8月中旬又创树盘一次,使新梢及时封顶,其中大慈梨400株仅有部分花芽受冻,苹博香200株不但无冻害,而且有8株坐果。

3. 应注意的几个问题

(1)严格按区划办事,适地适栽　在果树新品种引进、推广上,要按照引进、试验、推广三步走程序进行,不得私自乱引滥繁。在梨树发展上,可大力发展秋子梨系统的尖把梨、南果梨、花盖梨等品种;苹果树应稳步发展金红品种,同时在质量、精包装、广告宣传及绿色食品上下功夫,使之成为西丰果树发展中的一个特色品种。对于抗寒大苹果如寒富、丹光、丹苹等,今后发展应因地制宜,提倡用山定子高接。葡萄、李、杏、桃等树种,要有选择性的引入发展,以满足市场需要。严禁在低洼地、河滩地建果园。

(2)把好育苗质量关　苗木繁育,全县要统一规划,实行指导育苗,做到品种对路,技术规范,标准统一,保证质量。繁育苹果苗必须用山定子作砧木,梨必须用山梨作砧木,以利于果树抗寒抗旱。从基础入手严禁伪假劣质苗木进入市场。

总之,我县果树发展只要遵循客观规律,因地制宜,科学管理,果树生产就一定能获得更大发展。

(资料来源:康宝龙,张如媛,丛崇,巴文龙.北方果树.2002,(1).)

3. 生物学调查

通过对园艺植物植株各部分各器官的静态和动态规律调查,找出指标和相关性,可为田间试验和生产直接提供数据资料和标准,缩短研究年限,得出较真实而正确的结论。生物学调查是田间试验中经常采用的方法,也是生产中必不可少的调查方法。

4. 抗逆力调查

各种灾害,例如病虫害、冻害、霜害、旱灾等都对果蔬生产有严重的不利影响,针对当地易于发生的灾害进行调查，可以掌握规律，找出防治方法，是生产中经常采用的方法。

三、调查方法

1. 果树生物学性状调查

田间试验不仅要注意试验小区最后的产量及其他经济指标，而且要在整个试验过程中对各个小区试材进行观察记载，以掌握它们的生长发育过程中的变化，最后根据产量和掌握的数据，对试验作出正确全面的结论。

在整个试验过程中，果树的生长发育，时刻受到周围环境条件的影响。外界条件的任何变化，都会在某种程度上引起果树形态和生理上的相应变化。如果单凭小区产量来评价试验的结果，往往是不全面的，甚至会得到错误的结论，因为果树产量的形成是果树与外界条件综合作用的结果，其中除处理因素的作用外，还受非处理因素的影响，而这些因素有时会掩盖处理因素的作用，而得出错误的结论；即使试验结论正确，也由于缺少其他数据，难以分析某些处理增产或减产的原因。另外，果树是多年生作物，果树当年的生长状况和果树的产量，往往受前一年，甚至前几年生长和结果的影响，特别是前一年树体养分的积累、花芽形成的数量和质量的影响更为重要。因此，果树的试验应进行多年的重复(即年份重演)，而且要利用多年的生长发育记载档案的资料进行分析。在试验过程中，要建立试验园的生长发育档案，充分利用对试验树连续重复观察的资料，分析不同处理的效应，从而得到全面、正确的结论。

生长期间的调查记载，有些项目应调查各小区的全部植株，如基本生长量和产量的调查，而另一些项目，不需调查小区的全部植株，而是抽取部分样本进行调查，如物候期、叶分析和果实品质等。这样就要求调查的样本具有代表性，即记载的对象能真正反映小区植株的情况。其次，要求观察记载的项目有统一而明确的标准，以便比较，这对于多年、多点试验尤为重要。否则，记载的数据无法汇总，也就没有意义。第三，要求记载工作必须按计划及时进行，不要遗漏或出现错误，也不允许凭记忆补记、追记，以保证资料的完整。第四，要有严谨的科学态度，对数据应认真严肃，避免粗枝大叶，尽量避免看错、写错，也不允许涂改。

田间试验的记载项目，因试验的性质、要求和果树的种类而异。要有明确的目的，凡是与试验处理因素有关的项目，均应详细记载，关系不大或无关系的项目应从简或不记载，不应过于繁杂，增加不必要的工作量，也不宜过于简略而不便于分析。

一般田间试验的调查记载项目分两大类：一类是基本项目，一类是本试验必不可少的项目。

(1)基本资料　基本资料主要包括：

①果园的土地面积、分布、平面图及基本建设。

②果树的树种、品种、砧木、繁殖方法、苗木来源、树龄。一般按小区或单株注明区号或株号。田间排列设计图，注明处理和重复。

③试验地过去历史情况和土壤情况。如前茬作物、地形、地下水位、表土和心土的深度，各层土壤的分布特点、土质、土壤反应、有机质、氮、磷、钾等含量，土壤物理性状、土壤排水和肥力情况。

④栽植技术。如栽植的时期、深度，施肥及移植情况。

⑤果园各品种历年的生长量、产量、大小年幅度。

(2)气象条件　在试验地定点观测微域气候，也可利用附近气象站观测的记录。内容包括：

①温度　气温、地温、日均温、旬均温、月均温、年均温、最高气温、最低气温、5～10 ℃以上生物积温，0 cm、20 cm、40 cm 深度的土壤月平均温度，土壤开始冻结和解冻日期，土壤冻结天数、深度，无霜期、早霜和晚霜出现的日期等。

②日照　晴天日数，日照时数、日照百分率分布情况，辐射热量。

③降水　雨天日数，年降水量，按旬、月统计的降水量，超过若干毫米的天数。

④风　风速、风向，持续时间。

⑤灾害性天气　旱、涝、低温、霜、雪、冰雹、风害等。

(3)果树生长发育的记载。

①树体调查。

a)树体大小　以树高和冠径(或枝展)表示。树高为树冠最高点到地面的垂直距离，冠径为东西和南北两个方向的树冠最大直径。

b)干周和干径　距地面 20 cm 或 30 cm 处树干的周长称为干周，3 年生以下幼树多用直径表示，测量的部位亦有用接口到分枝的 1/2 处。试验树在测量部位应用红漆作出标记，以便每年都能测量同一部位。干的粗度也有用干横断面积表示，可以通过干周来换算。

c)新梢生长量　测量外围发育枝或剪口芽新梢的长度，一般以新梢平均长度表示，也有用新梢总长或新梢数量表示。每品种选择 3～5 株，幼树可测量全部枝条，大树则在树冠外围不同方向及顶部随机选择具有代表性的新梢 10～20 枝调查。调查新梢生长动态需每 7 d 调查一次。

d)枝梢种类比例的调查　将枝条按长度分为若干枝类，分别统计树冠内各类枝条的数量，并计算各枝类的比例。

e)叶面积及叶面积系数　单株总叶面积可在统计全树各类枝条数量的基础上，取各枝类代表枝 20～30 根，实测其叶数、叶面积，求出单枝叶面积，乘以各类枝数，可求出各类枝的总叶面积。各类枝叶面积总和即为全树的总叶面积。叶面积系数用全树的总叶面积除以该树的营养面积。营养面积以株距乘以行距表示。

②结果情况调查　调查初花年龄、初果年龄、花芽百分率、花量(仅幼树记载)、产果率、落果期及落果数、单株产量。

果实质量记载果实大小、平均单果重、着色、风味，糖、酸和维生素 C 等营养成分的分析。

调查果实生长动态则选果 20～40 个，每 7 d 调查一次。

③物候期观察　着重记载萌芽、开花、果实着色、果实成熟及落叶等时期。根据试验的要求，也可进行新梢生长、果实发育、叶片及叶幕形成、根系生长的动态调查，以及花芽分化期观察等。物候期观察应特别注意果树生长发育临界期。

④抗逆性　如抗寒、抗热、耐涝、耐旱、抗风、抗盐碱等。

(4)田间管理情况　根据每年的管理，如实记载。记载项目主要有：

①土壤改良和耕作制度。

②施肥时期、肥料的种类、数量、施肥的方法以及果树的反应。

③灌水的时期,数量和方法。

④病虫害种类、危害时间和程度,防治方法及其效果。

⑤修剪原则、方法及反应。

⑥全年管理作业历。

⑦用工、用料、机械和工具。

田间记载常用铅笔书写,为了保存完整资料,须复制一套副本保存室内。记载的表格要装订成册,作为原始记录,以便日后查核。

以上这许多基本项目,要根据试验的要求,不应遗漏应记的项目,也不必增加与本试验无关的项目,具体要依试验要求而定。例如矮化中间砧试验,则着重记载矮化效应的各项,包括枝梢生长量、叶片数量及大小、节间长度、植株大小、干周、结果量及果品质量等。再如,叶面肥料提高新嘎拉苹果果实质量试验,则以果实着色、果实重量、果实大小、果形指数、果实硬度作为必不可少的项目,其他项目就是次要的。

2. 蔬菜生物学性状调查

(1)生育期的调查　主要调查蔬菜的生长发育时期,如发芽期、幼苗期、开花着果期、结果期等。以豆类蔬菜为例,其生育期主要调查项目见表3-1。

表3-1　豆类蔬菜生育期观察记载表

品种或处理	重复	播种期	出苗期	4～5叶期	第一花序			采收期		
					现蕾期	开花期	结荚期	始期	盛期	末期

播种期:种子播种日期。

出苗期:全田有50%植株幼苗高达2 cm时的日期。

4～5叶期:全田有50%植株幼苗达到4～5叶时的日期。

现蕾期:全田有50%植株第一个花序出现花蕾的时期。

开花期:全田有50%植株开放第一朵花的日期。

结荚期:全田有50%植株荚长1 cm开始的日期。

始期:全田有50%植株达食用成熟的日期。

盛期:大批量采收产品器官的时期。

末期:产品最后采收的日期。

(2)主要经济性状的调查　调查形态特征、与熟性和产量有关的性状、产量等。以菜豆为例,其主要经济性状调查项目见表3-2。

表 3-2 菜豆主要经济性状记载表

品种或处理	株号	生长习性	株高	茎色	节间长	花冠颜色	第一花序节位	每花序结荚数	单荚重	荚色	荚形	荚长	荚宽	荚厚	每荚种子粒数	种子形状	种子表面	种皮色	百粒重

生长习性：蔓生、半蔓生、矮生。

株高：植株基部至全株最高处（只调查矮生品种）。

茎色：开花期观察植株主蔓中部，绿、紫等颜色。

节间长：取植株中部 5 节平均数。

花冠颜色：紫、浅紫、紫红、淡红、白色。旗瓣、翼瓣、龙骨瓣分别描述。

第一花序节位：从主蔓第一真叶数起。

每花序结荚数：无食用价值的荚不计。

单荚重：食用成熟嫩荚 10 荚的平均重。

荚色：深绿、绿、浅绿、黄绿、乳黄、黄白。注明是否带各色条纹。

荚形：长扁条形、短扁条形、圆棍形、剑形，中部微弯条形、中部微弯棍形，先端略弯镰刀形、先端略弯棍形、其他形。

荚长：食用成熟期从果柄至先端，先端喙长另计，弯荚顺弯度量。

荚宽：食用成熟期时荚的宽度。

荚厚：食用成熟期时荚的厚度，应量最厚处。

每荚种子粒数：每个荚中种子的粒数。

种子形状：圆柱、椭圆、肾形、长筒形、短筒形、其他形。

种子表面：老熟种子表面光滑、皱缩、有无裂痕等。

种皮色：老熟种子白色、乳白色、绿白、绿、黄色、黄白、紫色、紫红、黑白眼、棕色、茶褐色、其他色。

百粒重：一百粒种子的绝对重量。

任务 2 取样

一、取样的几个基本概念

1. 总体与总体容量

由具有共同性质的个体而组成的群体，在统计学上称为总体。所谓共同性质是相对而言的，有较大的幅度。总体的大小主要依据研究的目的及性质一致性的大小决定。例如试验不同施氮量对白梨新梢生长的影响时，白梨的品种特性——新梢为共同性质，构成一个总体。但如不同施氮量对白梨产量影响的试验，则白梨的品种特性为共同性质，白梨的所有单株产量构成一个总体等。

无穷多的个体的总体称为无限总体，实际上也可将有限个体数但数量大的总体看作无限总体。例如一个葡萄园的所有果穗，一个苹果园的所有叶片都可看作无限总体。有限可查的个体数的总体称为有限总体。例如某苹果园的腐烂病块，某桃园的流胶树株数等。统计中用 N 表示构成总体的所有个体数目，称为总体容量。一般情况下，研究的总体都比较大，N 为不可知数；只有在总体相当小时 N 才有确定数目，而研究小总体的实际意义常常是不大的。

2. 样本与取样

由于小总体实际意义不大，而大总体又无法全面进行，所以，试验多是从总体中抽出部分个体进行研究，这些个体叫作样本，当然，这些样本对总体应具有代表性，否则就失去了意义。

从总体中抽取样本的过程叫取样，样本是否对总体有代表性，决定于取样技术，而取样技术的正确性决定于取样方法和样本含量。

3. 取样单位与样本含量

取样所用的基本单位叫作取样单位。样本内含有取样单位的多少叫样本含量，用字母 n 来表示。例如以株为单位测产，株便是取样单位，若取 30 株测产，则样本含量为 30。从理论上讲，样本内的取样单位越多，样本含量越大，则得到的估计值越准确，抽样误差越小，对总体值的代表性越大。但样本量过大，在生产中浪费多，工作量大，不易进行。在农业试验中，$n \geqslant 30$ 的样本叫大样本，$n < 30$ 的样本叫小样本。

二、取样方法

在园艺植物试验中，由于总体容量较大，对于一些调查内容无法全面展开，所以，试验中多是从中抽取部分个体进行研究，当然这些个体必须具有代表性。取样方法很多，但由于试验的特殊性，各种取样方法的效果和应用价值也有区别，应根据试验和调查的具体要求加以选择，以取得最佳效果。

1. 顺序取样

顺序取样又称机械取样、系统取样。按照某种既定的顺序抽取一定数量的样本。例如：先将总体各个单位编号，按照逢 1 或逢 5 等距取样，或间隔一定的株数依次取样。一般要求样本量不少于调查总体的 5%。顺序取样田间的常用方式有对角线式、平行式、分行式、棋盘式或“Z”字式取样(图 3-1 和图 3-2)。

对角线式取样是在试验区的对角线上，均匀选择五个点，每点面积依总体容量而定，一般要求样本量不少于总体的 5%，即每点面积占总体的 1%以上。平行式取样是在试验区上，对应选取 4 行植株，每行对应选取 4 个点，每点面积依总体容量而定，一般要求样本量不少于总体的 5%，即每点面积占总体的 0.3%以上。

分行式取样是在试验区上，以行向为依据，均匀选取 2 行植株，每行选取 6 个点，每点面

二维码 3-1
调查取样——
顺序取样(动画)

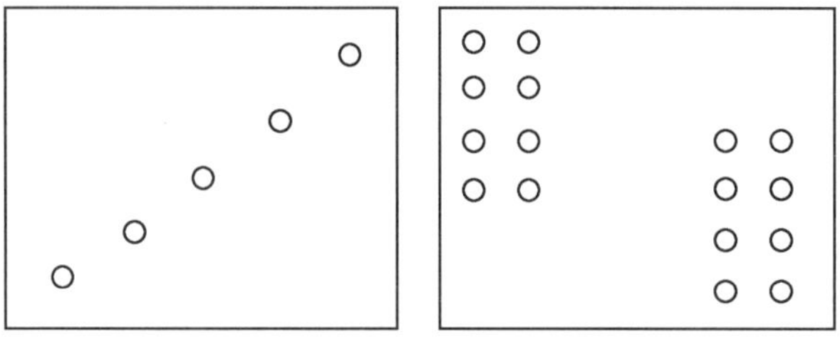

图 3-1 对角线式取样和平行式取样

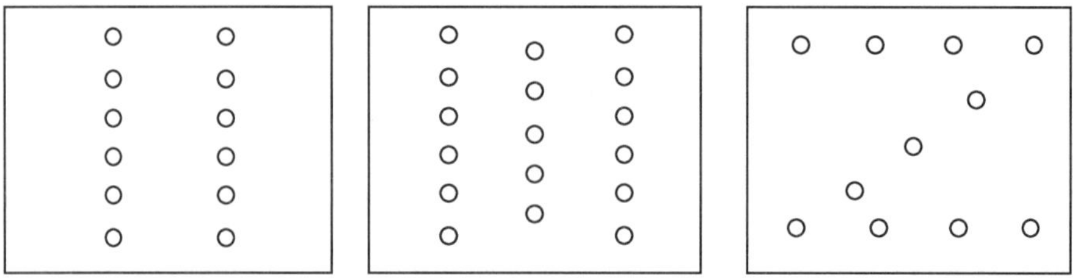

图 3-2 分行式取样、棋盘式取样和“Z”字式取样

积依总体容量而定，一般要求样本量不少于总体的 5%，即每点面积占总体的 0.4%以上。棋盘式取样是在试验区上，以行向为依据，均匀选取三行植株，每行选取五六个点，每点面积依总体容量而定，一般要求样本量不少于总体的 5%，即每点面积占总体的 0.3%左右。“Z”字式取样是在试验区上，以“Z”字形式选取 11 个点，每点面积依总体容量而定，一般要求样本量不少于总体的 5%，即每点面积占总体的 0.45%以上。

顺序取样方法简便，为得到较准确的结果，对试验植株比较整齐的试验区常采用对角线式取样、棋盘式取样、分行式取样。对植株不大整齐的试验区则采用平行式取样、“Z”字式取样。

2. 典型取样

二维码 3-2
调查取样——
典型取样(动画)

按调查研究的要求从总体内有意识地抽出一定数量有代表性的样本的方法叫典型取样。典型取样是一种常用的取样方法。这种方法由于失去了随机性，所得数据不适于采用统计方法分析。但因具有很强的代表性，同样能科学地反映客观事实，可以看作是总体的真实反映，所以是果树取样中非常重要的方法。例如果树的生物学调查中许多项目都要采用典型取样法，而不能采用其他方法。

3. 随机取样

二维码 3-3
调查取样——
随机取样(动画)

从总体中机会均等地抽出样本的方法叫随机取样。由于合乎随机原理，所得数据结果适于统计分析，可得出无偏的总体平均数、总和数或成数的估计值、无偏估计抽样误差及进行显著性检验。但如总体变异较大，且样本量不够多时，随机取样估值仍会产生偏性。一般采用下列形式。

(1)简单随机取样 直接从调查总体中随机地取出既定数量样本的方法叫作简单随机取样，也称单纯随机取样。例如在 98 株苹果树中取 5 株做调查，可先将树顺序编成 1～98 号，查随机数字表，以两位数为单元查，如果得到58,64,72,31,03,则用这些号码的树作样本。这种方法简便,适用于个体间差异较小或抽样较少的调查。

(2)整群取样　直接从调查整体中随机的抽出较多数量的“群”作为样本,每一“群”应包括等量的若干抽样单位,全部调查。随机方法同上,仅以“群”为单位进行随机。

(3)巢式取样　当总体很大而抽取的样本又不能多时,可先在总体里随机抽取较大的群体,然后再从中随机抽取较小群体,直到随机取样单位便于调查为止。一般只用二级巢氏取样。例如某县果树采收前估产可先将该县产果的乡镇编号,随机取10个,再将此10个乡镇各村编号,每乡镇抽3个村,然后对这30个村估产,从而推断出全县的水果产量。这种取样方法也称多级取样或阶段取样。

4. 划区取样

先将总体按其变异状况分为比较一致的若干部分,叫作同质区层,在每部分按其量的大小有比例的随机取样,这种方法叫划区取样,也可称为分层取样或类型取样。例如调查土壤肥力可依具体情况将果园分成瘠薄区、一般区、肥沃区。再按各区面积大小比例随机取点测定。划区时,应尽量使每一区内观测值的变异度最小。果树本身具有变异大的特点,采用随机法调查时,多进行划区,这样既可应用加权法由各区层的估计值来估计总体真值,又可减小植株和土壤变异的影响,相当于实行局部控制,提高了平均数或成数估值的准确性和样本的代表性。相当于典型取样与简单随机取样的综合应用。

二维码 3-4
调查取样——
分层取样(动画)

在实际工作中,取样是每项试验或调查都需要进行的工作。究竟采用哪种方法?应根据研究总体的具体情况确定。只有正确的取样,才能使调查的结果有代表性,提高试验结果的准确性,所以是十分重要的步骤。

三、样本观测注意事项

除正确地确定取样方法外,科学的观测样本同样重要,它可减少人为误差,使样本的代表性充分反映出来。

观测样本应体现唯一差异原则,即除试验处理外,尽可能使观测项目的环境条件一致。同时应制定统一而明确的观测标准,尤其对多点、多年的观测,应使用统一标准。还应注意观测时间、观测人员尽量一致,以提高试验的准确性。

样本观测的方法、时间等应符合果树生长发育的规律,以掌握较可靠的结果,例如物候期观察,要根据其进程确定观察时间和测量时间。观察资料应完整,不要遗漏或出现错误,应按时进行调查记载,不要凭记忆补记、追记,以免出现差错。

样本观测是一项严肃而细致的工作,也是反映客观实际的依据,所以应消除主观因素,以严谨的态度和求实的精神进行,这是科学研究中科技工作者应具备的品德修养。

二维码 3-5
名人故事——
施一公教你
做实验记录

实训 1　植物生物学性状调查——顺序取样、典型取样

一、目的要求

熟悉植物生物学性状调查的内容，独立运用顺序取样法、典型取样法进行植物生物学性状调查。

二、材料用具

1. 材料　植物。
2. 用具　钢卷尺、千分尺、计算器、直尺、铅笔、记录本等。

三、实训内容

1. 选择品种、砧木、嫁接方法、树龄、管理方法一致的一片果园。
2. 顺序取样法　按平行法每隔一定的间隔量 1 株树的干周(cm)，共调查 10 株树，然后求其干周的平均数($\bar{x}_1$)、标准差 S_1。
3. 典型取样法　以株为单位，选取植株大小、产量相当的 10 株树量取干周(cm)，然后求其干周的平均数($\bar{x}_2$)、标准差 S_2。
4. 完成表 3-3，并比较两种取样方法的变异程度。

表 3-3　不同取样方法的树体干周调查结果

序号		1	2	3	4	5	6	7	8	9	10	$\bar{x}$	S
顺序取样	植株编号												
	干周/cm												
典型取样	植株编号												
	干周/cm												

结论：

四、技能训练评价(表 3-4)

表 3-4　技能训练评价表

序号	评价内容	评价标准	分值	得分
1	顺序取样	间隔数量计算准确	20	
2		植株选取符合确定编号	10	
3		测量方法正确	10	
4		数据记录无误	10	
5	典型取样	取样植株选择正确	30	
6		测量方法正确	10	
7		数据记录无误	10	
合计			100	

实训 2　植物生物学性状调查——随机取样、划区取样

一、目的要求

熟悉植物生物学性状调查的内容，独立运用随机取样法、划区取样法进行植物生物学性状调查。

二、材料用具

1. 材料　植物。
2. 用具　钢卷尺、千分尺、计算器、直尺、铅笔、记录本等。

三、实训内容

1. 选择品种、管理方法一致的一片茄子园。
2. 随机取样法：以株为单位，总体编号，应用随机数字表(余查法或直查法选用一种)，调查 10 株茄子株高(cm)，然后求株高的平均数($\bar{x}_1$)、标准差 S_1。
3. 划区取样法：将茄子园分为瘠薄位置一组，中庸位置一组，肥沃位置一组。在各类型中按比例随机取得所需样本数，分别调查株高(cm)，然后求株高的平均数($\bar{x}_2$)、标准差 S_2。
4. 完成表 3-5，并比较两种取样方法的变异程度。

表 3-5 不同取样方法的茄子株高调查结果

序号		1	2	3	4	5	6	7	8	9	10	$\bar{x}$	S
随机取样	植株编号												
	株高/cm												
划区取样	植株编号												
	株高/cm												

结论：

四、技能训练评价(表 3-6)

表 3-6 技能训练评价表

序号	评价内容	评价标准	分值	得分
1	随机取样	借用并正确使用随机数字表获得调查株编号	20	
2		植株选取符合确定编号	10	
3		测量方法正确	10	
4		数据记录、计算无误	10	
5	划区取样	区层划分准确	20	
6		各区层随机取样方法正确	20	
7		数据记录、计算无误	10	
合计			100	

习 题

一、不定项选择题

1. 由具有共同性质的个体而组成的群体，在统计学上称为(　　)。

A. 总体　　B. 总体容量　　C. 样本　　D. 样本含量

2. 试验中多是从总体中抽出部分个体进行研究，这些个体叫(　　)。

A. 总体　　B. 总体容量　　C. 样本　　D. 样本含量

3. 样本是否对总体有代表性,决定于(　　)。

A. 取样方法　　B. 取样技术　　C. 样本含量　　D. 总体容量

4. 生物学调查中许多项目采用(　　)取样。

A. 顺序取样　　B. 典型取样　　C. 随机取样　　D. 划区取样

5. 取样时,一般要求样本量不少于调查总体的(　　)%。

A. 1　　B. 3　　C. 5　　D. 7

6. 生产经验调查的方式一般有(　　)。

A. 座谈会　　B. 个别访问　　C. 查阅文献　　D. 现场调查

7. 顺序取样中,对植株不整齐的试验区可以采用(　　)取样。

A. 对角线式　　B. 棋盘式　　C. 平行式　　D. Z字式

8. 观测样本应体现唯一差异原则,(　　)要尽量一致。

A. 观测区域　　B. 观测标准　　C. 观测时间　　D. 观测人员

9. 顺序取样中,对植株比较整齐的试验区可以采用(　　)取样。

A. 对角线式　　B. 棋盘式　　C. 平行式　　D. Z字式

10. 调查研究的内容包括(　　)。

A. 资源调查　　B. 生产经验调查　　C. 生物学调查　　D. 抗逆力调查

11. 调查果实生长动态需选果(　　)个,7天调查一次。

A. 20　　B. 30　　C. 40　　D. 50

12. 取样方法通常包括(　　)。

A. 顺序取样　　B. 典型取样　　C. 随机取样　　D. 划区取样

二、判断题

(　　)1. 田间试验的记载项目,不会考虑试验的性质、要求和园艺植物的种类。

(　　)2. 生物学调查是对园艺植物植株各部分各器官的静态调查。

(　　)3. 调查研究是在短时间内获得丰富而有价值的资料和数据的常用方法。

(　　)4. 试验中多是从总体中抽出部分个体进行研究,这些个体(样本)对总体应具有代表性。

(　　)5. 样本观察资料应完整,应按时进行调查记载,发现遗漏要及时补记。

三、简答题

1. 果树调查研究法在果树试验中有何意义?包括哪些内容?

2. 总结果树丰产经验应怎样进行?简述全过程。

3. 蔬菜生育期调查常包括哪些内容?如何调查研究?

4. 果树的枝条、叶片、果实动态调查各采用何种方法?怎样取样?

5. 观测样本应注意哪些问题?

项目4
数据资料整理

知识目标

会解释与试验资料有关的常用术语，掌握数据资料的收集、整理和平均数、标准差、变异系数的计算方法。

技能目标

学会试验资料的整理方法，掌握平均数与变异数的计算方法，图表规范、整洁和美观。

素质目标

培养学生尊重数据和求真务实的精神。

任务1　熟悉常用术语及其含义

统计分析最基本的工作是收集资料。在科学试验与调查中，通过对研究对象所处环境和研究对象某些性状的观察、测定，就可以收集到资料，这些资料若以数字形式表示时，其中数字称作数据，相应的资料叫数据资料。

一、变数与观测值

数据资料的共同特点之一是同一总体或样本内的数据，既具有相似性，又具有变异性。例如研究苹果的产量，在同一果园的同一品种中，采用的栽培措施力求一致，然而获得的每一单株产量却不一样，它们既有相似的一面，又有相异的一面。之所以相似，是因为它们同属一个总体或样本；之所以有变异，是因为不同单株之间因偶然因素影响而造成单株数据间有差异。在统计分析中，为了便于数据的加工处理，将具有变异性的各种研究要素称作随机变数，简称变数。例如果树试验中像树高、产量、叶片数、含糖量等植物性状；像光照、温度、施肥量、灌水量等环境因素，根据科学研究的需要都可以认为是随机变数。在同一研究要素下，不同单元或个体的数据称作观测值，或变员。例如在同一组条件下测定20株某品种葡萄树的单株果穗数，这里单株果穗数为变数，测定得到的20个数字为观测值。由此可以看出：观测值是变数的不同取值，而变数则是一群性质相同的观测值的总称。变数一般用大写英文字母 X、Y、Z 等表示，观测值用 $x_1, x_2, \cdots, x_n$ 或 $y_1, y_2, \cdots, y_n$ 等小写英文字母加下标的形式表示。

二、随机变数的性质

随机变数具有以下两个性质：

(1)在一次观察、测定中，取值不确定，具有一定的“随机性”，在观察、测定之前只知其取值范围，而不能预先知道它取什么值。具体取值随观察、测定结果而定。

(2)虽然随机变数每次的取值不确定，但在大量观察、测定中，观测值具有一定规律，服从一定的概率分布。

三、随机变数的类型

随机变数是统计分析的研究内容。不同类型的随机变数，计算概率的方法不同，统计分析的方法也不尽相同。在农业科学研究中经常遇到的变数，一般可分为两大类：

1. 连续性变数

连续性变数又称度量数据，是由称量、度量、测量等量测方法得到的数据。这类变数的观测值不限于整数，在相邻的数值之间可以有微量差异的其他数存在，微量差异的大小依量具的精确度而定。因此，它的取值是某一区间的任何数值，无法一一列举出来，是不可数的，无限的。例如果树试验中的株高、产量、单果重等都属于这类变数。

2. 间断性变数

间断性变数又称计数数据，是指用计数方法获得的数据。这类变数的观测值一般以整数表示，可以一一列举出来，是可数的，有限的。例如果树试验中的株数、果数、叶片数等，所有这些性状的数据全都取整数，不能再细分。

对于果树试验中诸如果实色泽、叶色、花色等质量性状的资料，经简单数量化处理以后，一般也属于间断性变数。常见的数量化方法有以下两种。

(1)分级法　将变异的性状分成几种级别，每一级别指定以适当的数值代表。

(2)应用统计次数的方法　统计某种性状出现及不出现的次数。

四、参数与统计数

统计分析的目的之一就是要从参差不齐的试验数据中归纳出一些确实反映变数概貌的特征数。例如了解数据的集中趋势时要计算平均数，了解数据离散程度时要计算标准差，了解两列数据间关系的密切程度和性质时要计算相关系数，这平均数、标准差与相关系数都是特征数，或称统计指标。

由总体全部数据计算得到的总体特征数叫作参数，由样本全部数据计算得到的样本特征数叫作统计数。习惯上参数用希腊字母表示，统计数用英文字母表示。

参数是用来描述总体情况的，它是一个常数，只有在总体全部数据皆属已知时才能计算出来，否则它只能存在于理论之中，是一个期望值；统计数却是随机变数，它会随样本不同而异。科学研究中人们的真正目的是想了解参数，认识总体。但是，由于总体容量往往很大，即使有限总体也包含较多个体，难以一一进行观察和测定，只能从中抽取样本进行分析研究，用样本的统计数推断总体的参数。统计数是总体相应参数的估计值。

任务 2　制作次数分布表和次数分布图

从试验或调查收集到的数据资料，在整理之前经详细检查核实，已确认完整无误的情况下，就可以进行数据资料的整理工作。

数据资料的整理应根据统计分析的要求进行。通常，对于数据量较少的资料，按照不同分析方法的需要，整理成各种方便适用的表格后就可进行相应的统计分析。对于数据量较多的资料，常常需要制作次数分布表与次数分布图，化繁为简，使杂乱无序的数据资料初现其规律性。

一、次数分布表

次数分布表也叫频数分布表，它是反映数据资料内在分布规律的一种表格，简称次数表或频数表。

1. 制表常见术语及其含义

(1)极差　也称全距，是指数据中最大值与最小值之差。它可以反映数据的变异幅度，常用 R 表示。

(2)组数　指整个数据范围分成的组区间数。对于一份具体资料，组数分得过多或过少都不合适。组数过多时，数据较分散，不易看出其集中情况和程度，而且计算也很麻烦。组数过少时，计算虽省事，但计算结果的准确程度差一些。因此，决定组数应慎重，在能够反映数据真实面貌的前提下，可参照表 4-1。

表 4-1　样本大小与分组数

样本内观测值个数(n)	分组数
40～60	6～8
60～100	7～10
100～200	9～12
200～500	12～17
500 以上	17～20

(3)组限　每个组区间的上、下界限。数值小的一端叫下限，或低限，用 l_1 表示。数值大的一端叫上限，或高限，用 l_2 示。各组之间组限应具体明确，前一组上限可近似等于后一组的下限。

(4)组距　每个组区间上限与下限之差，即组区间长度，记作 l_0。一般而言，各组组距是相等的。组距可由极差和组数近似求得，即

$$组距 \approx \frac{极差}{组数}$$

由上式可知，在极差一定的条件下，组数与组距相互决定，组数越多，组距越小。

(5)组中值　也称中价、组值等，是每个组内最中间的一个数，它可由每个组的上下限取平均数得到，即

$$组中值 = \frac{上限 + 下限}{2}$$

组中值是组内观测值的代表数，若由次数分布计算某些统计数时，组中值将以“代表”的资格参与计算。所以，选择组中值除了考虑其代表性外，还应考虑到计算方便，最好取整数或者取与观测值位数相同的数。实现这些要求，关键在于确定好第一组组中值。具体制表过程中，第一组组中值人为指定，原则上要求它接近资料内的最小观测值。

2. 连续性变数资料的制表

【例 4-1】苹果梨盛果期取 100 根枝条的生长量列于表 4-2，试制作次数分布表。

表 4-2　苹果梨盛果期枝条生长量　　cm

40	44	46	26	45	30	52	39	47	28	41	36	48	29	38	51	24	50	32	42
41	33	45	50	31	47	40	53	20	43	44	34	46	32	39	54	35	31	37	41
49	22	61	37	57	44	34	42	45	35	40	37	42	25	41	40	39	51	27	45
35	48	59	33	55	41	38	56	24	39	36	53	28	40	38	44	23	41	36	42
36	58	30	57	38	27	40	37	50	35	55	31	48	43	33	39	29	40	32	49

表 4-2 中的数据杂乱无序，若通过整理、编制次数分布表以后，就可以方便地了解数据的集中和变异情况。编制次数分布表的步骤如下：

(1)整列(正列)

将原始数据由小到大按顺序排列成一种依次表，如表 4-3 所示。

表 4-3　苹果梨盛果期枝条生长量依次表　　cm

20	22	23	24	24	25	26	27	27	28	28	29	29	30	30	31	31	31	32	32
32	33	33	33	34	34	35	35	35	35	36	36	36	36	37	37	37	37	38	38
38	38	39	39	39	39	39	40	40	40	40	40	40	40	41	41	41	41	41	41
42	42	42	42	43	43	44	44	44	44	45	45	45	45	46	46	47	47	48	48
48	49	49	50	50	50	51	51	52	53	53	54	55	55	56	57	57	58	59	61

(2)求极差

$$R = 61 - 20 = 41(\text{cm})$$

(3)确定组数与组距

本资料共有 100 个数据，可分为 7～10 组，假定分 9 组，组距 $=41/9=4.56\approx 5(\text{cm})$(往上进位)。

（4）确定组中值与组限

依据前面所述原则，本例第一组组中值可定为 21 cm，根据组距与组中值的关系就可以求出第一组下限为：$l_1=21-5/2=18.5$(cm)，上限为：$l_2=21+5/2=23.5$(cm)，为便于归组，本组上限改为 23.49 cm，故第一组的组限为 18.5～23.49 cm，其他组是在前一组的基础上各加一个组距。

（5）归组，列表

将各组上下限内所能包括的观测值归入各组，并算出各组观测值所出现的次数（f），一般采用画记号法，制成次数分布表。如表 4-4 所示。

表 4-4 苹果梨枝条生长量次数分布表

组限/cm	组中值	次数（f）	相对次数/%
18.5～23.49	21	3	3
23.5～28.49	26	8	8
28.5～33.49	31	13	13
33.5～38.49	36	18	18
38.5～43.49	41	24	24
43.5～48.49	46	15	15
48.5～53.49	51	10	10
53.5～58.49	56	7	7
58.5～63.49	61	2	2
$\sum$		100	100

从表 4-4 可以明显看出苹果梨枝条生长量的一些初步规律：(1)数据变异范围在 18.5～63.49 cm；(2)大部分数据在 28.5～48.49 cm；(3)数据的分布左右基本对称，中间次数多，两头次数少，等等。

次数分布表的编制是一项细致的工作，略有疏忽就容易出错。一般说来，编制较好的次数分布表应该具备条件：(1)观测值的统计准确无误；(2)组限明确，最好应比原始数据多一位小数，使得全部观测值均可准确归组；(3)组数合理，不至于出现最后一组内观测值过多或过少现象。通常应该是资料内的最大观测值基本接近最后一组中值；(4)组中值便于再运算，不带有舍入误差。

3. 间断性变数资料的制表

间断性变数资料的制表方法比较简单，一般有 2 种情况：

（1）相同观测值合为 1 组，统计次数。现以 100 株李树中天幕毛虫的调查结果为例，整理后的资料见表 4-5。

（2）几个不同观测值归为 1 组，统计次数。例如研究某葡萄品种的每穗果数，共观察 200 穗，整理后的资料见表 4-6。

表 4-5 李树中天幕毛虫的次数分布表

天幕毛虫数(x)	次数(株数)(f)
15	8
16	19
17	26
18	25
19	15
20	7
$\sum$	100

表 4-6 葡萄穗果数的次数分布表

穗果数(x)	次数(穗数)(f)
101～115	4
116～130	31
131～145	73
146～160	63
161～175	24
176～190	5
$\sum$	200

二、次数分布图

次数分布表制成以后，可根据表内各组组限或组中值与次数制成次数分布图，使次数分布的情况更加一目了然，使资料的特征更加形象地表示出来。常见的次数分布图有三种：

1. 柱形图

一般适用于连续性变数的次数分布，纵坐标表示次数，横坐标表示组限，如图 4-1 所示。

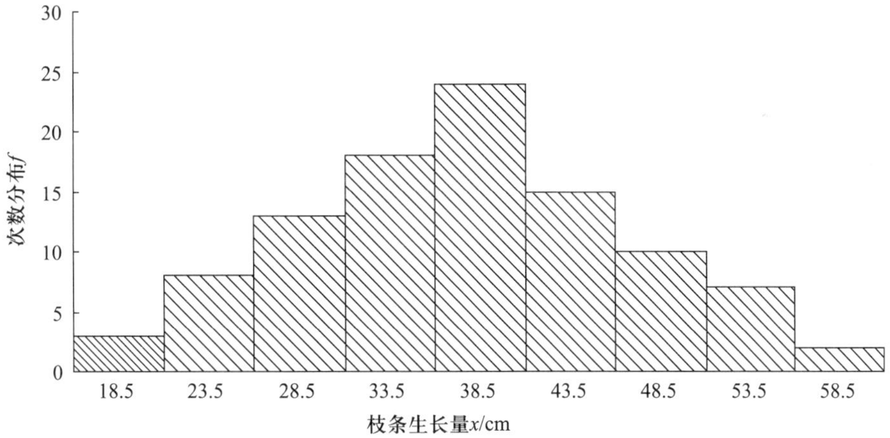

图 4-1 苹果梨枝条生长量次数分布柱图形

2. 多边形图

一般适用于连续性变数的次数分布，纵坐标表示次数，横坐标表示组中值，如图 4-2 所示。

3. 条形图

适用于间断性变数的次数分布，如图 4-3 所示。

不论柱形图、多边形图，还是条形图，纵坐标与横坐标的缩尺比例应当适当，一般为 4∶5 或 5∶6。如图形过于狭高会过分夸张各组的差异，过于平阔又使各组差异难以表现出来。另外，横坐标代表数量若不是从“0”开始，则应在横坐标起点附近用折断线表示。

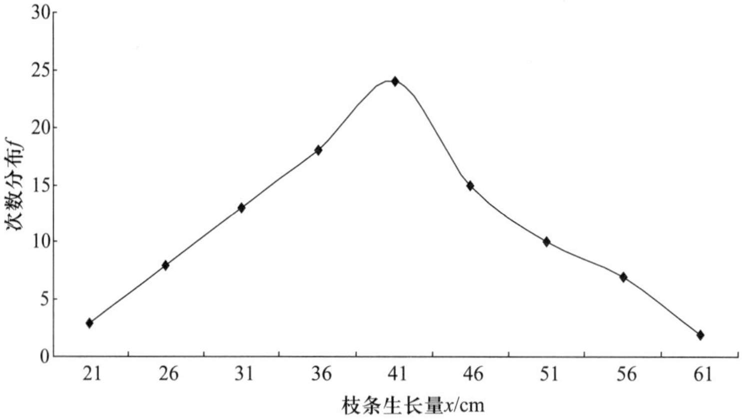

图 4-2 苹果梨枝条生长量次数分布多边形图

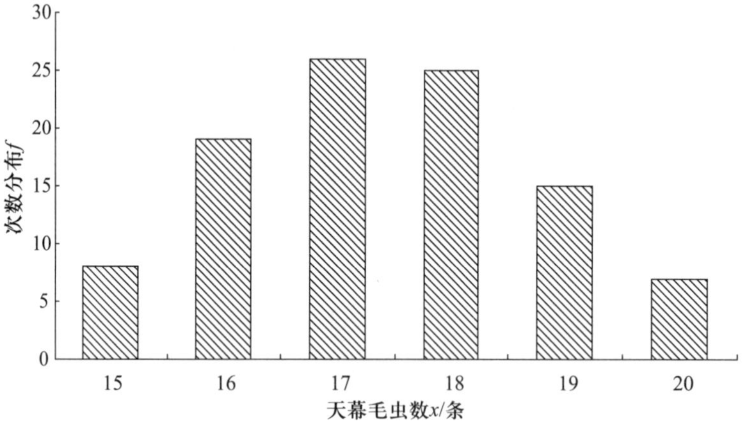

图 4-3 李树中天幕毛虫的次数分布条形图

任务3 计算平均数

一、公式定义

1. 设一含有 N 个观测值的有限总体，其观测值为 $x_1, x_2, \cdots, x_N$，该总体的算术平均数为：

$$\mu = \frac{x_1 + x_2 + \cdots + x_N}{N} = \frac{1}{N}\sum_{i=1}^{N} x_i = \frac{1}{N}\sum x$$

式中，$\sum$ 为求和符号；N 为总体容量。

2. 若用 $x_1, x_2, \cdots, x_n$ 表示组成样本的所有观测值，该样本的算术平均数为：

$$\bar{x}=\frac{x_1+x_2+\cdots+x_n}{n}=\frac{1}{n}\sum_{i=1}^{n}x_i=\frac{\sum x}{n}$$

式中，n 为样本含量。

【例 4-2】某地巨峰葡萄果肉固形物含量(%)经 8 次测定分别为：15.1，16.0，14.9，15.6，16.4，15.3，15.2，16.5，试求其平均固形物含量。

解：$\bar{x}=\frac{\sum x}{n}=\frac{15.1+16.0+14.9+15.6+16.4+15.3+15.2+16.5}{8}\approx 15.63(\%)$

即该地巨峰葡萄果肉平均固形物含量约为 15.63%。

二、关于 $\sum$ 符号

1. $\sum_{i=1}^{n}x_i=x_1+x_2+\cdots+x_n$

2. $\sum_{1}^{n}(x_i+y_i)=\sum_{1}^{n}x_i+\sum_{1}^{n}y_i$

3. $\sum_{1}^{n}cx_i=c\sum_{1}^{n}x_i$ (c 为常数)

4. $\sum_{1}^{n}c=nc$ 或 $\sum_{a}^{b}c=(b-a+1)c$ (c 为常数)

5. $\sum_{1}^{n}(x_i+c)=nc+\sum_{1}^{n}x_i$ (c 为常数)

三、加权算术平均数

$$\bar{x}=\frac{f_1x_1+f_2x_2+\cdots+f_kx_k}{f_1+f_2+\cdots+f_k}=\frac{\sum_{1}^{k}f_ix_i}{n}$$

式中，f 代表次数，也称作“权”；x 为观测值或组中值；n 为总次数，$n=\sum f$。

【例 4-3】现有一专业户，全年生产 20 万 kg 国光苹果，其中一等果 10 万 kg，二等果 5 万 kg，三等果 3 万 kg，四等和等外果共 1 万 kg，其等级单价分别为(元/kg)：1.2，1.0，0.8，0.6，0.2，试求其平均价格。

解：$\bar{x}=\frac{\sum fx}{n}=\frac{1.2\times 10+1.0\times 5+0.8\times 3+0.6\times 1+0.2\times 1}{10+5+3+1+1}=1.01$(元/kg)

即该专业户国光苹果每千克的平均售价为 1.01 元。

错误做法：$\bar{x}=\frac{\sum x}{n}=\frac{1.2+1.0+0.8+0.6+0.2}{5}=0.76$(元/kg)

任务4 计算变异数

变异数是反映数据离散程度的统计指标。它的主要作用：

(1)度量资料内所有观测值的变异程度。

(2)揭示代表数的代表性优劣。

(3)当总体离散程度未知时，常用某些样本变异数去估计。

(4)在统计假设检验中，常用某些样本变异数估计试验误差。

变异数的种类很多，常见的有极差、方差、标准差、变异系数等。

一、方差(均方、变量)

1. 公式定义

(1)设一个含有 N 个观测值的有限总体，其观测值为 $x_1, x_2, \cdots, x_N$，平均数为 μ，该总体的方差为：

$$\sigma^2 = \frac{\sum_1^N (x_i - \mu)^2}{N} \text{或简写为} \sigma^2 = \frac{\sum (x - \mu)^2}{N}$$

(2)某一具有 n 个观测值的样本，其观测值为 $x_1, x_2, \cdots, x_n$，且平均数为 $\bar{x}$，其样本方差为：

$$S^2 = \frac{\sum_1^n (x_i - \bar{x})^2}{n-1} \text{或简写为} S^2 = \frac{\sum (x - \bar{x})^2}{n-1}$$

式中，$\sum (x - \bar{x})^2$ 为离均差的平方和，简称平方和，记作 SS；$n-1$ 为离均差的平方和的自由度，简称自由度，记作 DF。

2. 离均差平方和的性质

(1)离均差的平方和为最小平方和，即 $\sum (x - \bar{x})^2 < \sum (x - a)^2$，其中 $a = \bar{x} \pm \Delta$，$\Delta \neq 0$。

(2)每个观测值减去同一个常数 a，离均差的平方和不变。

(3)每个观测值乘以同一个常数 a，相应的离均差平方和增大 a^2 倍。

(4)每个观测值除以同一个常数 a，相应的离均差平方和缩小 a^2 倍。

(5)离均差的平方和可作如下变形。

$$\sum (x - \bar{x})^2 = \sum x^2 - \frac{(\sum x)^2}{n}$$

二、标准差

1. 公式定义

(1)设一个含有 N 个观测值的有限总体,其观测值为 $x_1, x_2, \cdots, x_N$,平均数为 μ,该总体的标准差为:

$$\sigma = \sqrt{\frac{\sum (x-\mu)^2}{N}}$$

(2)设一个含有 n 个观测值的样本,其观测值为 $x_1, x_2, \cdots, x_n$,平均数为 $\bar{x}$,该样本的标准差为:

$$S = \sqrt{\frac{\sum_{1}^{n} (x_i - \bar{x})^2}{n-1}}$$

或简写为:

$$S = \sqrt{\frac{\sum (x-\bar{x})^2}{n-1}}$$

2. 未分组资料计算标准差的方法

【例 4-4】10 次测定某种苹果果肉可溶性固形物含量(%)分别为 15.9,14.9,16.4,16.9,16.1,14.9,15.9,15.9,16.4,16.1,求标准差。

解:(1)直接法。

$$\bar{x} = \frac{\sum x}{n} = \frac{15.9 + 14.9 + \cdots + 16.1}{10} = 15.94\ (\%)$$

$$S = \sqrt{\frac{\sum (x-\bar{x})^2}{n-1}} = \sqrt{\frac{(15.9-15.94)^2 + (14.9-15.94)^2 + \cdots + (16.1-15.94)^2}{10-1}} \approx 0.63\ (\%)$$

(2)矫正数法(计算机法)。

$$S = \sqrt{\frac{\sum x^2 - \frac{(\sum x)^2}{n}}{n-1}} = \sqrt{\frac{15.9^2 + 14.9^2 + \cdots + 16.1^2 - \frac{(15.9 + 14.9 + \cdots + 16.1)^2}{10}}{10-1}}$$

$$= 0.63\ (\%)$$

3. 分组资料计算标准差的方法(加权法)

$$S = \sqrt{\frac{\sum fx^2 - \frac{(\sum fx)^2}{n}}{n-1}}$$

式中，f 为各组次数，也称作“权”；x 以相同观测值分组时表示观测值，不是以相同资料分组时表示组中值；n 为总次数。

三、变异系数

变异系数是标准差与平均数相比而得到的系数，常用百分数表示。即

$$CV = \frac{S}{\bar{x}} \times 100\%$$

【例 4-5】测定 16 年生金冠苹果树冠体积：山定子作砧木的 $\bar{x}=13.44\ m^3$，$S=2.91\ m^3$；小海棠作砧木的 $\bar{x}=5.63\ m^3$，$S=1.43\ m^3$，试说明不同砧木的树冠体积变异程度怎样？

解：金冠/山定子　$CV = \frac{S}{\bar{x}} \times 100\% = \frac{2.91}{13.44} \times 100\% \approx 21.65\%$

金冠/小海棠　$CV = \frac{S}{\bar{x}} \times 100\% = \frac{1.43}{5.63} \times 100\% = 25.40\%$

即小海棠为砧木的金冠苹果树冠体积比山定子为砧木的变异程度大。

实训　试验数据整理

一、目的要求

熟练掌握使用 Excel 软件制作次数分布表和图，能独立进行数据整理。

二、材料用具

报告册、铅笔、装有 Excel 软件的计算机及数据分析设备。

三、方法步骤

1. 连续性变数资料次数分布表及分布图制作（表 4-7）

表 4-7　苹果梨盛果期枝条生长量　cm

40	44	46	26	45	30	52	39	47	28	41	36	48	29	38	51	24	50	32	42
41	33	45	50	31	47	40	53	20	43	44	34	46	32	39	54	35	31	37	41
49	22	61	37	57	44	34	42	45	35	40	37	42	25	41	40	39	51	27	45
35	48	59	33	55	41	38	56	24	39	36	53	28	40	38	44	23	41	36	42
36	58	30	57	38	27	40	37	50	35	55	31	48	43	33	39	29	40	32	49

（1）数据整理　对表 4-7 资料进行数据整理。

①求全距　61－20＝41(cm)

②确定组数,分组。假定为 9 组,那么组距＝41/9≈4.56,为方便以 5 作为组距,如果第一组组中值定位 21,则各组组限为[18.5,23.49][23.5,28.49][28.5,33.49][33.5,38.49][38.5,43.49][43.5,48.49][48.5,53.49][53.5,58.49][58.5,63.49]。

③输入数据与分点的值(图 4-4)。为方便起见,将 100 个数据以方阵形式输入 Excel 的工作表中的适当区域 $B$6:$U$10。

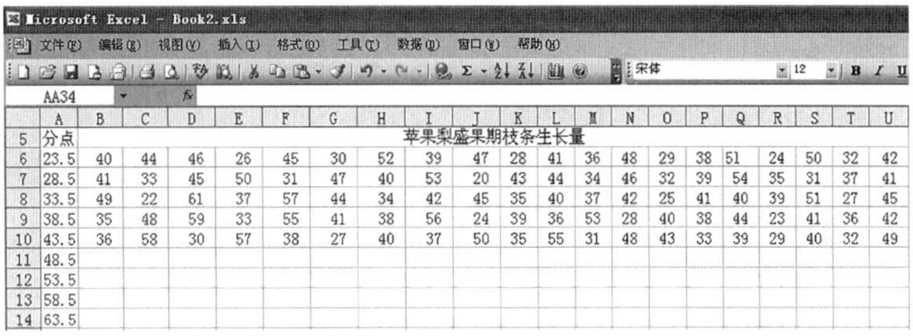

	A	B	C	D	E	F	G	H	I	J	K	L	M	N	O	P	Q	R	S	T	U
5	分点	苹果梨盛果期枝条生长量																			
6	23.5	40	44	46	26	45	30	52	39	47	28	41	36	48	29	38	51	24	50	32	42
7	28.5	41	33	45	50	31	47	40	53	20	43	44	34	46	32	39	54	35	31	37	41
8	33.5	49	22	61	37	57	44	34	42	45	35	40	37	42	25	41	40	39	51	27	45
9	38.5	35	48	59	33	55	41	38	56	24	39	36	53	28	40	38	44	23	41	36	42
10	43.5	36	58	30	57	38	27	40	37	50	35	55	31	48	43	33	39	29	40	32	49
11	48.5																				
12	53.5																				
13	58.5																				
14	63.5																				

图 4-4　输入数据与分点图

④将各组区间的右(或左)端点的值输入工作表的同一列(如 A 列) $A$6: $A$14。

(2)生成频数分布表(直方图)、累积频率分布表(直方图)。

①打开“工具/数据分析”,在分析工具窗口中选择“直方图”(图 4-5)。

②在直方图弹出窗口(图 4-6)的“输入区域”利用鼠标或键盘输入数据方阵“苹果梨盛果期枝条生长量”区域: $B$6: $U$10。

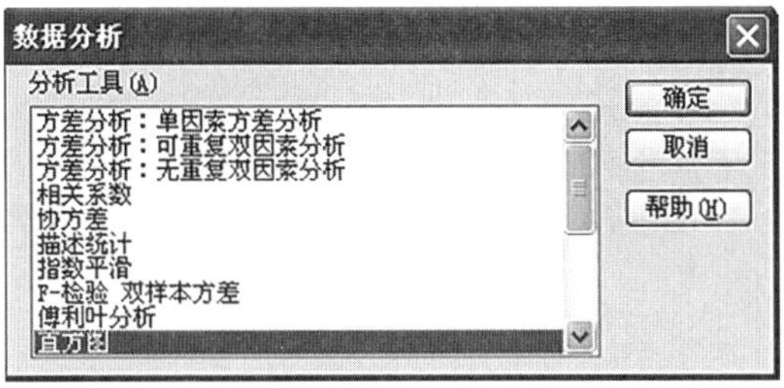

图 4-5　数据分析工具中的直方图

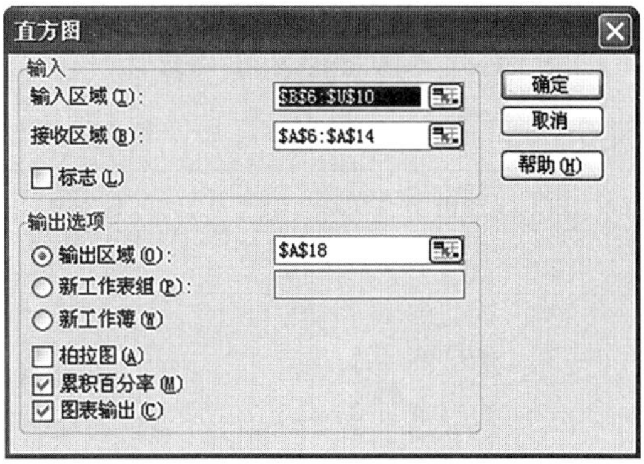

图 4-6　直方图中需要选填的内容

在“接收区域”用同样的方法输入“分点”区域: $A$6: $A$14。

③在输出选项中,点击“输出区域”,可在空白区域开始点击如: $A$18,也可在新建工作表中输出。

④在输出选项中,选中“图表输出”“累积百分率”。

完成以上四步,点击“确定”按钮,立即出现如图 4-7 所示的频数分布表和直方图、累积频率分布折线图。

操作过程中,应特别关注以下 3 点:

①勿将频数当频率。将容易验证,上述图表中的“频率”其实表示频数,这极可能是汉化

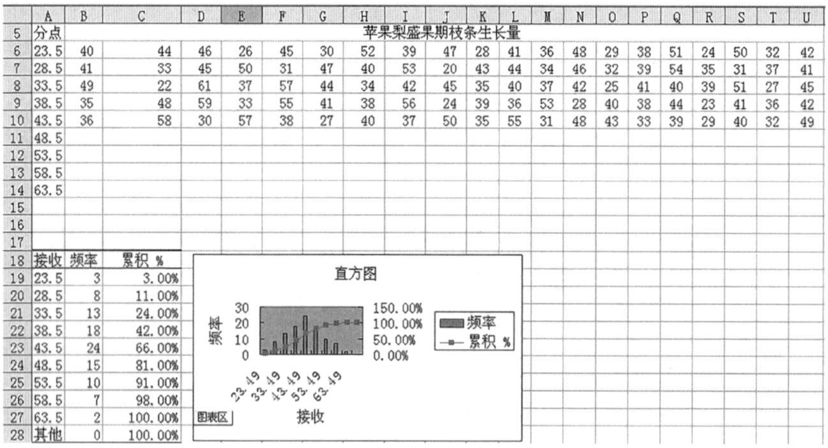

	A	B	C	D	E	F	G	H	I	J	K	L	M	N	O	P	Q	R	S	T	U
5	分点	苹果梨盛果期枝条生长量																			
6	23.5	40	44	46	26	45	30	52	39	47	28	41	36	48	29	38	51	24	50	32	42
7	28.5	41	33	45	50	31	47	40	53	20	43	44	34	46	32	39	54	35	31	37	41
8	33.5	49	22	61	37	57	44	34	42	45	35	40	37	42	25	41	40	39	51	27	45
9	38.5	35	48	59	33	55	41	38	56	24	39	36	53	28	40	38	44	23	41	36	42
10	43.5	36	58	30	57	38	27	40	37	50	35	55	31	48	43	33	39	29	40	32	49
11	48.5																				
12	53.5																				
13	58.5																				
14	63.5																				

	A	B	C
18	接收	频率	累积 %
19	23.5	3	3.00%
20	28.5	8	11.00%
21	33.5	13	24.00%
22	38.5	18	42.00%
23	43.5	24	66.00%
24	48.5	15	81.00%
25	53.5	10	91.00%
26	58.5	7	98.00%
27	63.5	2	100.00%
28	其他	0	100.00%

图 4-7 频数分布表和直方图、累积频率分布折线图

Excel 软件时翻译的错误，所以应将表中“频率”改为“次数”，接收区的数据表示各组区间的右端值。

②Excel 软件是按照左开右闭的方式对落在各区间的数据进行频数统计的。

③Excel 软件对输入区域中的样本数据按区段分别统计频数时，遇到空单元格，系统会自动跳过。因此，在“输入区域”输入任意一个包含全部样本数据的方阵区域，都不会出现频数的统计错误。

(3)修改分布表　在 Excel 软件的工作表中将频数分布表中“接收”改为“分组”，并在这一列输入各组的区间表达式，将最后一行其他删除，得表 4-8。

表 4-8 修改后的频数分布表

分组	次数	累积/%
[18.5,23.49]	3	3.00
[23.5,28.49]	8	11.00
[28.5,33.49]	13	24.00
[33.5,38.49]	18	42.00
[38.5,43.49]	24	66.00
[43.5,48.49]	15	81.00
[48.5,53.49]	10	91.00
[53.5,58.49]	7	98.00
[58.5,63.49]	2	100.00

(4)完成次数分布直方图　上面生成的直方图实际上是个条形图不是直方图，要将其改成直方图，操作步骤：用鼠标左键单击图中任何一个条形，然后右键单击，在弹出的快捷菜单中选取“数据系列”格式，弹出数据系列对话框，在对话框中选择“选项”标签，把“分类间距”宽度改为 0；按确定即可得到直方图。置光标于频率分布直方图的任一长方形上，右击鼠标，出现“数据系列格式”对话窗口，在标题下的图表标题、x 轴和 y 轴的对话框中输入相应的信

息，点出“完成”，得图 4-8 苹果梨盛果期枝条生长量次数分布直方图。

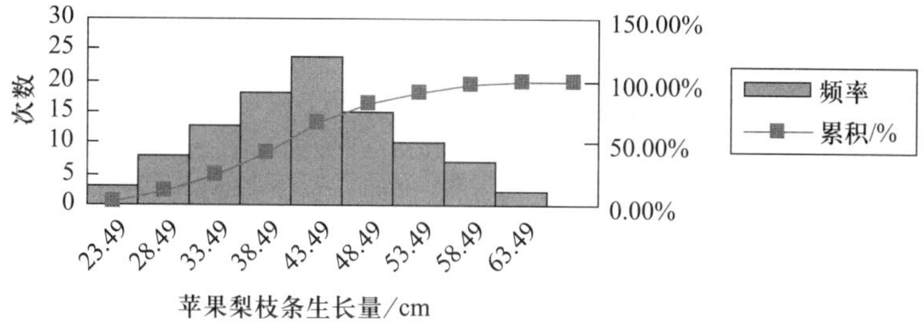

图 4-8　苹果梨盛果期枝条生长量次数分布直方图

如果我们重新利用上面次数分布表，生成图，可以单击 Excel 软件工具栏中的“图表向导”，图表类型选择柱形图，子图表类型选择默认的柱形图，连续两次点击“下一步”后，在标题下的图表标题、x 轴和 y 轴的对话框中输入相应的信息，点击“完成”，得到的频率(累积)分布直方图如图 4-9 所示。

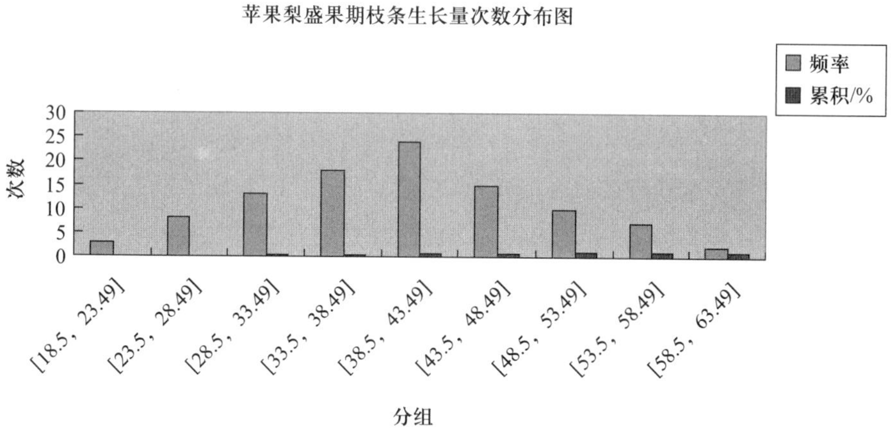

图 4-9　由“图表向导”生成的次数分布图

用光标选中累积频率分布直方图(紫色所示)，右击鼠标，选择“图表类型”，将它改为“条形图”，如图 4-10 所示。

2. 间断性变数资料的次数分布表及分布图制作

(1)资料整理　表 4-9 是调查 100 棵李树中天幕毛虫的发生情况，首先要对资料进行数据整理。

表 4-9　李树中天幕毛虫的统计表

条

15	17	18	17	18	17	19	18	18	18	16	17	18	16	17	18	18	17	19	18
19	18	17	17	19	16	15	16	16	19	19	17	19	15	17	15	16	18	17	19
20	16	16	19	18	18	20	16	20	18	19	18	16	17	18	18	17	16	19	20
20	17	17	16	18	16	17	16	18	15	15	19	17	16	17	19	16	15	17	20
19	17	17	16	17	17	17	18	18	16	18	18	18	15	16	18	17	17	20	19

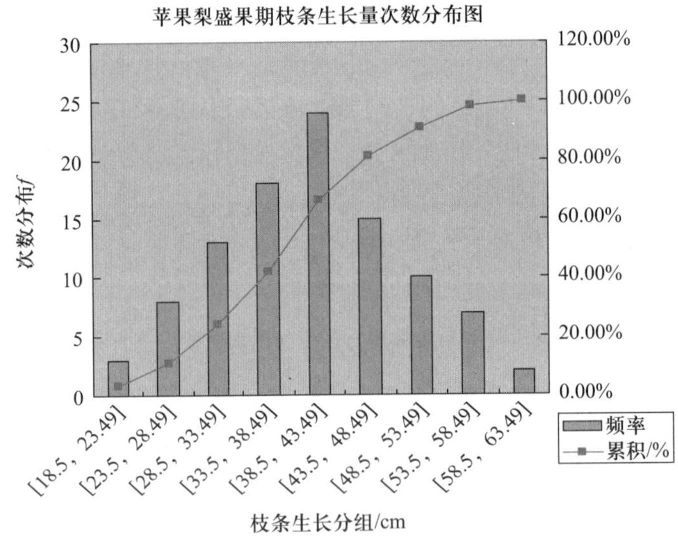

图 4-10 由累积分布率利用折线图使用次坐标轴后生成的条形图

①确定组限。我们观察间断性数据可以发现其天幕毛虫的分布范围是 16～20 条，那么将各观察值按照天幕毛虫分布多少加以分类，可以分为 6 组，即各组的组限为 15，16，17，18，19，20。

②输入数据与分点的值(图 4-11)。为方便起见，将 100 个数据以方阵形式输入 Excel 软件工作表的适当区域 \$B\$2：\$U\$6。

	A	B	C	D	E	F	G	H	I	J	K	L	M	N	O	P	Q	R	S	T	U
1	分点	李树中天幕毛虫统计表																			
2	15	15	17	18	17	18	17	19	18	18	18	16	17	18	16	17	18	18	17	19	18
3	16	19	18	17	17	19	16	15	16	16	19	19	17	19	15	17	15	16	18	17	19
4	17	20	16	16	19	18	18	20	16	20	18	19	18	16	17	18	18	17	16	19	20
5	18	20	17	17	16	18	16	17	16	18	15	15	19	17	16	17	19	16	15	17	20
6	19	19	17	17	16	17	17	17	18	18	16	18	18	18	15	16	18	17	17	20	19
7	20																				

图 4-11 在 Excel 软件工作表中输入数据和分点的值

③将各组区间的右(或左)端点的值输入工作表的同一列(如 A 列)\$A\$2：\$A\$7。

(2)生成频数分布表(直方图)

①打开“工具/数据分析”，在分析工具窗口中选择“直方图”。

②在直方图弹出窗口(图 4-12)的“输入区域”利用鼠标或键盘输入数据方阵“李树中天幕毛虫统计表”区域：\$B\$2：\$U\$6。

在“接收区域”用同样的方法输入“分点”数据区域：\$A\$2：\$A\$7。

③在输出选项中，点击“输出区域”，可在空白区域开始点击如：\$A\$10，也可在新建工作表中输出。

④在输出选项中，选中“图表输出”。

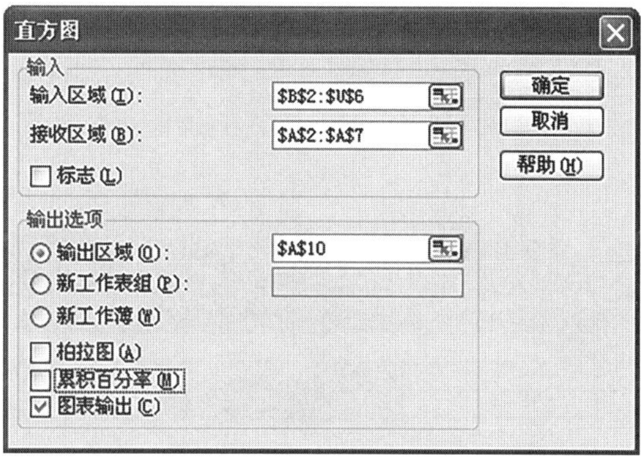

图 4-12　在直方图对话框中选填数据

完成以上四步,点击“确定”按钮,立即出现如下所示的频数分布表和直方图(图 4-13)。

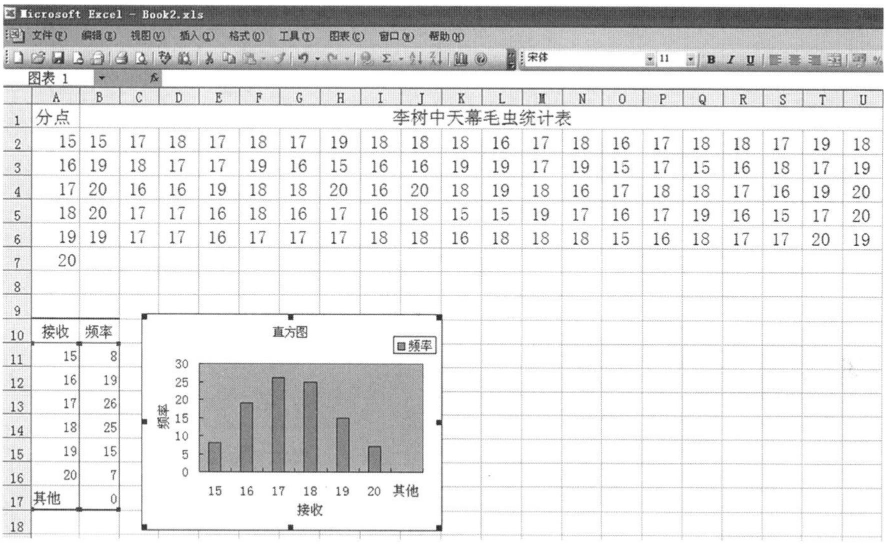

图 4-13　频数分布表和直方图

(3)修改分布表　在 Excel 软件的工作表中将频数分布表中“接收”改为“分组”,并在这一列输入各组的区间表达式,将最后一行其他删除,得表 4-10。

表 4-10　修改后的次数分布表

天幕毛虫数(x)	次数(株数)(f)	天幕毛虫数(x)	次数(株数)(f)
15	8	18	25
16	19	19	15
17	26	20	7

(4)完成次数频率分布直方图　直方图的完成与连续性数据分布的分布直方图修改方法一致,只是间断性数据不需要将条形图改为直方图,此处不再介绍。这里介绍利用修改的分布表,建造图表形式。

①将次数分表复制到新建的“Sheet1”中，点击：“插入”下拉菜单中“图表”选项。

②图表类型选择柱形图，子图表类型选择默认的柱形图(图 4-14)，点击“下一步”后，在图表源数据中的数据区域下拉框选择“Sheet1！$B$1：$B$7”，系列产生在下拉框选择“列”(图 4-15)。

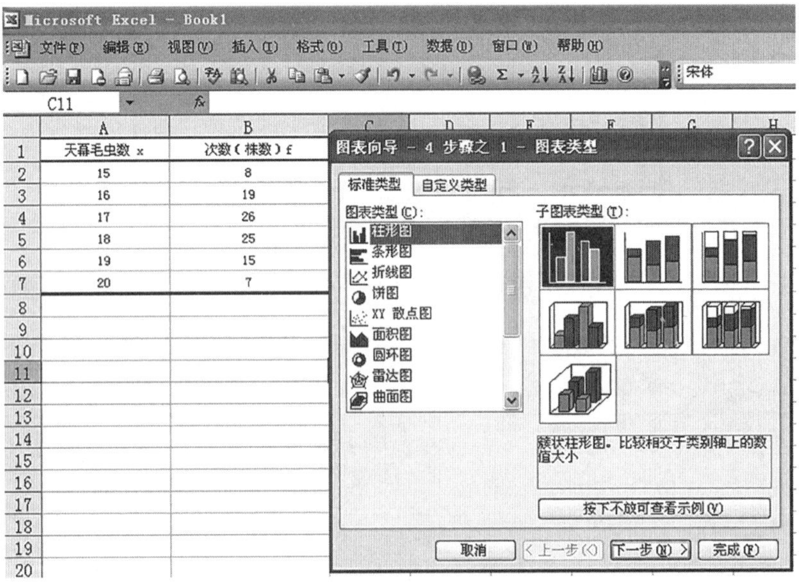

图 4-14　图表类型选择柱形图，子图表类型选择默认的柱形图

图 4-15　选填“数据区域”

在“系列”对话框中将“分类(x)轴标志”选择“Sheet1！\$A\$2：\$A\$7”数据区域(图 4-16)，然后单击下一步，得图表选项对话框。

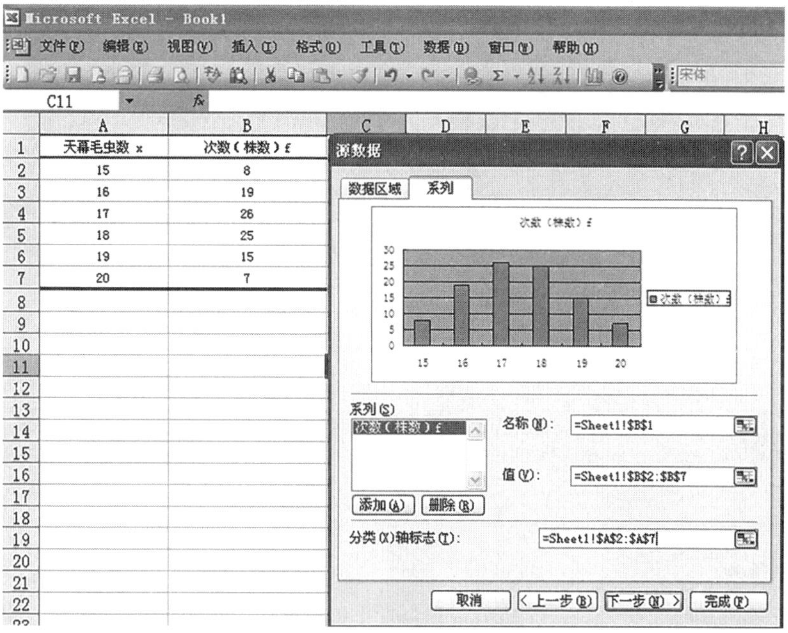

图 4-16　选填系列框中分类“x”轴标志

③在标题下的图表标题、x 轴和 y 轴的对话框中输入相应的信息，在“网格线”对话框中，数值 y 轴下的“主要网格线”的对钩选去，在“图例”对话框中“显示图例”复选框前的对钩也选去，如图 4-17 所示。然后点击“完成”，得到次数分布直方图(图 4-18)。

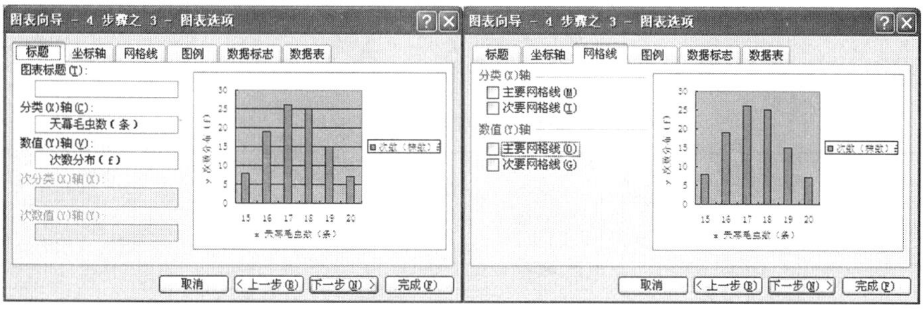

图 4-17　在“图表选项”中修改各参数名称

④通过鼠标拉伸调整图框大小，通过调整“坐标轴标题格式”“坐标轴格式”，将字号调整为 8 号。右击绘图区(即图形中间部分)，选“绘图区格式”，“边框”选“无”，“区域”选“无”。右击图表区(即绘图区以外的部分)，选“图表区格式”，“边框”选“无”，“区域”选“无”。最后得到修改后的次数分布图，如图 4-19 所示。

3. 利用 Excel 软件完成简答题 2。

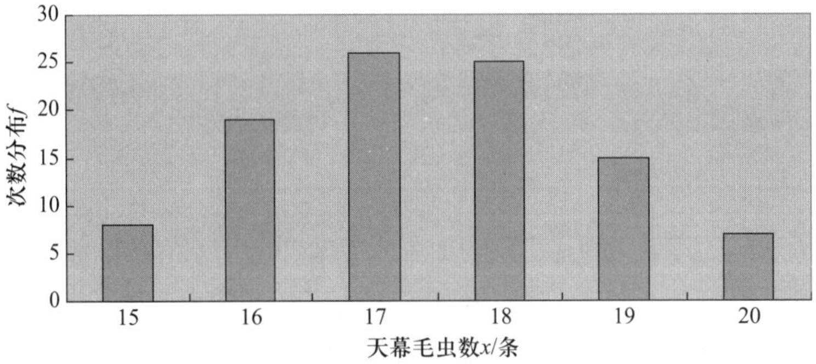

图 4-18 生成次数分布图

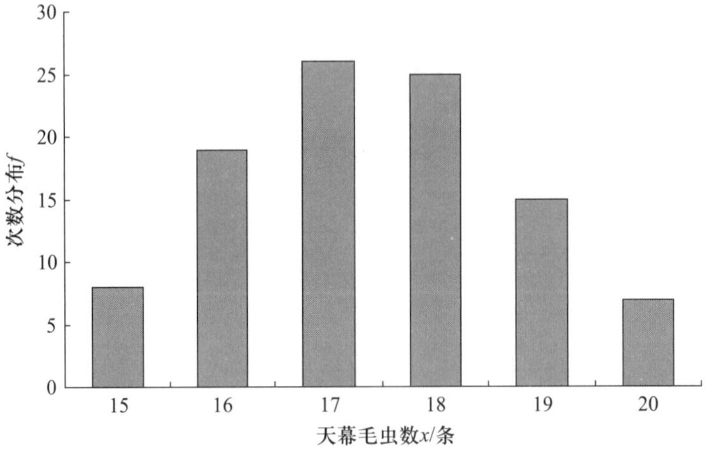

图 4-19 100 棵李树中天幕毛虫的发生次数分布图

四、技能训练评价(表 4-11)

表 4-11 技能训练评价表

序号	评价内容	评价标准	分值	得分
1	次数分布表	表题正确	10	
2		组限确定正确	20	
3		各组次数正确	10	
4		格式规范、整洁美观	10	
5	次数分布图	图名正确	10	
6		组限确定正确	10	
7		各组次数正确	10	
8		格式规范、整洁美观	20	
合计			100	

习　题

一、不定项选择题

1. 由样本全部数据计算得到的样本特征数是(　　)。习惯上统计数用英文字母表示。
   A. 统计数　　B. 参数　　C. 变数　　D. 变异数
2. 由总体全部数据计算得到的总体特征数是(　　)。习惯上参数用希腊字母表示。
   A. 统计数　　B. 参数　　C. 变数　　D. 变异数
3. 观测值有一定的规律性,服从一定的概率分布,这个数是(　　)。
   A. 参数　　B. 统计数　　C. 连续性变数　　D. 随机变数
4. 数据资料的最大值与最小值之差叫(　　)。
   A. 差数　　B. 离均差　　C. 方差　　D. 极差
5. 每个观测值减去同一个常数,离均差的平方和(　　)。
   A. 增大　　B. 不变　　C. 减小　　D. 不确定
6. 次数分布图比较常用的有三种,下列选项哪个不是(　　)。
   A. 柱形图　　B. 多边形图　　C. 扇形图　　D. 条形图
7. 变异数是反映数据(　　)程度的统计指标。
   A. 正确　　B. 错误　　C. 离散　　D. 集中
8. 样本内观测值个数是100～200,次数分布表可以分(　　)组。
   A. 9　　B. 10　　C. 12　　D. 15
9. 次数分布表中组中值的设定一般要考虑哪些因素?(　　)
   A. 与上下限小数位数相同
   B. 便于计算
   C. 第一组的组中值最好接近最小观测值
   D. 代表性
10. 变异数的种类很多,常用的有(　　)。
    A. 方差　　B. 标准差　　C. 变异系数　　D. 极差
11. 变数分为(　　)两种类型。
    A. 生物学性状变数　　B. 数量性状变数
    C. 经济性状变数　　D. 质量性状变数
12. 样本内观测值个数是60～100,次数分布表可以分(　　)组。
    A. 7　　B. 8　　C. 9　　D. 10

二、判断题

(　　)1. 调查某品种番茄的单株产量为 2 kg、2.5 kg、2.8 kg，这个 2 kg、2.5 kg、2.8 kg 就是变数。

(　　)2. 在同一研究要素下，不同单元或个体的数据称作观测值(变员)。

(　　)3. 变异数是反映数据离散程度的统计指标。

(　　)4. 在统计分析中，为了便于数据的加工处理，将具有变异性的各种研究要素称作变数。

(　　)5. 由称量、度量、测量等量测方法得到的变数是间断性变数。

(　　)6. 由总体全部数据计算得到的总体特征数叫做参数。参数是一个期望值。

三、简答题

1. 名词解释：总体、样本、大样本、小样本、参数、统计数、组限、组中值、极差、方差、标准差、变异系数。

2. 调查某番茄品种的花序坐果数，调查 20 个花序：2，0，1，2，4，6，4，3，5，5，0，4，3，4，5，6，1，3，6，1，编制次数分布表及分布图(柱形图及饼形图)。

3. 就下列 80 条无花果结果枝的结果数量(单位：个)作次数分布表及分布图(柱形图及折线图)。

9	1	6	4	2	8	1	12	1	3	6	3	2	9	12	2	13	5	7	11
4	4	1	1	2	2	7	1	7	10	10	3	14	2	7	5	2	8	7	10
3	3	7	9	4	4	1	12	9	12	3	8	3	1	2	9	8	7	11	7
4	3	7	9	6	5	5	6	7	5	3	6	5	13	6	8	9	3	13	16

4. 某苗圃有三种杂种实生苗，我们各随机取 10 株，量其高度(单位：cm)的资料。

甲种：	56	42	24	28	18	38	41	20	19	14
乙种：	36	34	32	30	24	28	28	28	31	29
丙种：	30	30	31	30	31	30	29	29	30	30

分别求其平均数、标准差、变异系数，并解释所得结果。

二维码 4-1

习题参考答案

项目5 统计假设检验

知识目标

了解随机事件与统计概率等基本概念，理解小概率事件实际不可能性原理、统计假设检验的基本原理，熟悉两种重要的概率分布(二项分布和正态分布)、样本平均数的抽样分布概念及其特点，掌握平均数统计假设检验的方法。

技能目标

会查标准正态分布表和 t 分布表，能独立进行单个样本平均数、两个样本平均数的假设检验。

素质目标

结合专业特点，去伪存真，避免犯两类错误。

任务1　熟悉概率和概率分布

一、随机事件及其概率

1. 随机现象

在自然界和人们的活动中，经常会遇到这样的现象：在一组条件下，研究对象具有多种可能的结果，每一种结果的发生都具有一定的可能性，然而，究竟哪一种结果必然发生，事先却不能确定，具有偶然性，这样的现象称之为随机现象。

对于随机现象，它虽然具有偶然性的一面，但并非不可捉摸，无规律可循。例如抛掷一枚硬币，事先不能知道哪一面朝上，两种结果都有可能发生，具有不确定性。但是若连续多次抛掷，就会发现硬币两面朝上之比接近于 1∶1，显然，这种现象内部蕴藏着某种规律性。一般而言，随机现象的特征是，在一次试验中，某种结果是否发生不能完全确定，具有偶然性，但在大量重复试验中，却能呈现出明显的规律性。由于这种规律性是通过对随机现象的大量试验后得到的,因此称为统计规律性。

2. 随机试验和随机事件

在客观世界中,无论什么自然现象出现都与一定的条件相联系。为了便于研究,概率统计方法中把在一定条件下对研究对象的现象称为试验。由于概率论研究的对象往往都是随机现象,因此,这里所说的试验一般都是指随机试验。

所谓事件,粗略地说就是指试验的结果。事件有三种基本类型:

(1)必然事件(U) 每次试验中必然出现的事件叫必然事件。例如:水在标准大气压下加热到 100 ℃必然沸腾,用苹果芽嫁接长出的枝条必然是苹果枝条,西瓜芽苗嫁接在南瓜砧木上必然结出西瓜等,都是必然事件。

(2)不可能事件(V) 在每次试验中必然不出现的事件叫不可能事件。例如:水在标准大气压下,温度低于 0 ℃时沸腾是不可能的事件;用苹果芽嫁接长出的枝条是梨树枝条也是不可能的事件等。

(3)随机事件($A,B,\cdots$) 每次试验中可能出现,也可能不出现的事件叫随机事件。例如:果树或者蔬菜种子,播种后可能发芽,也可能不发芽;番茄开花后可能坐果也可能不坐果等,都是随机事件。

3. 概率的概念和性质

对于随机现象,不仅要知道它可能出现哪些事件,更重要的是在一定条件下研究各个事件出现的可能性大小,概率和频率就是刻画随机事件发生可能性大小的数量指标。

(1)频率的概念 在相同条件下进行 n 次重复试验,如果随机事件 A 发生的次数为 a,那么 a/n 称为随机事件 A 的频率,记作 $\omega(A)$,即

$$\omega(A)=\frac{a}{n}$$

【例 5-1】在某项研究中,了解早红二号油桃果实贮藏期间的腐烂程度,随机抽取了 100 个果实,腐烂果 3 个,试计算其频率。

解:设 $n=100$,即调查了 100 个早红二号油桃果实,相当于 100 次试验(观察),腐烂果为事件 A,腐烂果出现的次数 $a=3$,腐烂的频率为:

$$\omega(A)=\frac{a}{n}=\frac{3}{100}=0.03$$

(2)频率的稳定性 例如为了知道一批山梨种子的发芽情况,从中随机抽取若干种子,分别做发芽试验,其发芽的频率如表 5-1 所示。

表 5-1 山梨种子发芽试验结果

种子数(n)	10	50	100	200	300	500	1 000
发芽种子数(a)	8	42	81	164	244	408	815
发芽的频率(a/n)	0.800	0.840	0.810	0.820	0.813	0.816	0.815

从表 5-1 可以看出:虽然每次试验中山梨种子的发芽数是随机波动的,但当试验次数较

少时,频率之间波动较大,随着试验次数的增多,频率虽然有微小波动,却稳定在一个固定的常数($p=0.815$)附近,这就是频率的稳定性,它揭示了随机现象的规律性。

(3)概率的统计定义和性质　当试验重复数 n 逐渐增大时,随机事件 A 的频率越来越稳定地接近某一数值 p,那么就把 p 称为随机事件 A 的概率,记为 $P(A)=p$,这样定义的概率称为统计概率。概率是一个能够度量事件发生可能性大小的数量指标,这一指标是事件本身所固有的,且不随人的主观意志而改变。在一般情况下,随机事件的概率 p 是不可能准确得到的。通常以试验次数 n 充分大时随机事件 A 的频率作为该随机事件概率的近似值,即:

$$P(A)=p\approx\frac{a}{n}(n\text{ 充分大})$$

由概率的定义可知,概率具有以下三条基本性质:

①对任意随机事件 A,总有 $0\leqslant P(A)\leqslant 1$。

②必然事件的概率为 1,$P(U)=1$。

③不可能事件的概率为 0,即 $P(V)=0$。

(4)小概率事件实际不可能性原理　随机事件的概率从数量上反映了一个事件发生的可能性的大小。即 $P(A)$越大,事件 A 就越容易发生;相反 $P(A)$越小,事件 A 就越不易发生,如 $P(A)$接近于零,说明事件 A 很难发生,或者发生机会非常少,以至于实际上可以认为它是不可能发生的。在统计学上,把概率小于 0.05、0.01 或 0.001 的事件称为小概率事件,把小概率事件在一次试验中看成是实际不可能发生的事件称为小概率事件实际不可能性原理,简称小概率原理。如果假设了一些条件,在这个假设下正确地计算出事件 A 的概率很小,但在实际一次试验中事件 A 竟然出现了,那么,就可以认为这个假设是不正确的,从而怀疑或否定这个假设。小概率原理是统计分析中进行假设检验(显著性检验)的基本原理。

二、理论分布

任何事件都可以用数量的形式表示。例如在果品质量检验中,假设有 10 个果品,其中有 4 个是等外品。现从中任取 4 个,我们引入一个变量 X,令 X 表示取出的 4 个果品中所含次品的件数。则“$X=0$”表示事件“有 0 件次品(即全部都是合格品)”;“$X=1$”表示事件“有 1 个等外品,有 3 个合格品”;“$X=2$”表示事件“有 2 个等外品,有 2 个合格品”……。又如,一粒种子的发芽情况调查,我们可以作这样的规定:如果种子发芽就记为 1,不发芽就记为 0。这时,若引入变量 X 表示这粒种子的发芽情况,则“$X=0$”表示事件“种子发芽”,“$X=1$”表示事件“种子不发芽”。利用随机事件与随机变数各个取值之间的对应关系,描述某一类随机事件的整体情况与概论规律的工作,可以转变成研究某一随机变数所有可能取值及其概论规律,我们把某随机变数所有可能取值及其概率变化规律叫作该随机变数的概率分布。在实际中,不但需要了解某一事件发生的概率,更重要的是了解同类许多事件的概率分布规律,并在科学研究与生产实践中应用这些概率分布。

由数学方程来描述的总体资料的概率分布叫理论分布。由于随机变数有间断性与连续性两种基本类型，因此概率分布也有间断性随机变数的概率分布与连续性随机变数的概率分布两种基本类型。

1. 二项分布

二项分布是间断性随机变数最常见的一种理论分布，在生物科学中它的应用很广泛，可以描述许多生物学现象。

在实际生活中，人们常常会遇到这样的现象，调查或试验研究的对象根据某一性状的出现与否分两类，例如一粒种子有发芽或不发芽两种可能，发芽与不发芽这两个事件是对立的，在一次试验中，就一粒种子而言，这两个事件只能实现其一，不会同时发生。类似的现象比比皆是，如一朵花能坐果或不能坐果，一株植物可确定染病或不染病等。这种由非此即彼两种对立事件构成的总体叫二项总体。这里讨论的是另外一种情况，就是在一次试验中，试验的结果只有两种可能性，不是出现事件 A，就是出现其对立事件 $\overline{A}$，当事件 A 在每次试验中出现的概率 p 已知，且保持不变时，重复进行 n 次这样的独立试验，事件 A 出现 x 次的概率应该是多少？这类问题则可由二项分布解决。

(1)二项分布的定义　假定每次试验只有相互对立的两种结果 A 与 $\overline{A}$，并设 $P(A)=p$，$P(\overline{A})=q$，$p+q=1$，而且 $0<P(A)<1$ 的情况下，那么，事件 A 在 n 次试验中出现 x 次的概率为：

$$P_n(x)=C_n^x p^x q^{n-x} \qquad (x=0,1,2,\cdots,n)$$

则称随机变数 X 服从二项分布。

式中：$P_n(x)$表示 n 次试验中事件 A 出现 x 次的概率，x 表示随机变数 X 的一个取值，p 为一次试验中 A 的概率，q 为一次试验中 $\overline{A}$ 的概率，C_n^x 为组合公式，是概率计算中的一个系数，即：

$$C_n^x=\frac{n!}{x!\,(n-x)!}$$

仔细分析公式 $P_n(x)=C_n^x p^x q^{n-x}$ $(x=0,1,2,\cdots,n)$就会发现，它正是二项式$(q+p)^n$展开式中的 $x+1$ 项，因此叫“二项分布”这一名称。二项展开式为：

$$(q+p)^n=C_n^0p^0q^n+C_n^1p^1q^{n-1}+\cdots+C_n^xp^xq^{n-x}+\cdots+C_n^np^nq^0$$

(2)二项分布的概率计算

【例 5-2】经多次试验，已知某种农药对某种果树病害的治愈率 $p=0.8$，现有 5 株果树使用此药，写出治愈株树的概率分布。

解：设 5 株中治愈株树为 x，$p=0.8$，$q=0.2$，其概率分布是：

$$P_5(x)=C_5^x\,0.8^x\times0.2^{5-x} \qquad (x=0,1,2,\cdots,5)$$

5 株中治愈 x 株的概率见表 5-2 所示。

表 5-2　5 株果树中某病害治愈株树的概率分布

治愈株树	概率分布	概率值
0	$C_5^0 0.8^0 \times 0.2^5$	0.000 32
1	$C_5^1 0.8^1 \times 0.2^4$	0.006 40
2	$C_5^2 0.8^2 \times 0.2^3$	0.051 20
3	$C_5^3 0.8^3 \times 0.2^2$	0.204 80
4	$C_5^4 0.8^4 \times 0.2^1$	0.409 60
5	$C_5^5 0.8^5 \times 0.2^0$	0.327 68
$\sum$	$(q+p)^5$	1.000 00

(3)二项分布的形式与参数　若将表 5-2 资料中的治愈株树作为横坐标，概率值作为纵坐标就可以绘制该例题的概率分布图，不难想象它的图形形状一定是偏斜的。一般说来，二项分布的图形形状取决于 n 与 p，其结论如下：

①当 $p=q$ 时，不论 n 有多大，二项分布的形式一定对称。当 $p\neq q$ 时，若 n 比较小，分布的形式呈偏斜，随着 n 的增大，分布趋于对称。

②当 $n\to\infty$时，二项分布的极限是正态分布。

在二项分布里，当 n 较小时计算概率是方便的，随着 n 的增大，计算概率将变得越来越麻烦，为了方便计算，在 p 不过小，与 q 比较接近，n 比较大的情况下，可利用正态分布近似计算其概率。当 $p\to 0$，$n\to\infty$时，np 为有限数，且 x 远小于 n 时，可利用泊松分布(一种概率分布，其特点是该分布的均值等于方差。在生态学中常用来描述随机分布型的生物个体的空间分布格局)近似计算其概率。

对于任何形式的概率分布都可通过计算平均数、方差和标准差等参数了解其特性，二项分布的三个常用参数公式如下：

平均数：$\mu=np$

方　差：$\sigma^2=npq$

标准差：$\sigma=\sqrt{npq}$

如表 5-2 资料，$n=5$，$p=0.8$，$q=0.2$，则有

平均数：$\mu=np=5\times 0.8=4$(即每 5 株树平均治愈 4 株树)

方　差：$\sigma^2=npq=5\times 0.8\times 0.2=0.8$

标准差：$\sigma=\sqrt{npq}=\sqrt{5\times 0.8\times 0.2}=0.894\ 4$

由上述公式，可以推得二项成数(百分数)分布的平均数和标准差。由于二项分布的变数 X 除以样本含量 n 就得到百分数，所以：

百分数的平均数为：$\mu_p=\dfrac{np}{n}=P$

百分数的标准差为：$\sigma_p=\dfrac{\sqrt{npq}}{n}=\sqrt{\dfrac{pq}{n}}$

如表 5-2 资料，若用百分数表示结果：

$\mu_p = P = 0.8$(即每5株树平均治愈为80%)

$$\sigma_p = \sqrt{\frac{pq}{n}} = \sqrt{\frac{0.8 \times 0.2}{5}} = 0.1789$$

2. 正态分布

正态分布也叫高斯分布,是一种连续性随机变数的概率分布,在生物统计中占有很重要的地位。生物学领域中有许多随机变数的概率是服从或近似服从正态分布的。还有许多随机变数的概率分布在一定条件下以正态分布为极限分布,通过某种转化后服从正态分布,然后对其进行分析统计。

(1)一般正态分布方程　一般正态分布的方程为:

$$f(x) = \frac{1}{\sigma\sqrt{2\pi}} e^{-\frac{1}{2}\left(\frac{x-\mu}{\sigma}\right)^2} \qquad (-\infty < x < +\infty)$$

正态分布密度函数的图像叫作正态曲线,如图5-1绘出了3条正态曲线,它们的μ值相同,σ值分别为2,1,0.5。

由图5-1可以看出正态曲线具有以下特点:

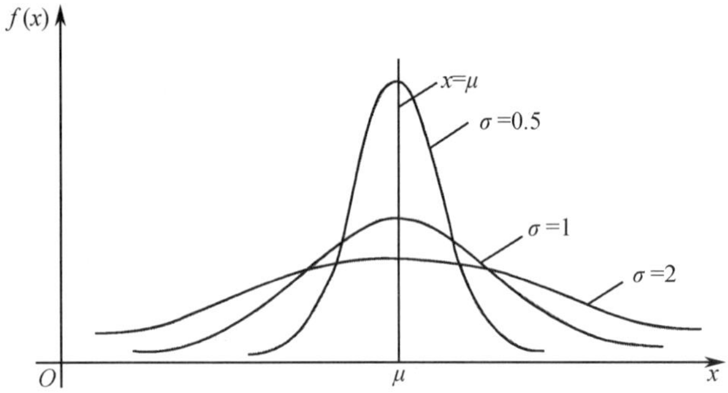

图5-1　正态分布曲线图

①曲线关于直线$x=\mu$对称。

②σ越大则曲线越平坦,σ值越小则曲线越陡峭。

③正态曲线在$x=\mu$处取最大值,此时$f(\mu) = \frac{1}{\sigma\sqrt{2\pi}}$。

(2)标准正态分布　正态分布是依赖于参数μ和σ^2的一簇分布,正态分布曲线的位置和形态随μ和σ^2的不同而不同。把$\mu=0, \sigma^2=1$的正态分布称为标准正态分布,用u代替x,用φ代替f,就可得到:

$$\varphi(u) = \frac{1}{\sqrt{2\pi}} e^{-\frac{u^2}{2}} \qquad (-\infty < u < +\infty)$$

标准正态分布的概率密度曲线如图5-2所示。

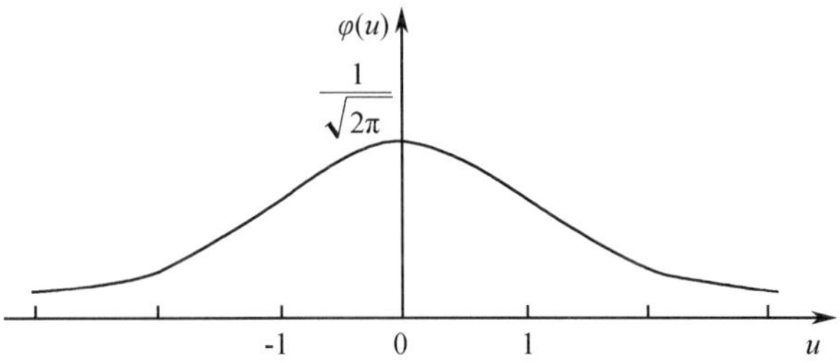

图 5-2　标准正态分布概率密度曲线

正态分布函数 $\varphi(u)$ 表示 u 在区间 $(u,-\infty)$ 内取值的概率，其几何意义如图 5-3 所示，表示图中的阴影部分的面积。

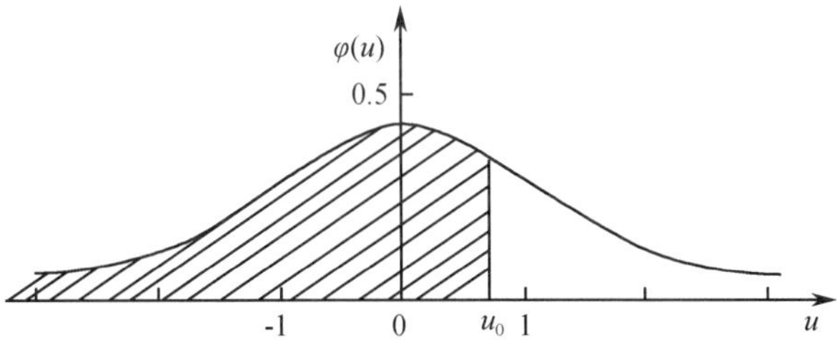

图 5-3　标准正态分布函数的几何意义

标准正态分布的分布函数 $\varphi(u)$ 具有以下性质：

①性质 1　对于任意实数 u 有 $\varphi(-u)=1-\varphi(u)$。

此性质的几何意义如图 5-4 所示，u_0 为任意实数，左边阴影部分面积为 $\varphi(-u_0)$，右边阴影部分的面积为 $1-\varphi(u_0)$，左右两边阴影部分关于 y 轴对称，因而它们的面积相等。

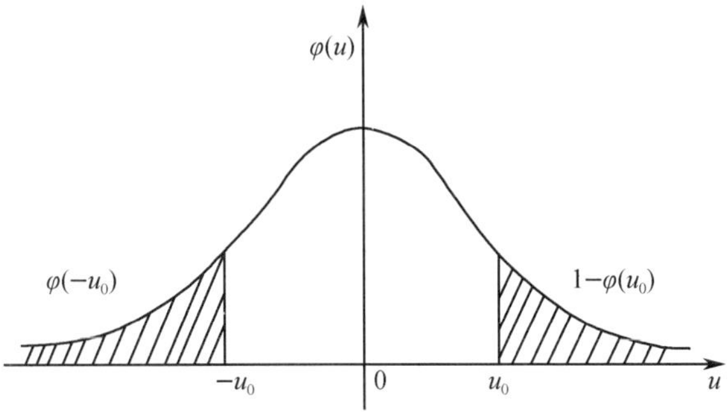

图 5-4　标准正态分布函数的性质 1

②性质 2　由于连续性随机变量在任一区间上取值的概率等于它的概率密度在该区间上的积分，因而有概率

$$P(a<u<b)=\varphi(\mathrm{b})-\varphi(a)$$

特别的 $P(u<b)=P(u\leqslant b)=\varphi(b)$

$$P(u>a)=P(u\geqslant a)=1-\varphi(a)$$

$$P(|u|>a)=2\varphi(-a)$$

$$P(|u|<a)=1-2\varphi(-a)$$

注意到标准正态分布函数 $\varphi(u)$ 不是初等函数，直接计算函数值是困难的。因此，人们为了使用方便，编制了标准正态分布的函数值表(附表 2)，可供查用。

利用标准正态分布函数的性质和标准正态分布函数表可求得满足标准正态分布的连续性随机变量 u 在任一区间上取值的概率。

【例 5-3】设 $u\sim N(0,1)$，查附表 2，求以下概率值。

(1) $P(u<0.65)$　　(2) $P(u>-0.74)$

(3) $P(-1.72<u<1.14)$　　(4) $P(|u|<1.96)$

(5) $P(|u|\leqslant 2.58)$　　(6) $P(-1<u<1)$

(7) $P(-2<u<2)$　　(8) $P(-3<u<3)$

解：(1) $P(u<0.65)=\varphi(0.65)=0.7422$

(2) $P(u>-0.74)=1-\varphi(-0.74)=1-0.2297=0.7703$

(3) $P(-1.72<u<1.14)=\varphi(1.14)-\varphi(-1.72)=0.8729-0.04272=0.8302$

(4) $P(|u|<1.96)=1-2\varphi(-1.96)=1-2\times 0.02500=0.95$

(5) $P(|u|\leqslant 2.58)=P(|u|<2.58)=1-2\varphi(-2.58)=1-2\times 0.004940=0.99$

(6) $P(-1<u<1)=\varphi(1)-\varphi(-1)=0.8413-0.1587=0.6826$

(7) $P(-2<u<2)=\varphi(2)-\varphi(-2)=0.97725-0.02275=0.9545$

(8) $P(-3<u<3)=\varphi(3)-\varphi(-3)=0.998650-0.001350=0.9973$

在例题 5-3 中(4)至(8)是正态分布常用的概率值，(6)、(7)、(8)的几何意义见图 5-5。

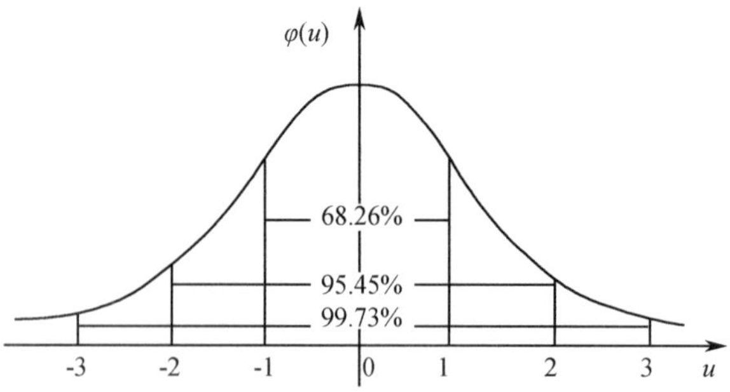

图 5-5　标准正态分布的三个常用概率

(3)一般正态分布与标准正态分布的联系。

定理　如果连续性随机变数 $x\sim N(\mu,\sigma^2)$，则 $u=\dfrac{x-\mu}{\sigma}$ 也为连续性随机变数，且 $u\sim N(0,1)$。

由定理得，当 $x\sim N(\mu,\sigma)$ 时，$u=\dfrac{x-\mu}{\sigma}\sim N(0,1)$。连续性随机变数 x 在 $[a,b]$ 上取值的概率等于连续性随机变数 u 在 $\left[\dfrac{a-\mu}{\sigma},\dfrac{b-\mu}{\sigma}\right]$ 上取值的概率。于是有：

若 $x \sim N(\mu,\sigma)$，则根据正态分布的性质有：

$$P(a<x<b)=\varphi\left(\frac{b-\mu}{\sigma}\right)-\varphi\left(\frac{a-\mu}{\sigma}\right)$$

特别地，$P(x<b)=P(x\leqslant b)=\varphi\left(\frac{b-\mu}{\sigma}\right)$

$$P(x>a)=P(x\geqslant a)=1-\varphi\left(\frac{a-\mu}{\sigma}\right)$$

$$P(|x|>a)=2\varphi\left(-\frac{a-\mu}{\sigma}\right)$$

$$P(|x|<a)=1-2\varphi\left(-\frac{a-\mu}{\sigma}\right)$$

对于任何一个服从正态分布 $N(\mu,\sigma^2)$ 的随机变数 x 都可以变换为标准正态变数 u。这样，将一般正态分布转换成标准正态分布，可以通过标准正态分布表来求概率值。

【例 5-4】设 $x \sim N(20,15^2)$，试求：

(1)$P(x<10)$　　(2)$P(x>40)$　　(3)$P(8<x<30)$

解：(1)$P(x<10)=\varphi\left(\frac{10-20}{15}\right)=\varphi(-0.67)=0.2514$

(2)$P(x>40)=1-\varphi\left(\frac{40-20}{15}\right)=1-\varphi(1.33)=0.0918$

(3)$P(8<x<30)=\varphi\left(\frac{30-20}{15}\right)-\varphi\left(\frac{8-20}{15}\right)$

$$=\varphi(0.67)-\varphi(-0.80)=0.7486-0.2119=0.5367$$

【例 5-5】设 $x \sim N(\mu,\sigma^2)$ 计算 x 区间 $(\mu-\sigma,\mu+\sigma)$、$(\mu-2\sigma,\mu+2\sigma)$、$(\mu-3\sigma,\mu+3\sigma)$ 内取值的概率。

解：$P(\mu-\sigma<x<\mu+\sigma)=\varphi\left(\frac{\mu+\sigma-\mu}{\sigma}\right)-\varphi\left(\frac{\mu-\sigma-\mu}{\sigma}\right)=\varphi(1)-\varphi(-1)=0.6826$

$$P(\mu-2\sigma<x<\mu+2\sigma)=\varphi\left(\frac{\mu+2\sigma-\mu}{\sigma}\right)-\varphi\left(\frac{\mu-2\sigma-\mu}{\sigma}\right)=\varphi(2)-\varphi(-2)=0.9544$$

$$P(\mu-3\sigma<x<\mu+3\sigma)=\varphi\left(\frac{\mu+3\sigma-\mu}{\sigma}\right)-\varphi\left(\frac{\mu-3\sigma-\mu}{\sigma}\right)=\varphi(3)-\varphi(-3)=0.9974$$

从计算结果可以看出，连续性随机变数 x 的取值几乎全部落在区间 $(\mu-3\sigma,\mu+3\sigma)$ 内，落在这个区间外的概率不到 0.003，尽管服从正态分布的 x 的取值范围是 $(-\infty,+\infty)$，但往往认为它的取值范围是有限区间 $(\mu-3\sigma,\mu+3\sigma)$，这个结论称为 3σ 原则。

(4)双侧(双尾)概率与单侧(单尾)概率

生物统计中，不仅注意随机变数 x 落在平均数加减不同倍数标准差区间 $(\mu-k\sigma,\mu+k\sigma)$ 之内的概率，而且也很关心 x 落在此区间之外的概率。我们把随机变数 x 落在平均数 μ 加减不同倍数标准差 σ 区间之外的概率称为双侧概率(双尾概率)，记作 α。对应于双侧概率可以

求得随机变数 x 小于 $\mu-k\sigma$ 或大于 $\mu+k\sigma$ 的概率，称为单侧概率（单尾概率），记作 $\frac{\alpha}{2}$。如图 5-6 所示，x 落在（$\mu-1.96\sigma$，$\mu+1.96\sigma$）之外的双侧概率为 0.05，而单侧概率为 0.025，即：

$$P(\mu-1.96\sigma<x<\mu+1.96\sigma)=\varphi\left(\frac{\mu+1.96\sigma-\mu}{\sigma}\right)-\varphi\left(\frac{\mu-1.96\sigma-\mu}{\sigma}\right)$$

$$=\varphi(1.96)-\varphi(-1.96)=0.95$$

$$1-P(\mu-1.96\sigma<x<\mu+1.96\sigma)=1-0.95=0.05$$

$$P(x<\mu-1.96\sigma)=P(x>\mu+1.96\sigma)=\frac{\alpha}{2}=0.025$$

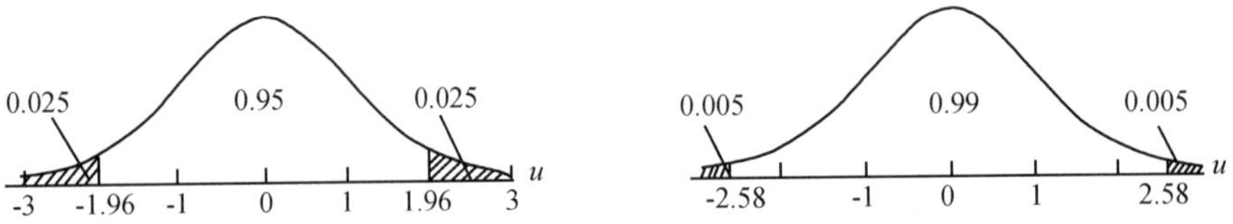

图 5-6　双侧概率与单侧概率

x 落在（$\mu-2.58\sigma$，$\mu+2.58\sigma$）之外的双侧概率为 0.01，而单侧概率 $P(x<\mu-2.58\sigma)=P(x>\mu+2.58\sigma)=0.005$

附表 3《正态离差 u 值表（双尾）》给出了满足 $P(|u|>u_\alpha)=\alpha$ 的双侧分位 u_α 的数值。因此，只要已知双侧概率 α 的值，由附表 3《正态离差 u 值表（双尾）》就可直接查出对应的双侧分位数 u_α，查法与附表 2 相同。

【例 5-6】设标准正态分布的双尾概率之和为 0.25，求分位数 $u_{0.25}$ 值。

解：由附表 3 可直接查得分位数 $u_{0.25}=1.1503$。

【例 5-7】设标准正态分布的右尾概率为 0.158 7，求分位数 u 值。

解：已知单尾概率 $\frac{\alpha}{2}=0.1587$，则 $\alpha=2\times0.1587=0.3174$，查附表 3。表中给出的概率值只有 2 位小数，而现在要查的概率有 4 位小数，这时可用插值法来解决。0.317 4 介于 0.31 与 0.32 之间，当 $\alpha=0.31$ 和 $\alpha=0.32$ 时，查表 $u_{0.31}=1.015222$ 和 $u_{0.32}=0.994458$，然后用下式求解：

$$\frac{0.31-0.32}{1.015222-0.994458}=\frac{0.3174-0.32}{u-0.99458}$$

$$u=0.999858\approx1$$

因而当右尾概率为 0.158 7 时，u 值等于 1。当求左尾概率为 0.158 7 时的分位数，则 $u=-1$。

任务2 统计假设检验——显著性检验

一、显著性检验的意义

我们在科学研究中得到的数据、资料，要深入反复地进行分析，从中找到科学的结论，防止作绝对肯定和绝对否定的简单结论，这是十分重要的。

【例5-8】某试验站苹果品种园，土壤肥力一致，品种A有6行，品种B有7行，通过实际测产，其小区产量如下(表5-3)。

表5-3 苹果品种小区产量比较表 kg

品种	小区产量							总和	平均数	标准差
A	880	840	790	870	920	860		$\sum X_A=5160$	$\bar{x}_A=860$	$S_A=43.4$
B	840	930	830	910	880	940	900	$\sum X_B=5160$	$\bar{x}_B=890$	$S_B=41.4$

从以上两个品种来比较，从表面效应看，B品种比A品种产量高890－860＝30(kg/小区)。我们只要仔细研究一下，就发现两个问题：①A、B两品种本身产量就很不一致；②A的个别小区也有高于B的。说明A、B二品种是互有高低，B品种并不稳定一致地高于A品种。在试验工作中，尽量排除了各种非试验因素干扰，在试材、管理上尽可能一致，但是，所得的观察值，往往表现不同，这说明现实值是试验的表面效应，它包括试验处理(或品种)，还包括试验误差的效应。一个观察值这样，一个样本的统计值(如平均数)也这样。因此，我们就不能从表5-3中做出绝对肯定和绝对否定的简单结论，要从试验的表面效应中分析，是试验处理(或品种)的效应，还是试验误差的效应，要在这两者中间权衡主次，再作出结论，而不能只凭样本平均数之间差异的大小，就简单地作出结论。

通过试验，对处理(或品种)效应的了解，并从试验的表面效应和试验误差效应中引出可靠的结论，这就需要对试验设计、试验的实施、试验的观察、试验结果的记载和统计分析提出要求。

(1)如何合理地进行试验设计，准确地进行试验和观察记载，尽量降低试验误差，使试验结果(样本)能够代表总体，并且能从试验数据中无偏地估计出试验处理效应和试验误差效应的数量，以便从中权衡主次，作出结论。进行合理的试验设计，提高试验的精确性。

(2)如何合理地分析试验(样本)的结果，从而获得有关总体的正确统计推断。这是本节所要讨论的问题。

二、假设检验的基本原理

这里先讨论单个样本平均数的假设检验的基本方法。

【例5-9】金冠苹果在泰安地区多年测得其平均单果重180 g，这表示其总体平均数

$\mu_0 = 180.0$ g,将该品种引种在浙江杭州,根据 20 个样点测定,平均单果重 $\bar{x} = 150$ g,其样本标准差为 60.4 g,问这个品种单果重在杭州与在泰安相比有无变化?

这一问题,实际上问该样本平均数的结果是否来自泰安多年平均的总体。这里泰安总体平均数和杭州样本平均数的差数 $\bar{x} - \mu_0 = |150-180| = |30|$,这个差数可能属于地区差异的效应,也可能属于抽样误差的效应。因为抽样误差的大小,由 $S_{\bar{x}} = \frac{S}{\sqrt{n}}$ 估得,$S_{\bar{x}} = \frac{60.4}{\sqrt{20}} = 13.5$ g。为了判断这一差异究竟属于何种效应,可以采取以下三个步骤:

(1)提出假设　首先对所试验的样本与总体间作一个假设。假设:金冠单果重在杭州的样本所属的总体与泰安多年的总体平均数之间没有差异。即 $\mu = \mu_0$,也就是说,$\bar{x} - \mu_0 = |30|$ 是属于试验误差。

(2)概率计算　在上述假设是正确的假定下,研究试验所得的统计数的抽样分布。这里我们研究杭州样本平均数的抽样分布。由前段知道这个分布是正态分布或者近似正态分布。其标准误已由标准差 S 估得,即 $S_{\bar{x}} = \frac{60.4}{\sqrt{20}} = 13.5$ g。根据 $\mu = \mu_0$ 的假设,这个分布的 $\mu = 180$ g,这里已有关于杭州样本平均数抽样分布的充分数据,可以从这个假设的分布中,计算出获得 $\bar{x} = 150$ g 的概率,即这个试验表面效应 $\bar{x} - \mu_0 = 30$ g 属于试验误差的概率。其 t 值为:

$$t = \frac{\bar{x} - \mu}{S_{\bar{x}}} = \frac{\bar{x} - \mu_0}{S_{\bar{x}}} = \frac{150 - 180}{13.5} = 2.23$$

因为我们比较的目的,是要了解金冠单果重的表现在泰安和杭州相比有无变化,并不是要了解在杭州是否比泰安低。单果重变化可以增大,也可以减小,所以是双尾概率,即离均差大于 $|\bar{x} - \mu|$,查附表 4,在自由度 $DF = 20 - 1 = 19$ 时,双尾概率为 0.05 的 t 值,即离均差大于 $t_{0.05}(19) = 2.093$,概率为 0.025 时 t 值,$t_{0.025}(19) = 2.433$。得到的 t 值在这两个值之间,说明这个试验表面效应属于试验误差的概率,为 0.025～0.05。

(3)统计推断　根据小概率事件实际不可能性原理,肯定或否定假设。上节述及,当事件的概率很小时,我们可以认为,这单独事件几乎是不可能事件。例如:当试验的表面效应属于试验误差的概率小于 5%时,我们就可以说,这种结果不可能属于试验误差,而是属于处理的效应,因而否定了原先所作的 $\mu = \mu_0$,即试验结果是误差的假设,也就是承认试验的处理效应是显著的。相反,如果所算得的概率超过 5%,则试验结果符合假设可能性很大,因而不能否定假设,而承认了假设。

上例属于试验误差的概率小于 5%,所以否定了 $\mu = \mu_0$ 的假设,即 $\mu \neq \mu_0$,也就是说金冠单果平均重在泰安的常年总体平均数和在杭州金冠样本所代表总体不相同,表现在泰安苹果确实比杭州重。

1. 统计假设和否定区域

在自然科学试验研究中,研究工作者往往根据自己已掌握的资料进行推理,而提出一个假设,然后通过试验来证明或否定它,或做进一步研究。提出的假设不是试验样本的本身,而是指某一总体的参数。如金冠单果重问题,假设它在杭州和泰安一样,或者假设它们不一样,这样的假设是针对在杭州表现的总体而提出的,称为统计假设。

为什么上例假设泰安和杭州两地单果重一样($\mu=\mu_0$),而不假设两地不同呢($\mu\neq\mu_0$)?其原因在于我们进行假设检验时所做的假设,必须保证能得到有关统计数抽样分布其参数的假设值,从而计算出试验表面效应属于误差的概率。就上例而言,得到样本平均数抽样分布参数 μ 的假设值等于 μ_0,则可使用 $t=|\bar{x}-\mu|/S_{\bar{x}}$ 公式,以便求得符合假设的概率。

假设检验时,称为无效假说(或零值假说),意味着要比较两总体间无差异,但是无效假说还待检验,故记上 $H_0:\mu=\mu_0$,与无效假说相对应的称为对应假说(或备择假说);当无效假说被否定后,准备接受的假说,记作 $H_0:\mu\neq\mu_0$ 通过检验,若否定无效假说,就必然接受对应假设。无效的含义很广,它泛指没有达到试验处理的预期效果,不一定指某个处理无效或两个处理没有差异。

对应假设的选用,决定采用双尾概率还是单尾概率进行检验,如果要研究二者的差异,新的品种(或处理)可能大于 μ_0,或小于 μ_0,相应于用正态曲线或者 t 曲线的双尾概率。如果新品种(或处理)等于或大于 μ_0,只有这一种可能性,那么就是单尾检验,就是单尾概率。

无效假设的肯定或否定是根据小概率事件实际不可能性原理,据此肯定或否定假设的概率称为显著水准(α)。上例中,用5%显著水平,这个水平的使用相当于在平均数抽样分布中划出一个界线,在界线内样本平均数接近于所假设总体平均数,其差异被认为是试验误差。这个区域称为接受区域。在界线外,离均差属于抽样误差的概率小于显著水平,因而否定这个离均差是试验误差,也即否定了无效假说,这个区域称为否定区域。双尾检验时,$P(t\geqslant t_{0.05})=0.025$,$P(t\leqslant -t_{0.05})=0.025$。也可以写成:

$$P(\bar{x}\geqslant\mu+t_{0.05}S_{\bar{x}})=0.025$$

$$P(\bar{x}\leqslant\mu-t_{0.05}S_{\bar{x}})=0.025$$

如果采用单尾检验($H_A:\mu>\mu_0$),可以写成:

$$P(\bar{x}>\mu+t_{0.10}S_{\bar{x}})=0.05$$

2. 显著水平的使用

前例显著水平 $\alpha=0.05$,这就是说,属于试验误差的概率小于0.05,因而否定了由试验误差的原因所引起,即否定无效假说,而接受对应假说。我们所下的结论不是100%有把握,而是只有95%的把握,换言之,要冒5%的风险。如果采用另一个显著水平 $\alpha=0.01$,或 $\alpha=0.001$,那么,这种将非真实差异误认为真实差异的风险可以大大降低。但是,把显著水平提得过高(即 α 值过小),会出现另一种错误,就是会把原来真实的差异,误认为是试验误差。

由此可见,假设检验时,显著水平的选用应考虑到会产生两种错误结论的可能性。常用的水平为 $\alpha=0.05$,称为5%显著水平,$\alpha=0.01$ 称为1%显著水平,为极显著。在实际应用中，要考虑到试验的难易，结论的重要性程度。如果一个试验耗费较大，精确度要求较高，其结论的使用又事关重大，那么，α 值应小些。

试验结论可能发生两类错误，第一类错误是把显著水平定得太宽，即把否定区域划得太大，因而可能错误地把无效假说否定，把实质无差异的两个处理样本，当成有差异，这样会把并不增产的品种或措施错误地认为有差异而去推广。相反，第二类错误是把显著水平规定得太严，把否定区域划得太窄，把该否定的无效假说也肯定了，即把实质上有差异的两个处理样本当成无差异，也就是将有增产作用的措施和品种错误地认为无差异而被否定。为了避免这两类错误，开始初级试验时，处理或品种较多，可以将显著水平定得低些，以免犯第二类错误，把有希望的处理或品种淘汰；当再次试验，试验进入后阶段，就要严加要求，提高试验显著水平，这样，在以后推广中少犯第一类错误。

3. 假设(显著性)检验的步骤

假设(显著性)检验的步骤主要分为以下四个步骤：

(1)提出假设 $H_0: \mu = \mu_0, H_A: \mu \neq \mu_0$。

(2)确定显著水平 $\alpha = 0.05$ 或 $\alpha = 0.01$。

(3)概率计算 从无效假说出发，计算由误差引起的差异概率大小，是否达到所规定的显著水平值。

(4)统计推断 根据计算的 u 值或 t 值，与规定的 α 值相比，以承认或推翻无效假说。如概率小于 0.05，可认为是显著；如小于 0.01，则可以认为是极显著。

这里要指出的是，统计学上的显著与否，不一定就有推广价值，主要看有关经济技术指标等。

三、单个样本平均数的假设检验

1. u 检验

在 σ 已知，或 σ 未知但 $n \geqslant 30$ 时使用。

【例 5-10】蟹爪兰自根扦插平均枝节长度为 3.5 cm，现采用仙人掌嫁接，调查 30 盆，计算得平均枝节长度为 3.7 cm，标准差 $S = 0.8$ cm。试采用双尾检验判断蟹爪兰嫁接与自根枝节长度有无差异。

解：提出假设 $H_0: \mu = \mu_0, H_A: \mu \neq \mu_0$

显著水平 $\alpha = 0.05$

概率计算 $S_{\bar{x}} = \dfrac{S}{\sqrt{n}} = \dfrac{0.8}{\sqrt{30}} = 0.146(\text{cm})$

$$u = \frac{\bar{x} - \mu}{S_{\bar{x}}} = \frac{3.7 - 3.5}{0.146} = 1.37$$

$$u = u_{0.05} = 1.96$$

因为 $|u| < u_{\alpha}$ 故 $P > 0.05$

推断结论：接受 H_0，否定 H_A，二者之间无差异。

如果【例5-10】是判断嫁接是否比自根枝节长度长？则采用单尾检验。

解：提出假设　$H_0: \mu = \mu_0, H_A: \mu > \mu_0$

$u = 1.37$，而 $u_{2\alpha} = 1.64$

因为 $u < u_{2\alpha}$，故 $P > 0.05$

推断结论：接受 H_0，否定 H_A，不比自根苗长。

2. t 检验

在 σ 未知，且 $n < 30$ 时使用。

【例5-11】某仙人球品种三年生球茎可达30 cm，调查10盆仙人球直径分别为29.5 cm、28.7 cm、32 cm、31.5 cm、28 cm、29.8 cm、30 cm、31 cm、30 cm、31.5 cm，问调查结果与资料介绍的是否有差异？

解：提出假设　$H_0: \mu = \mu_0, H_A: \mu \neq \mu_0$

显著水平　$\alpha = 0.01$

概率计算　$$S = \sqrt{\frac{\sum x^2 - \frac{(\sum x)^2}{n}}{n-1}}$$

$$= \sqrt{\frac{(29.5^2 + 28.7^2 + \cdots + 31.5^2) - (29.5 + 28.7 + \cdots + 31.5)^2/10}{10-1}} = 1.29(\text{cm})$$

$$t = \frac{\bar{x} - \mu}{S_{\bar{x}}} = \frac{\frac{\sum x}{n} - \mu_0}{S/\sqrt{n}} = \frac{30.2 - 30}{1.29/\sqrt{10}} = 0.462$$

查附表4，$DF = 10 - 1 = 9$

$\alpha = 0.01$，得 $t_\alpha = 3.25$

因为 $|t| < t_\alpha$，故 $P > 0.01$

推断结论：接受 H_0，否定 H_A，二者之间无差异。

3. 注意问题

(1)单尾检验 u、t 值不能用绝对值进行比较，如果是左尾检查，即 u、t 值为负数时，那么 u 与 $-u_{2\alpha}$ 比较或 t 与 $-t_{2\alpha}$ 比较。如果是右尾检查，即 u、t 值为正数时，那么 u 与 $+u_{2\alpha}$ 比较或 t 与 $+t_{2\alpha}$ 比较。

(2)双尾检验用绝对值 u、t 分别与 u_α、t_α 进行比较。

四、两个样本平均数比较的假设检验

要检验两个样本所属的总体平均数是否存在差异，由于设计方法不同，检验方法也不同，可以分成组资料和配对资料的假设检验。

1. 成组数据的平均数比较

在进行设计时，如果为完全随机设计所得的两个样本，处理间(组间)彼此是独立的，不论两处理的样本数相等或不相等，所得数据都称为成组数据，以组(处理)平均数作为相互比较的标准。

(1)总体方差 σ_1^2 和 σ_2^2 已知的正态总体。

$$\sigma_{\bar{x}_1-\bar{x}_2} = \sqrt{\frac{\sigma_1^2}{n_1}+\frac{\sigma_2^2}{n_2}},\quad u = \frac{(\bar{x}_1-\bar{x}_2)-(\mu_1-\mu_2)}{\sigma_{\bar{x}_1-\bar{x}_2}}$$

(2)总体方差未知且大样本(n≥30)。

$$S_{\bar{x}_1-\bar{x}_2} = \sqrt{\frac{S_1^2}{n_1}+\frac{S_2^2}{n_2}},\quad u = \frac{(\bar{x}_1-\bar{x}_2)-(\mu_1-\mu_2)}{s_{\bar{x}_1-\bar{x}_2}}$$

(3)总体方差未知,且为小样本。

总体方差同质 $\sigma_1^2 = \sigma_2^2$

$$S_{\bar{x}_1-\bar{x}_2} = \sqrt{\frac{\sum x_1{}^2 - \frac{\left(\sum x_1\right)^2}{n_1} + \sum x_2{}^2 - \frac{\left(\sum x_2\right)^2}{n_2}}{n_1+n_2-2}\left(\frac{1}{n_1}+\frac{1}{n_2}\right)}$$

$$t = \frac{(\bar{x}_1-\bar{x}_2)-(\mu_1-\mu_2)}{S_{\bar{x}_1-\bar{x}_2}}$$

$$DF = n_1+n_2-2$$

也可先计算出平均数差数的均方 S_e^2,作为 σ^2 的估计值,因为 $\sigma_1^2=\sigma_2^2=\sigma^2$,故 S_e^2 应为两样本均方的加权平均值。S_e^2 又称合并均方值。

$$S_e^2 = \frac{\sum(x_1-\bar{x}_1)^2+\sum(x_2-\bar{x}_2)^2}{(n_1-1)+(n_2-1)}$$

因此两样本平均数的差数标准误为:

$$S_{\bar{x}_1-\bar{x}_2} = \sqrt{\frac{S_e^2}{n_1}+\frac{S_e^2}{n_2}}$$

如果 $n_1=n_2=n$,则上式将变成:

$$S_{\bar{x}_1-\bar{x}_2} = \sqrt{\frac{2S_e^2}{n}}$$

因此

$$t = \frac{(\bar{x}_1-\bar{x}_2)-(\mu_1-\mu_2)}{S_{\bar{x}_1-\bar{x}_2}}$$

由于假设 H_0:$\mu_1=\mu_2$ 或 $\mu_1-\mu_2=0$。

$$t = \frac{\bar{x}_1-\bar{x}_2}{S_{\bar{x}_1-\bar{x}_2}}$$

其自由度为： $DF=(n_1-1)+(n_2-1)=n_1+n_2-2$

【例 5-12】两个苹果芽变品系，在某试验站高接，中间砧、高接部位、接换头数以及后来的管理基本相同，单株产量如下（表 5-4）。

表 5-4 两个芽变品系高接后单株产量 kg

株号	x_1	x_2
1	200	225
2	210	220
3	217.5	222.5
4	230	222.5
5	212.5	210

因为是小样本，故用 t 检验。由于并不知道 x_1 与 x_2 产量谁高谁低，故用双尾检验。

解：提出假设 $H_0: \mu_1=\mu_2; H_A: \mu_1 \neq \mu_2$

显著水平 $\alpha=0.05$

概率计算 $\bar{x}_1=\frac{\sum x_1}{n_1}=\frac{200+210+\cdots+212.5}{5}=214(\text{kg})$

$$\bar{x}_2=\frac{\sum x_2}{n_2}=\frac{225+220+\cdots+210}{5}=220(\text{kg})$$

$$\sum(x_1-\bar{x}_1)^2=(200-214)^2+(210-214)^2+\cdots+(212.5-214)^2=482.5$$

$$\sum(x_2-\bar{x}_2)^2=(225-220)^2+(220-220)^2+\cdots+(210-220)^2=138.75$$

$$S_e^2=\frac{\sum(x_1-\bar{x}_1)^2+\sum(x_2-\bar{x}_2)^2}{(n_1-1)+(n_2-1)}=\frac{482.5+138.5}{(5-1)+(5-1)}=77.66$$

$$S_{\bar{x}_1-\bar{x}_2}=\sqrt{\frac{2S_e^2}{n}}=\sqrt{\frac{2\times 77.66}{5}}=5.57$$

$$t=\frac{\bar{x}_1-\bar{x}_2}{S_{\bar{x}_1-\bar{x}_2}}=\frac{214-220}{5.57}=-1.077$$

查附表4，自由度 $DF=4+4=8$ 时，$t_{0.05}=2.306$，$|t|=1.077<t_{0.05}$，故 $P>0.05$。

统计推断：接受 $H_0: \mu_1=\mu_2$，故两个芽变品系产量没有显著差异。

2. 成对数据的比较

如果试验设计时，将两供试单位配成一对，并设有多对（至少5对以上），然后对每一对中的两单位分别随机地给予两种不同处理；或者一为处理一为对照，也可以同一植株上在相对相似地位处，进行两种不同处理，或者是同一供试单位上进行处理前和处理后的对比所获得的数据。

由于同一配对间的条件基本一致，而不同配对间的条件差异可以通过同一配对的基数予以消除，所以试验较精确。

在进行试验结果的分析时，只要假设两样本的总体差数平均数 $\mu_d=\mu_1-\mu_2=0$，而不必假定两样本的总体方差 σ_1 和 σ_2 相同，设两样本的观察值分别为 x_1 和 x_2，共配成 n 对，各个对的差数为 $d(d=x_1-x_2)$，差数的平均数为 $\bar{d}$（$\bar{d}=\bar{x}_1-\bar{x}_2$），则差数平均数的标准误 $S_{\bar{d}}$ 为：

$$S_{\bar{d}}=\sqrt{\frac{\sum(d-\bar{d})^2}{n(n-1)}}$$

而 $$t=\frac{\bar{d}-\mu_d}{S_{\bar{d}}}\quad 因为\ H_0:\mu_d=0$$

则 $$t=\frac{\bar{d}}{S_{\bar{d}}}$$

【例 5-13】有甲、乙两个板栗品种，在 10 个林场进行比较，每一林场所给予两品种有相同条件其平均亩产如下表 5-5（原始数据已减去 150），试做分析。

表 5-5 甲、乙两板栗在 10 个林场产量 kg

场号	x_1	x_2	$d=x_1-x_2$	d^2
1	28	21	7	49
2	31	20	11	121
3	25	30	−5	25
4	27	23	4	16
5	27	24	3	9
6	30	24	6	36
7	20	22	−2	4
8	24	20	4	16
9	24	23	1	1
10	24	23	1	1
$\sum$			30	278

解：提出假设 $H_0:\mu_d=0, H_A:\mu_d\neq 0$。

显著水平 $\alpha=0.01$

概率计算

$$\bar{d}=\frac{\sum d}{n}=\frac{30}{10}=3(\text{kg})$$

$$\sum(d-\bar{d})^2=\sum d^2-\frac{\left(\sum d\right)^2}{n}=278-\frac{30^2}{10}=188$$

$$S_{\bar{d}}=\sqrt{\frac{\sum(d-\bar{d})^2}{n(n-1)}}=\sqrt{\frac{188}{10\times 9}}=1.445(\text{kg})$$

$$t=\frac{\bar{d}}{S_{\bar{d}}}=\frac{3}{1.445}=2.076$$

查附表4，$DF=n-1=10-1=9$ 时，$t_{0.01}=3.25$。

推断结论：$t=2.076<t_{0.01}=3.25$，故接受 $H_0:\mu_d=0$，即甲、乙两个板栗品种之间产量无显著差异。

成对法检验，同样可以进行单尾检验，例如要测得处理是否比对照产量高等。

五、百分数的假设检验

许多试验结果是用百分数或成数所表示的，例如结实率、发芽率、杀虫率、病株率等。这些百分数，都是从间断性资料求得，它与连续性变数资料不相同，在理论上，百分数的假设检验要按二项式分布进行，即从 $(p+q)^n$ 的展开式中求得某项的个体百分数的概率。当样本含量 n 较大，P 不会过小，而 np 和 nq 又不小于5时，$(p+q)^n$ 的分布趋于正态分布。因此，百分数资料可以做正态分布处理，而作出近似的检验，适合于用正态离差检验所需的二项样本含量见表5-6。

表5-6 适用于正态离差检验的二项样本的 np 和 n 值表

样本百分数(p)	较小组次数(np)	样本含量(n)
0.5	15	30
0.4	20	50
0.3	24	80
0.2	40	200
0.1	60	600
0.005	70	1 400

1. 单个样本百分数的假设检验

这是检验某一样本百分数 $\hat{p}$ 与某一理论值(或期望值) p_0 的差异显著性，其估计方法大致和平均数的估计法相似，也采用 u 检验。

$$u=\frac{\hat{p}-p_0}{\sigma_{\hat{p}}},\sigma_{\hat{p}}=\sqrt{\frac{p(1-p)}{n}}=\sqrt{\frac{pq}{n}}$$

式中：$\hat{p}$ 为样本的百分数；p_0 为总体的百分数；$\sigma_{\hat{p}}$ 为样本百分数的标准误；p 为具有某种特性的百分数；q 为不具某种特性百分数；n为样本个数。

2. 两个样本百分数相比较的假设检验

两个样本百分数差异显著性检验，与两样本平均数间差异显著性检验方法相同。在检验时，设 n_1、n_2 分别代表两个样本所含的个体数，x_1、x_2 分别代表两个样本中考察事件出现的个体数，$\hat{p}_1$、$\hat{p}_2$ 分别代表两个样本考察事件出现的百分数，$\hat{p}_1=\frac{x_1}{n_1}$，$\hat{p}_2=\frac{x_2}{n_2}$，则两样本百分数的检验如下：

$$u=\frac{(\hat{p}_1-\hat{p}_2)-(p_1-p_2)}{S_{\hat{p}_1-\hat{p}_2}}$$

在 $H_0: p_1=p_2$ 的假设下，百分数差数的标准误可估计为：

$$S_{\hat{p}_1-\hat{p}_2}=\sqrt{\bar{p}\,\bar{q}\left(\frac{1}{n_1}+\frac{1}{n_2}\right)}$$

$$\bar{p}=\frac{x_1+x_2}{n_1+n_2},\ \bar{q}=1-\bar{p}$$

【例 5-14】调查了两个杂交组合梨的实生苗，A 组合实生苗 378 株(n_1)，其中锈病株 372 株(x_1)、锈病率 93.94%($\hat{p}_1$)，B 组合实生苗 396 株(n_2)，其中锈病 330 株(x_2)，锈病率 87.31%($\hat{p}_2$)，问这两个杂交组合在抗锈病上有无显著差异？

解：提出假设 $H_0: p_1=p_2, H_A: p_1\neq p_2$

显著水平 $\alpha=0.05$，应作双尾检验

概率计算 $\bar{p}=\frac{x_1+x_2}{n_1+n_2}=\frac{372+330}{378+396}=0.907$

$$\bar{q}=1-\bar{p}=1-0.907=0.093$$

$$S_{\hat{p}_1-\hat{p}_2}=\sqrt{\bar{p}\,\bar{q}\left(\frac{1}{n_1}+\frac{1}{n_2}\right)}=\sqrt{0.907\times0.093\times\left(\frac{1}{378}+\frac{1}{396}\right)}=0.020\,9$$

$$u=\frac{\hat{p}_1-\hat{p}_2}{S_{\hat{p}_1-\hat{p}_2}}=\frac{0.939\,4-0.873\,1}{0.020\,9}=3.17$$

所以 $|u|>u_{0.05}=1.96$，故 $P<0.05$。

统计推断 否定 $H_0: p_1=p_2$，接受 $H_A: p_1\neq p_2$，即两个杂交组合的实生苗在抗锈病上是有显著差异的。

实训 统计假设检验

一、目的要求

了解统计假设检验的意义和基本原理，掌握利用 Excel 软件进行统计假设检验的方法。

二、材料用具

报告册、铅笔、装有 Excel 软件的计算机及输出设备或计算器。

三、方法步骤

本实训采用例【5-13】的数据，利用 Excel 软件的数据分析工具进行假设检验。

1. 输入数据

在 Excel 软件的工作表中输入数据(图 5-7)。

2. 选择计算命令

选择“工具(数据)”菜单的“数据分析”命令,在弹出的“数据分析”对话框中,双击“t 检验:平均值的成对二样本分析”选项,则弹出“t 检验:平均值的成对二样本分析”对话框(图 5-8)。

	A	B	C
1	组别	甲	乙
2	1	28	21
3	2	31	20
4	3	25	30
5	4	27	23
6	5	27	24
7	6	30	24
8	7	20	22
9	8	24	20
10	9	24	23
11	10	24	23

图 5-7　原始数据示意图

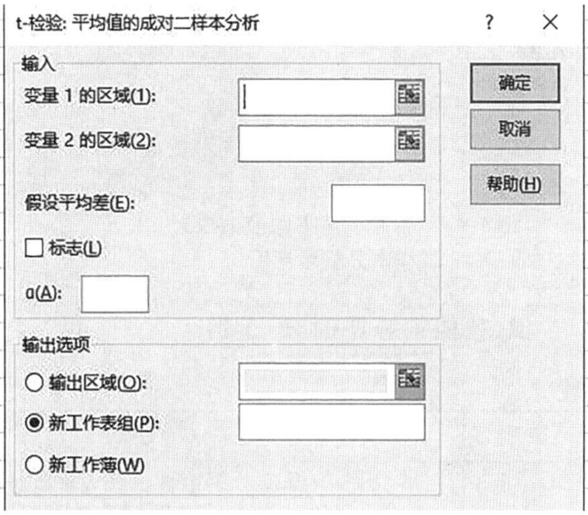

图 5-8　t 检验:平均值的成对二样本分析示意图

3. 填写区域

分别填写变量 1 的区域为 \$B\$2:\$B\$11,变量 2 的区域为 \$C\$2:\$C\$11,由于进行的是等均值的检验,填写假设平均差为 0,由于数据的首行没包括标志项,所以不选择“标志”复选框,再填写显著水平 α 为 0.01,如图 5-9 所示,然后点击“确定”按钮,则可以得到图 5-10 所示的结果。

4. 结果分析

如图 5-10 所示,表中分别给出了两组两种板栗产量的平均值、方差和样本个数。其中,合并方差是样本方差加权之后的平均值,DF 是假设检验的自由度,t 统计量是两个样本差值减去假设平均差之后再除以标准误差的结果,“$P(T \leqslant t)$单尾”是单尾检验的显著水平,“t 单尾临界”是单尾检验 t 的临界值,“$P(T \leqslant t)$双尾”是双尾检验的显著水平,“t 双尾临界”是双尾检验 t 的临界值。

由图表的结果可以看出 t 统计量均小于两个临界值,所以,在 1%显著水平下,甲乙两个板栗品种产量无差异。

5. 完成习题 6、7。

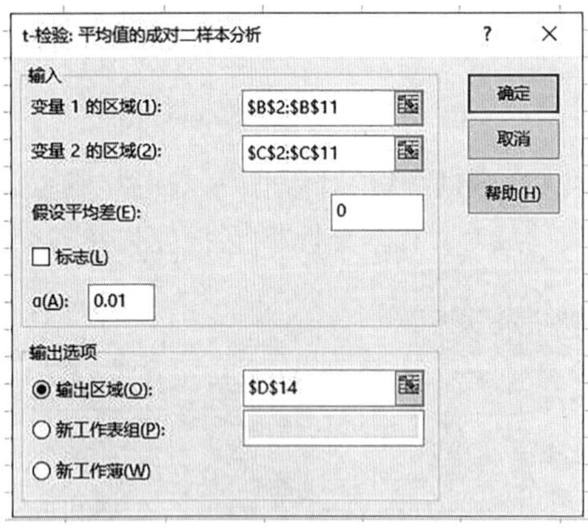

图 5-9　*t* 检验赋值平均值的成对二样本分析示意图

t-检验: 成对双样本均值分析		
	变量 1	变量 2
平均	26	23
方差	10.66666667	8.222222222
观测值	10	10
泊松相关系数	-0.106780275	
假设平均差	0	
df	9	
t Stat	2.075695218	
P(T<=t) 单尾	0.033868055	
t 单尾临界	2.821437925	
P(T<=t) 双尾	0.067736111	
t 双尾临界	3.249835542	

图 5-10　*t* 检验结果对话框示意图

四、技能训练评价(表 5-7)

表 5-7　技能训练评价表

序号	评价内容	评价标准	分值	得分
1	习题 6	数据录入规范、准确	10	
2		分析工具选取准确	10	
3		显著水平 α 确定无误	10	
4		获得结论正确	20	
5	习题 7	数据录入规范、准确	10	
6		分析工具选取准确	10	
7		显著水平 α 确定无误	10	
8		获得结论正确	20	
合计			100	

习　题

1. 什么是必然事件、不可能事件、随机事件？什么是随机事件的频率和概率？二者之间有何关系？什么是小概率原理？

2. 正态分布有何特点？什么是标准正态分布？双尾概率与单尾概率有何区别与联系？

3. 在假设检验中，什么情况下采用双尾检验？什么情况下采用单尾检验？

4. 在假设检验中，什么情况下采用 u 检验？什么情况下采用 t 检验？

5. 已知某葡萄品种在原产地的平均固形物含量为 18.4%，标准差为 1.7%。引种后，抽样测定 25 穗果实，得平均固形物含量为 17.4%，问此品种质量是否下降？

6. 为研究某新型叶面肥对芹菜的增产效果，设喷施该叶面肥与清水(对照)两个处理，各处理重复6次，共12个试验小区。测得各小区的芹菜株高(单位:cm)结果如下。

喷清水：　42.5　41.3　43.7　41.0　41.8　44.0

喷叶面肥：47.6　48.2　46.3　47.9　46.0　49.0

试问喷施叶面肥对芹菜株高的影响是否显著?

7. 在山东半岛生产的红星苹果，一般的果形指数 $\mu=1.10$，芽变选种时，从某果园发现棵苹果树，取100个果实，得其果形指数 $\bar{x}=1.119$，$S=0.103$，问这株苹果树的果形指数的增大是否显著?

8. 草莓脱毒苗由于长势好、产量高，很受果农的欢迎，今有一试验是采用A、B两种脱毒方法繁育草莓苗，试栽后测得产量如下(单位:kg/5株)。

A方法脱毒：3　3　3　4　3　4

B方法脱毒：2　3　3　2　2　3　2　3

试检验二者差异的显著性。

项目6
试验结果方差分析

知识目标

熟悉方差分析的基本原理和步骤，掌握完全随机设计、随机区组设计、间比与对比设计试验资料的分析方法，并能正确总结试验结论。

技能目标

会独立进行试验数据的统计分析。

素质目标

培养学生尊重数据和求真务实的精神，树立用数据说话的严谨态度，脚踏实地的工作作风。

任务1　单因素完全随机设计试验结果的方差分析

方差分析(analysis of variance，ANOVA)就是将试验的总变异方差分解成各变因方差，并以其中误差方差作为和其他变因方差比较的标准，推断其他变因所引起的变异量是否真实的一种统计分析方法。

单向分组资料是指按一个方向分组的资料，其观测值仅能控制一个方面原因的影响，其他原因的影响一并归入误差。单向分组资料的方差分析又分为组内观测次数相等和不相等两种情形，是用于处理单因素多水平的随机试验结果。

一、组内观测次数相等资料的方差分析

通常来说，在试验或调查设计时力求各处理的观测值数(即各样本含量 n)相等，以便于统计分析和提高精确度，因此这类资料最为常见。

假设试验 A 因素分为 k 个处理(具有 k 个水平)，每个处理作 n 次观测(重复 n 次)，则该试验资料共有 nk 个观测值，记作 x_{ij}，其观测值的组成见表 6-1。

表 6-1 中，T_t 为处理总和；T 为观测值总和；$\bar{x}_t$ 为处理平均数；$\bar{x}$ 为总平均数。

表 6-1　*k* 个处理 *n* 次观测的数据模式

处理	观测值(x_{ij})					各处理总和	各处理平均数
	1	2	3	…	n	T_t	$\bar{x}_t$
A_1	x_{11}	x_{12}	x_{13}	…	x_{1n}	T_1	$\bar{x}_1$
A_2	x_{21}	x_{22}	x_{23}	…	x_{2n}	T_2	$\bar{x}_2$
⋮	⋮	⋮	⋮		⋮	⋮	⋮
A_k	x_{k1}	x_{k2}	x_{k3}	…	x_{kn}	T_k	$\bar{x}_k$
						$T=\sum x$	$\bar{x}$

1. 划分变异原因

产生总变异的原因可从两方面来分析：一是同一处理不同重复观测值的差异是由偶然因素影响造成的，即试验误差，又称组内变异或误差变异；二是不同处理之间平均数的差异主要是由处理的不同效应所造成，称处理间变异，又称组间变异。因此，总变异可分为组间变异和组内变异两部分。可用以下公式表示：

总变异＝处理间变异＋误差变异

2. 分解平方和与自由度

在表 6-1 中，总变异是 nk 个观测值的变异，故总自由度 $DF_T=nk-1$，而其平方和 SS_T 则为：

$$SS_T=\sum_{1}^{nk}(x_{ij}-\bar{x})^2=\sum x^2-C$$

式中的 C 为矫正数：

$$C=\frac{(\sum x)^2}{nk}=\frac{T^2}{nk}\text{（}n\text{ 是重复数，}k\text{ 是处理数）}$$

组间变异即 k 个 $\bar{x}_t$ 的变异，故组间自由度 $DF_t=k-1$，而其平方和 SS_t 为：

$$SS_t=n\sum_{1}^{k}(\bar{x}_t-\bar{x})^2=\frac{\sum T_t^2}{n}-C$$

组内变异为各组观测值与组平均数的变异，故每组具有自由度 $DF_e=n-1$，平方和 $\sum_{1}^{n}(x_{ij}-\bar{x}_t)^2$，而资料共有 k 组，故组内自由度 $DF_e=k(n-1)$，组内平方和 SS_e 为：

$$SS_e=\sum_{1}^{k}\sum_{1}^{n}(x_{ij}-\bar{x}_t)^2=SS_T-SS_t$$

因此，得到表 6-1 类型资料平方和与自由度的分解式为：

总平方和＝组间(处理间)平方和＋组内(误差)平方和

$$\sum_1^k \sum_1^n (x_{ij} - \bar{x}_t)^2 = n\sum_1^k (\bar{x}_t - \bar{x})^2 + \sum_1^k \sum_1^n (x_{ij} - \bar{x}_t)^2$$

记作：
$$SS_T = SS_t + SS_e$$

总自由度＝组间(处理间)自由度＋组内(误差)自由度

即：
$$nk - 1 = (k-1) + k(n-1)$$

记作：
$$DF_T = DF_t + DF_e$$

将以上公式归纳如下：

总平方和	$SS_T = \sum x^2 - C$	总自由度	$DF_T = nk - 1$
处理间平方和	$SS_t = \dfrac{\sum T_t^2}{n} - C$	处理自由度	$DF_t = k - 1$
误差平方和	$SS_e = SS_T - SS_t$	误差自由度	$DF_e = DF_T - DF_t$

求得各变异来源的平方和与自由度后，进而求得：

总方差 $S_T^2 = MS_T = \dfrac{SS_T}{DF_T}$

处理间方差 $S_t^2 = MS_t = \dfrac{SS_t}{DF_t}$

误差方差 $S_e^2 = MS_e = \dfrac{SS_e}{DF_e}$

3. 列方差分析表并作 F 检验

(1)F 分布 在一个正态总体 $N(\mu, \sigma^2)$ 中随机抽取样本含量为 n_1 和 n_2 的两个样本，得到两个样本方差 S_1^2、S_2^2，$\dfrac{S_1^2}{S_2^2}$构成一新的随机变量，记为 F，即

$$F = \frac{S_1^2}{S_2^2}$$

统计学已证明 $F = \dfrac{S_1^2}{S_2^2}$服从 $DF_1 = n_1 - 1$，$DF_2 = n_2 - 1$ 的 F 分布。F 分布密度曲线是随自由度 DF_1、DF_2 的变化而变化的一簇偏态曲线，其形态随着 DF_1、DF_2 的增大逐渐趋于对称。如图 6-1 所示。

F 分布的取值范围是$(0, +\infty)$。

用 $f(F)$表示 F 分布的概率密度函数，则其分布函数 $F(F_\alpha)$为

$$F(F_\alpha) = P(F < F_\alpha) = \int_0^{F_\alpha} f(F)DF$$

因而 F 分布从 F_α 到$+\infty$的右尾概率为

$$P(F \geqslant F_\alpha) = 1 - F(F_\alpha) = \int_{F_\alpha}^{+\infty} f(F)DF$$

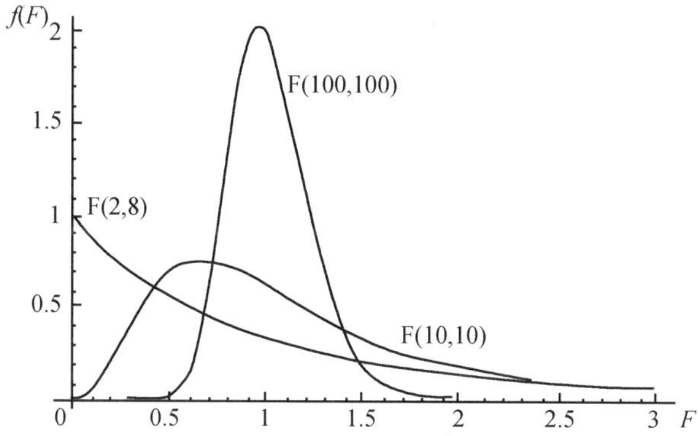

图 6-1　不同自由度下的 F 分布曲线

附表 5 列出的是不同 DF_1 和 DF_2 下，$P(F \geqslant F_\alpha) = 0.05$ 和 $P(F \geqslant F_\alpha) = 0.01$ 时的 F 值，即右尾概率 $a = 0.05$ 和 $a = 0.01$ 时的临界 F 值，一般记为 $F_{0.05(DF_1, DF_2)}$，$F_{0.01(DF_1, DF_2)}$。如查附表 5，当 $DF_1 = 3$，$DF_2 = 18$ 时，$F_{0.05(3,18)} = 3.16$，$F_{0.01(3,18)} = 5.09$，表示如以 $DF_t = 3$，$DF_e = 18$ 在同一正态中连续抽样，则所得 F 值大于 3.16 的仅为 5%，而大于 5.09 的仅为 1%。

(2)F 检验　F 值表是专门为检验 S_t^2 代表的总体方差是否比 S_e^2 代表的总体方差大而设计的。若实际计算的 F 值大于 $F_{0.05}$，则 F 值在 $\alpha = 0.05$ 的水平上显著，我们以 95% 的可靠性推断 S_t^2 代表的总体方差大于 S_e^2 代表的总体方差。这种用 F 值出现概率的大小推断两个总体方差是否相等的方法称为 F 检验。

在方差分析中所进行的 F 检验目的在于推断处理间的差异是否存在，检验某项变异因素的效应方差是否为零。因此，在计算 F 值时总是以被检验因素的方差做分子，以误差方差做分母。实际进行 F 检验时，是将由试验资料所算得的 F 值与根据 $v_1 = DF_t$(大均方，即分子均方的自由度)、$v_2 = DF_e$(小均方，即分母均方的自由度)查附表 5 所得的临界 F 值 $F_{0.05}$、$F_{0.01}$ 相比较做出的统计推断。若 $F < F_{0.05}$，即 $P > 0.05$，不能否定 H_0，统计学上把这一检验结果表述为：各处理间差异不显著，不标记符号。若 $F_{0.05} \leqslant F < F_{0.01}$，$0.01 < P \leqslant 0.05$，否定 H_0，接受 H_A，统计学上，把这一检验结果表述为：各处理间差异显著，在 F 值的右上方标记“*”。若 $F \geqslant F_{0.01}$，即 $P \leqslant 0.01$，否定 H_0，接受 H_A，统计学上，把这一检验结果表述为：各处理间差异极显著，在 F 值的右上方标记“* *”。

在实际进行方差分析时，只需计算出平方和与自由度，各项均方的计算及 F 检验可在方差分析表上进行。方差分析表见表 6-2。

表 6-2　方差分析表

变异来源	SS	DF	MS	F	$F_{0.05}$	$F_{0.01}$
处理间变异	SS_t	DF_t	MS_t	MS_t/MS_e		
误差变异	SS_e	DF_e	MS_e			
总 变 异	SS_T	DF_T				

4. 多重比较

经 F 检验，差异达到显著或极显著，表明试验的总变异主要来源于处理间的变异，试验中各处理平均数间存在显著或极显著差异，但并不意味着每两个处理平均数间的差异都显著或极显著，也不能具体说明哪些处理平均数间有显著或极显著差异，哪些差异不显著。因而，有必要进行两两处理平均数间的比较，以具体判断两两处理平均数间的差异显著性。统计学上把多个平均数两两间的相互比较称为多重比较(multiple comparison)。

多重比较的方法很多，常用的有最小显著差数法(LSD 法)和最小显著极差法(SSR 法)，目前在农业科学研究中普遍应用的是最小显著极差法。现将最小显著极差法介绍如下。最小显著极差法又称新复极差法(shortest significant ranges，SSR)，简称 SSR 法。这一方法是 D. B. Duncan 于 1955 年提出的，是当前应用最广泛的一种多重比较方法。此法的特点是将平均数按照大小进行排序，不同的平均数之间比较采用不同的显著标准。资料的整理见表 6-3。

表 6-3 试验资料的整理

生长调节剂	各处理平均数 $\bar{x}_t$/(kg/株)
D	19
B	18
A	14
C	13

如表 6-3 中由上而下的 4 个平均数是从大到小的次序排列的，两个极端平均数之差(19－13)＝6 是 4 个平均数的极差(全距)，在这个极差中，又包括(19－14)、(19－18)、(18－13)、(18－14)、(14－13)5 个全距，包括 3、2 个平均数的全距，每个全距是否显著，可用全距相当于平均数标准误的倍数(SSR)来衡量。

$$\frac{R}{SE}=SSR$$

式中：R 为全距，SE 为样本平均数的标准误。

SSR 法对平均数进行多重比较具体步骤：

第一步 计算 SE。

$$SE=\sqrt{\frac{MS_e}{n}}$$

第二步 计算 LSR_α 值。

$$LSR_\alpha=SSR_\alpha\times SE$$

如果 $R\geqslant SSR_{0.05}\times SE=LSR_{0.05}$ 则表示差异显著；如果 $R\geqslant SSR_{0.01}\times SE=LSR_{0.01}$，则表示差异极显著。式中 SSR_α 为在 α 水平上的最小显著极差。其数值的大小，一方面与误差方差的自由度有关，另一方面与检验极差所包括的平均数个数(k)有关。例如根据 $DF_e=36$，$\alpha=0.05$ 和 $\alpha=0.01$，查附表 6 中在 k 下的 SSR_α 值，并将有关数值代入公式，得到表 6-4。

表 6-4　$LSR_{0.05}$ 和 $LSR_{0.01}$ 计算表($SE=0.76$,$DF_e=36$)

k	2	3	4
$SSR_{0.05}$	2.86	3.01	3.10
$SSR_{0.01}$	3.82	3.99	4.10
$LSR_{0.05}$	2.17	2.29	2.36
$LSR_{0.01}$	2.90	3.03	3.12

注:因附表 6 中无 $DF_e=36$,故取 $DF_e=40$。

第三步　各处理平均数间的比较。

将各处理平均数按大小顺序排列成表 6-5,根据各 LSR 值对各极差进行检验。

表 6-5　表 6-3 资料的多重比较(SSR 法)

生长调节剂	平均数/(kg/株)	差异显著性	
		$\alpha=0.05$	$\alpha=0.01$
D	19	a	A
B	18	a	A
A	14	b	B
C	13	b	B

在表 6-5 中,采用的是标记字母法。若显著水平 $\alpha=0.05$,差异显著性用小写英文字母表示,可先在最大的平均数上标上字母 a,并将该平均数与以下各个平均数相比,凡相差不显著的都标上字母 a,直至某一个与之相差显著的平均数则标以字母 b;再以该标有字母 b 的平均数为准,与上方各个平均数比,凡是不显著的一律标以 b,直至某一个与之相差显著的为止;再以标有 b 的最大平均数为准,与以下未标记的平均数比,凡是不显著的继续标以 b,直至某一个与之相差显著的平均数则标以字母 c……如此反复,直到最小的一个平均数有了标记字母为止。在各平均数之间,凡是标有相同字母的表示差异不显著,凡是标有不同字母的表示差异显著。显著水平 $\alpha=0.01$ 时,用大写英文字母表示,标记方法与上述相同。

【例 6-1】在生长势基本一致的桃园,用生长调节剂 A、B、C、D 对五年生曙光桃树各喷 10 株,秋后产量(kg/株)见表 6-6,试作方差分析。

表 6-6　不同生长调节剂对曙光桃树产量的影响　　kg/株

生长调节剂	株产									
A	14	17	15	11	10	17	9	18	15	14
B	16	18	20	15	18	20	19	20	18	16
C	15	15	10	9	13	14	14	10	14	16
D	17	19	20	19	23	19	21	18	18	16

(1)资料汇总(表 6-7)

表 6-7 不同生长调节剂对曙光桃树产量影响的计算表 kg/株

生长调节剂	株产										处理总和 T_t	处理平均 $\bar{x}_t$
A	14	17	15	11	10	17	9	18	15	14	140	14
B	16	18	20	15	18	20	19	20	18	16	180	18
C	15	15	10	9	13	14	14	10	14	16	130	13
D	17	19	20	19	23	19	21	18	18	16	190	19
											$T=640$	$\bar{x}=16$

(2)划分变异原因

总变异=处理间变异+误差变异

(3)分解平方和与自由度

①平方和的分解　已知 $n=10$,$k=4$,根据公式可得:

$$C=\frac{T^2}{N}=\frac{T^2}{nk}=\frac{640^2}{10\times 4}=10\ 240$$

总变异平方和　$SS_T=\sum x^2-C=(14^2+17^2+\cdots+16^2)-10\ 240=466$

处理间变异平方和　$SS_t=\frac{\sum T_t^2}{n}-C=\frac{140^2+180^2+130^2+190^2}{10}-10\ 240=260$

误差变异平方和　$SS_e=SS_T-SS_t=466-260=206$

②自由度的分解　根据公式可得:

总变异自由度　$DF_T=nk-1=10\times4-1=39$

处理间变异自由度　$DF_t=k-1=4-1=3$

误差变异自由度　$DF_e=DF_T-DF_t=39-3=36$

③计算各部分的方差　根据公式可得:

$$MS_t=\frac{SS_t}{DF_t}=\frac{260}{3}=86.67$$

$$MS_e=\frac{SS_e}{DF_e}=\frac{206}{36}=5.72$$

(4)列方差分析表并作 F 检验(表 6-8)

表 6-8 表 6-6 资料的方差分析表

变异来源	SS	DF	MS	F	$F_{0.05}$	$F_{0.01}$
处理间变异	260	3	86.67	15.15**	2.86	4.38
误差变异	206	36	5.72			
总变异	466	39				

方差分析表明，不同生长调节剂对曙光桃树产量的影响差异极显著，需进一步进行多重比较。

(5)多重比较

第一步　计算 SE，$SE=\sqrt{\frac{MS_e}{n}}=\sqrt{\frac{5.72}{10}}=0.76$

第二步　计算 LSR_α 值，因为

$$LSR_\alpha=SSR_\alpha\times SE$$

根据误差自由度和显著水平 α 查附表6中在 k 下的 SSR_α 值，将有关数值代入 LSR_α 值计算公式，得到结果如表6-9所示。

表6-9　$LSR_{0.05}$ 和 $LSR_{0.01}$ 计算表($SE=0.76$，$DF_e=36$)

k	2	3	4
$SSR_{0.05}$	2.86	3.01	3.10
$SSR_{0.01}$	3.82	3.99	4.10
$LSR_{0.05}$	2.17	2.29	2.36
$LSR_{0.01}$	2.90	3.03	3.12

第三步　各处理平均数间的比较。表6-6资料的多重比较(SSR法)见表6-10。

表6-10　表6-6资料的多重比较(SSR法)

生长调节剂	平均数/(kg/株)	差异显著性	
		$a=0.05$	$a=0.01$
D	19	a	A
B	18	a	A
A	14	b	B
C	13	b	B

多重比较表明，四种生长调节剂对曙光桃树株产的影响试验中，生长调节剂D、B极显著的优于A、C。

二、组内观测次数不相等资料的方差分析

有 k 个处理，每个处理的观测值的数目分别是 $n_1,n_2,n_3,\cdots,n_k$，则为组内观测数目不相等资料。在进行方差分析时有关公式因 n_i 不同需作相应改变。

【例6-2】研究富士苹果树不同类型枝条节间长度，调查结果如表6-11所示。试分析各类型枝条节间长度是否有显著差异。

表 6-11 富士苹果树枝条节间长度资料 cm

类型	枝条节间长度											n_i	合计 T_i	平均数 $\bar{x}_i$
短枝型 1 号	1.7	1.9	1.8	1.7	1.7	1.8	1.9	1.8	1.9	1.7		10	17.9	1.79
短枝型 2 号	1.8	1.6	1.7	1.8	1.8	1.9	1.7	1.7	1.9			9	15.9	1.77
普通型	2.2	2.3	2.4	2.5	2.3	2.4	2.5	2.3	2.3	2.2	2.2	11	25.6	2.33
小老树	1.4	1.5	1.4	1.3	1.6	1.7						6	8.9	1.48
合计												36	68.3	

(1)划分变异原因

总变异=处理间变异+误差变异

(2)分解平方和与自由度

求出处理和 T_t,各组重复观测次数 n_i,总和 T 和 $\sum_{a=1}^{k} n_i$,并计算各项平方和与自由度。

$$C=\frac{T^2}{\sum n_i}=\frac{68.3^2}{36}=129.58$$

$$SS_T=\sum_1^k\sum_1^n x_{ij}-C=\sum x^2-C=(1.7^2+1.9^2+1.8^2+\cdots+1.7^2)-129.58=3.71$$

$$DF_T=\sum_1^k n_i-1=(10+9+11+6)-1=36-1=35$$

$$SS_t=\sum_1^k n_i(\bar{x}_i-\bar{x})^2=\sum_1^k \frac{1}{n_i}T_i^2-C=\frac{17.9^2}{10}+\frac{15.9^2}{9}+\frac{25.6^2}{11}+\frac{8.9^2}{6}-129.58=3.33$$

$$DF_t=k-1=4-1=3$$

$$SS_e=SS_T-SS_t=3.71-3.33=0.38$$

$$DF_e=DF_T-DF_t=35-3=32$$

(3)列方差分析表并作 F 检验(表 6-12)

表 6-12 富士苹果树枝条节间长度的方差分析表

变异来源	SS	DF	MS	F	$F_{0.05}$	$F_{0.01}$
处理间变异	3.33	3	1.11	92.50**	2.90	4.46
误差变异	0.38	32	0.012			
总变异	3.71	35				

求 F 值　　$F=MS_t/MS_e=1.11/0.012=92.50$

查 F 值表　　$DF_t=3, DF_e=32, F_{0.01(3,32)}=4.46, F_{0.05(3,32)}=2.90$

$F=92.50>F_{0.01(3,32)}=4.46$　否定 H_0,表明富士苹果树不同类型枝条节间长度差异极显著，故在 F 值 92.50 右上方标记“* *”。

(4)多重比较

①计算平均数的标准误 SE，因为 $n_1 \neq n_2 \neq n_3 \neq n_4$，所以用 n_0 代替 n_i。

$$n_0 = \frac{\left(\sum n_i\right)^2 - \sum n_i^2}{\left(\sum n_i\right)(k-1)} = \frac{36^2 - (10^2 + 9^2 + 11^2 + 6^2)}{36 \times (4-1)} \approx 9$$

故

$$SE = \sqrt{\frac{MS_e}{n}} = \sqrt{\frac{0.012}{9}} = 0.04$$

②计算 LSR_a 值　根据 $DF_e = 32$，$k = 2, 3, 4$ 查附表 6，因表中无 $DF_e = 32$，取 $DF_e = 30$，然后分别乘以 0.04 得到 LSR_a 值并列于表 6-13。

表 6-13　$LSR_{0.05}$ 和 $LSR_{0.01}$ 计算表($SE = 0.04, DF_e = 30$)

k	2	3	4
$SSR_{0.05}$	2.89	3.04	3.12
$SSR_{0.01}$	3.89	4.06	4.16
$LSR_{0.05}$	0.12	0.12	0.12
$LSR_{0.01}$	0.16	0.16	0.17

③多重比较　现将富士苹果树枝条节间长度按照 SSR 法对平均数进行多重比较，见表 6-14。

表 6-14　富士苹果树枝条节间长度差异多重比较表(SSR 法)

类型	平均节间长/cm	差异显著性	
		$a = 0.05$	$a = 0.01$
普通型	2.33	a	A
短枝型 1 号	1.79	b	B
短枝型 2 号	1.77	b	B
小老树	1.48	c	C

结果表明，普通型富士苹果树枝条节间长度极显著长于短枝型 1 号、短枝型 2 号、小老树；短枝型 1 号与短枝型 2 号差异不显著，但两者极显著长于小老树。

任务 2　双因素完全随机设计试验结果的方差分析

两向分组资料是指试验指标同时受两个因素的作用而得到的观测值。如选用几种温度和几种不同培养基培养草菇菌种，研究其生长速度，其每一观测值都是某一温度和某一培养基组合同时作用的结果，故属两向分组资料，又叫交叉分组。完全随机设计的两因素试验数据，都是两向分组资料，其方差分析又分为组合内无重复观测值和有重复观测值两种情况。

一、组合内无重复观测值的方差分析

设试验A因素具有a个水平，B因素具有b个水平，交叉分组，不设重复，即A、B二因素的每一种组合(A_iB_j)仅作一次观测，共$N=ab$个观测值，如表6-15所示的数据模式。表中T_A和$\bar{x}_A$分别表示各行(A因素的各个水平)的总和及平均数；T_B和$\bar{x}_B$表示各列(B因素的各个水平)的总和及平均数，T和$\bar{x}$表示全部数据的总和及平均数。

表6-15 两向分组资料无重复观测值的数据模式

A因素	B因素				T_A	$\bar{x}_A$
	B_1	B_2	…	B_b		
A_1	x_{11}	x_{12}	…	x_{1b}	T_{A_1}	$\bar{x}_{A_1}$
A_2	x_{21}	x_{22}	…	x_{2b}	T_{A_2}	$\bar{x}_{A_2}$
⋮	⋮	⋮	⋱	⋮	⋮	⋮
A_a	x_{a1}	x_{a2}	…	x_{ab}	T_{A_a}	$\bar{x}_{A_a}$
T_B	T_{B_1}	T_{B_2}	…	T_{B_b}	T	$\bar{x}$
$\bar{x}_B$	$\bar{x}_{B_1}$	$\bar{x}_{B_2}$	…	$\bar{x}_{B_b}$		

两向分组无重复观测资料的总变异可分为A因素、B因素和误差三部分。其计算公式如表6-16所示。

表6-16 表6-15类型资料的方差分析表

变异来源	SS	DF	MS	F	$F_{0.05}$	$F_{0.01}$
A因素	$\sum T_A^2/b-C$	$a-1$	SS_A/DF_A	MS_A/MS_e		
B因素	$\sum T_B^2/a-C$	$b-1$	SS_B/DF_B	MS_B/MS_e		
误差	$SS_T-SS_A-SS_B$	$(a-1)(b-1)$	SS_e/DF_e			
总变异	$\sum x^2-C$	$ab-1$				

【例6-3】对新嘎拉苹果施行A、B、C、D四种不同形式的小包装贮藏，并对每种包装分别加不同含量的活性炭：0.01%、0.03%、0.05%、0.07%、空白为对照，贮藏的环境条件一致，测定小包装贮藏后的新嘎拉苹果果肉硬度资料见表6-17，试作方差分析。

(1)资料汇总　计算出两因素的总和及平均数，如表6-17所示。

(2)划分变异原因　总变异=A因素变异+B因素变异+误差变异

(3)分解平方和与自由度

表 6-17　小包装贮藏后的新嘎拉苹果果肉硬度资料　　kg/cm²

A 因素（活性炭含量）	B 因素（包装形式）				合计(T_A)	平均($\bar{x}_A$)
	A	B	C	D		
0.01%	11.7	11.1	10.4	12.9	46.1	11.5
0.03%	8.9	6.4	8.6	9.8	33.7	8.4
0.05%	9.0	9.9	9.2	11.7	39.8	10.0
0.07%	9.7	10.0	9.3	11.2	40.2	10.1
空白	12.2	8.9	7.8	8.0	36.9	9.2
合计(T_B)	51.5	46.3	45.3	53.6	T=196.7	$\bar{x}$
平均数($\bar{x}_B$)	10.3	9.3	9.1	10.7		

根据表 6-17，将各项变异来源的平方和与自由度进行分解。

$$C=\frac{T^2}{ab}=\frac{196.7^2}{5\times 4}=1\,934.54$$

$$SS_T=\sum x^2-C=(11.7^2+11.1^2+\cdots+8.0^2)-1\,934.54=49.75$$

$$SS_A=\frac{\sum T_A^2}{b}-C=\frac{46.1^2+33.7^2+\cdots+36.9^2}{4}-1\,934.54=21.11$$

$$SS_B\ \frac{\sum T_B^2}{a}-C=\frac{51.5^2+46.3^2+45.3^2+53.6^2}{5}-1\,934.54=9.66$$

$$SS_e=SS_T-SS_A-SS_B=49.75-21.11-9.66=18.98$$

$$DF_T=ab-1=5\times 4-1=19$$

$$DF_A=a-1=5-1=4$$

$$DF_B=b-1=4-1=3$$

$$DF_e=DF_T-DF_A-DF_B=19-4-3=12$$

(4)列方差分析表并进行 F 检验，见表 6-18。

表 6-18　表 6-17 资料的方差分析表

变异来源	SS	DF	MS	F	$F_{0.05}$	$F_{0.01}$
A 因素	21.11	4	5.28	3.34*	3.26	5.41
B 因素	9.66	3	3.22	2.04	3.49	5.95
误差	18.98	12	1.58			
总变异	49.75	19				

方差分析表明，不同的活性炭含量对新嘎拉苹果贮藏后的果肉硬度影响差异显著，需进一步做多重比较。

(5)活性炭含量间多重比较。

$$SE=\sqrt{\frac{MS_e}{b}}=\sqrt{\frac{1.58}{4}}=0.63$$

根据 $DF_e=12$,查附表 6,得 $k=2$、3、4、5 时的 SSR_α 值,然后分别乘以 SE,得 LSR_α 值并列表 6-19。5 种不同含量活性炭的多重比较表见表 6-20。

表 6-19 $LSR_{0.05}$ 和 $LSR_{0.01}$ 计算表($SE=0.63, DF_e=12$)

k	2	3	4	5
$SSR_{0.05}$	3.08	3.23	3.33	3.36
$SSR_{0.01}$	4.32	4.55	4.68	4.76
$LSR_{0.05}$	1.94	2.03	2.10	2.12
$LSR_{0.01}$	2.72	2.87	2.95	3.00

表 6-20 5 种不同含量活性炭的多重比较表

活性炭含量	果肉硬度/(kg/cm^2)	差异显著性	
		$\alpha=0.05$	$\alpha=0.01$
0.01%	11.5	a	A
0.07%	10.1	ab	AB
0.05%	10.0	ab	AB
空白	9.2	b	AB
0.03%	8.4	b	B

多重比较结果表明,0.01%活性炭处理对新嘎啦苹果贮藏后的果肉硬度影响显著优于空白,极显著优于 0.03%的活性炭,其他处理间不存在显著差异。

二、组合内有重复观测值的方差分析

设试验 A 因素具有 a 个水平,B 因素具有 b 个水平,共 ab 个处理处合,每一处理有 r 个观测值,于是资料共有 abr 个观测值。其资料类型见表 6-21 模式。表中 T_A 和 $\bar{x}_A$ 分别表示各行(A 因素的各个水平)的总和及平均数;T_B 和 $\bar{x}_B$ 表示各列(B 因素的各个水平)的总和及平均数,T 和 $\bar{x}$ 表示全部数据的总和及平均数。

这类资料的总变异可分为 A 因素、B 因素、A×B 互作和误差四部分。其计算公式如表 6-22 所示。

【例 6-4】以稻草(A_1)、玉米秸(A_2)、花生秸(A_3)三种培养基,在 28 ℃(B_1)、30 ℃(B_2)、32 ℃(B_3)三种温度下,培养金针菇菌种,研究其生长速度。采用完全随机试验设计,每个处理组合培养三瓶。记录从接种到菌丝发满菌瓶的天数。试验结果见表 6-23,试作方差分析。

表 6-21　两向分组资料有重复观测值的数据模式

A 因素	重复	B 因素				T_A	$\bar{x}_A$
		B_1	B_2	…	B_b		
A_1	1	x_{111}	x_{121}	…	x_{1b1}	T_{A_1}	$\bar{x}_{A_1}$
	2	x_{112}	x_{122}	…	x_{1b2}		
	⋮	⋮	⋮		⋮		
	r	x_{11r}	x_{12r}	…	x_{1br}		
	T_t	T_{t11}	T_{t12}	…	T_{t1b}		
	$\bar{x}_t$	$\bar{x}_{t11}$	$\bar{x}_{t12}$	…	$\bar{x}_{t1b}$		
A_2	1	x_{211}	x_{221}	…	x_{2b1}	T_{A_2}	$\bar{x}_{A_2}$
	2	x_{212}	x_{222}	…	x_{2b2}		
	⋮	⋮	⋮		⋮		
	r	x_{21r}	x_{22r}	…	x_{2br}		
	T_t	T_{t21}	T_{t22}	…	T_{t2b}		
	$\bar{x}_t$	$\bar{x}_{t21}$	$\bar{x}_{t22}$	…	$\bar{x}_{t2b}$		
⋮		⋮	⋮		⋮	⋮	⋮
A_a	1	x_{a11}	x_{a21}	…	x_{ab1}	T_{A_a}	$\bar{x}_{A_a}$
	2	x_{a12}	x_{a22}	…	x_{ab2}		
	⋮	⋮	⋮				
	r	x_{a1r}	x_{a2r}	…	x_{abr}		
	T_t	T_{ta1}	T_{ta2}	…	T_{tab}		
	$\bar{x}_t$	$\bar{x}_{ta1}$	$\bar{x}_{ta2}$	…	$\bar{x}_{tab}$		
	T_B	T_{B_1}	T_{B_2}	…	T_{B_b}	T	$\bar{x}$
	$\bar{x}_B$	$\bar{x}_{B_2}$	$\bar{x}_{B_2}$	…	$\bar{x}_{B_b}$		

表 6-22　表 6-21 类型资料的方差分析表

变异来源	SS	DF	MS	F	$F_{0.05}$	$F_{0.01}$
处理组合	$\sum T_t^2/r - C$	$ab-1$	SS_t/DF_t	MS_t/MS_e		
A 因素	$\sum T_A^2/br - C$	$a-1$	SS_A/DF_A	MS_A/MS_e		
B 因素	$\sum T_B^2/ar - C$	$b-1$	SS_B/DF_B	MS_B/MS_e		
A×B	$SS_t - SS_A - SS_B$	$(a-1)(b-1)$	$SS_{A\times B}/DF_{A\times B}$	$MS_{A\times B}/MS_e$		
误差	$SS_T - SS_t$	$ab(r-1)$	SS_e/DF_e			
总变异	$\sum x^2 - C$	$abr-1$				

表 6-23 菌丝发满菌瓶的天数

培养基 A	瓶号	温度 B			T_A	$\bar{x}_A$
		B_1	B_2	B_3		
A_1	1	5.1	4.1	5.6	42.8	4.76
	2	4.3	4.7	4.9		
	3	4.6	4.2	5.3		
	T_t	14.0	13.0	15.8		
	$\bar{x}_t$	4.67	4.33	5.27		
A_2	1	6.4	5.3	6.1	53.4	5.93
	2	6.3	5.7	5.9		
	3	5.9	5.5	6.3		
	T_t	18.6	16.5	18.3		
	$\bar{x}_t$	6.20	5.50	6.10		
A_3	1	6.5	7.5	7.9	66.7	7.41
	2	6.9	7.9	8.1		
	3	7.1	7.3	7.5		
	T_t	20.5	22.7	23.5		
	$\bar{x}_t$	6.83	7.57	7.83		
T_B		53.1	52.2	57.6	$T=162.9$	$\bar{x}=6.03$
$\bar{x}_B$		5.90	5.80	6.40		

(1)资料汇总 计算出两因素的总和及平均数，如表 6-23 所示。

(2)划分变异原因

总变异＝处理组合间变异(A 因素变异＋B 因素变异＋A×B 互作变异)＋误差变异

(3)分解平方和与自由度

根据表 6-23，将各项变异来源的平方和与自由度进行分解，求得：

$$C=\frac{T^2}{abr}=\frac{162.9^2}{3\times 3\times 3}=982.83$$

$$SS_T=\sum x^2-C=5.1^2+4.1^2+\cdots+7.5^2-C=37.30$$

$$SS_t=\frac{\sum T_t^2}{r}-C=\frac{14.0^2+13.0^2+\cdots+23.5^2}{3}-C=35.68$$

$$SS_A=\frac{\sum T_A^2}{br}-C=\frac{42.8^2+53.4^2+66.7^2}{3\times 3}-C=31.87$$

$$SS_B=\frac{\sum T_B^2}{ar}-C=\frac{53.1^2+52.2^2+57.6^2}{3\times 3}-C=1.86$$

$SS_{A \times B}=SS_t-SS_A-SS_B=35.68-31.87-1.86=1.95$

$SS_e=SS_T-SS_t=37.30-35.68=1.62$

$DF_T=abr-1=3\times3\times3-1=26$

$DF_t=ab-1=3\times3-1=8$

$DF_A=a-1=3-1=2$

$DF_B=b-1=3-1=2$

$DF_{A\times B}=(a-1)(b-1)=(3-1)\times(3-1)=4$

$DF_e=ab(r-1)=3\times3\times(3-1)=18$

(4)列方差分析表并进行 F 检验　将上述计算结果列入表 6-24 中。

表 6-24　表 6-23 资料的方差分析表

变异来源	SS	DF	MS	F	$F_{0.05}$	$F_{0.01}$
处理组合	35.68	8	4.46	49.56**	2.51	3.71
培养基(A)	31.87	2	15.94	175.11**	3.55	6.01
温度(B)	1.86	2	0.93	10.22**	3.55	6.01
A×B	1.95	4	0.49	5.44**	2.93	4.58
试验误差	1.62	18	0.09			
总变异	37.30	26				

由方差分析表可知，该试验培养基和温度的互作、培养基间以及温度间差异都是极显著的，需进一步做多重比较。

(5)多重比较

①培养基平均数的比较

$$SE_A=\sqrt{\frac{MS_e}{br}}=\sqrt{\frac{0.09}{9}}=0.10$$

根据 $DF_e=18$，$k=2$、3 查 SSR 值表，得到表 6-25。三种不同培养基的多重比较见表 6-26。

表 6-25　$LSR_{0.05}$ 和 $LSR_{0.01}$ 计算表($SE=0.10$，$DF_e=18$)

k	2	3
$SSR_{0.05}$	2.97	3.12
$SSR_{0.01}$	4.07	4.27
$LSR_{0.05}$	0.30	0.31
$LSR_{0.01}$	0.41	0.43

表 6-26 三种不同培养基的多重比较表

培养基	天数	差异显著性	
		$\alpha=0.05$	$\alpha=0.01$
A_3	7.41	a	A
A_2	5.93	b	B
A_1	4.76	c	C

结果表明，培养基 A_1 上菌种生长最快，其次为 A_2，A_3 最慢。

②温度平均数的比较

$$SE_{B}=\sqrt{\frac{MS_{e}}{ar}}=\sqrt{\frac{0.09}{9}}=0.10$$

由表 6-25，得出表 6-27。

表 6-27 三种不同温度的多重比较表

温度	天数	差异显著性	
		$\alpha=0.05$	$\alpha=0.01$
B_3	6.40	a	A
B_1	5.90	b	B
B_2	5.80	b	B

结果表明，温度 B_1、B_2 对菌种生长速度的影响极显著优于 B_3，而温度 B_1 和 B_2 无显著性差异。

③各处理组合平均数的比较

$$SE=\sqrt{\frac{MS_{e}}{r}}=\sqrt{\frac{0.09}{3}}=0.17$$

$LSR_{0.05}$ 和 $LSR_{0.01}$ 计算表见表 6-28。

表 6-28 $LSR_{0.05}$ 和 $LSR_{0.01}$ 计算表（$SE=0.17, DF_{e}=18$）

k	2	3	4	5	6	7	8	9
$SSR_{0.05}$	2.97	3.12	3.21	3.27	3.32	3.35	3.37	3.39
$SSR_{0.01}$	4.07	4.27	4.38	4.46	4.53	4.59	4.64	4.68
$LSR_{0.05}$	0.50	0.53	0.55	0.56	0.56	0.57	0.57	0.58
$LSR_{0.01}$	0.69	0.73	0.74	0.76	0.77	0.78	0.79	0.80

将表 6-23 的各处理组合平均数列于表 6-29 进行比较。

表 6-29　表 6-23 资料各处理组合平均数多重比较

处理组合	天数	差异显著性	
		$\alpha=0.05$	$\alpha=0.01$
A_3B_3	7.80	a	A
A_3B_1	7.57	a	A
A_3B_2	6.83	b	B
A_2B_1	6.20	c	BC
A_2B_3	6.10	c	C
A_2B_2	5.50	d	CD
A_1B_3	5.27	d	DE
A_1B_1	4.67	e	EF
A_1B_2	4.33	e	F

由表 6-29 可见，A_1B_2 处理组合对菌种生长速度的影响极显著地优于 A_1B_3、A_2B_2、A_2B_3、A_2B_1、A_3B_2、A_3B_1、A_3B_3 处理组合，与 A_1B_1 之间无显著差异；A_1B_1 处理组合显著地优于 A_1B_3，极显著地优于 A_2B_2、A_2B_3、A_2B_1、A_3B_2、A_3B_1、A_3B_3；A_1B_3 处理组合极显著地优于 A_2B_3、A_2B_1、A_3B_2、A_3B_1、A_3B_3，而与 A_2B_2 无显著差异。

任务 3　单因素随机区组试验结果的方差分析

在完全随机设计中，如果处理数较多，试验地面积较大，环境因素的均匀性就很难保证，其结果往往造成试验误差过大而降低了试验的灵敏度。随机区组设计就是针对完全随机设计的这一缺点而提出的。它是一个将整个试验地划分成若干个各自相对均匀而彼此相对差异较大的区组，然后在每一区组中设置 k 个试验小区单元，并随机地布置 k 个处理的设计。这类试验应用了重复、随机和局部控制的三原则，所以是一种比较合理的方法。

随机区组设计的方差分析，根据试验设计的特点，区组内的条件基本是一致的，区组间可以有适当的差异，它相当于一个试验因素，可以从误差中扣出来，把区组效应从组内平方和中分离出来。可以有效降低试验误差。

1. 资料汇总（k 是处理数，n 是区组数）

首先将原始资料整理成区组和处理的两向表，如表 6-30 各处理观测值相加得 T_t，再除以 n 得 $\bar{x}_t$；将各个区组的各个处理（品种）小区产量相加得 T_r，再除以 k 得 $\bar{x}_r$，将全试验各小区产量相加得 T，再除以 nk 得 $\bar{x}$ 。

表 6-30 单因素随机区组方差分析数据整理表

处理	区组						各处理总和 T_t	各处理平均 $\bar{x}_t$
	1	2	…	j	…	n		
1	x_{11}	x_{12}	…	x_{1j}	…	x_{1n}	T_{t1}	$\bar{x}_{t1}$
2	x_{21}	x_{22}	…	x_{2j}	…	x_{2n}	T_{t2}	$\bar{x}_{t2}$
⋮	⋮	⋮	…	⋮	…	⋮	⋮	⋮
i	x_{i1}	x_{i2}	…	x_{ij}	…	x_{in}	T_{ti}	$\bar{x}_{ti}$
⋮	⋮	⋮	…	⋮	…	⋮	⋮	⋮
k	x_{k1}	x_{k2}	…	x_{kj}	…	x_{kn}	T_{tk}	$\bar{x}_{tk}$
T_r	T_{r1}	T_{r2}	…	T_{rj}	…	T_{rn}	$T=\sum x$	$\bar{x}$
$\bar{x}_r$	$\bar{x}_{r1}$	$\bar{x}_{r2}$	…	$\bar{x}_{rj}$	…	$\bar{x}_{rn}$		

2. 划分变异原因

在单因素随机区组试验结果的方差分析中，处理看作 A 因素，区组看作 B 因素，其余部分则为试验误差。故，总变异＝处理间的变异＋区组间的变异＋误差变异。

3. 分解平方和与自由度

总平方和被分解为处理间平方和、区组间平方和、误差平方和；总自由度同样被分解为区组间自由度、处理间自由度、误差自由度；其平方和与自由度计算如下。

(1)平方和分解

矫正数 $$C=\frac{T^2}{nk}$$

总平方和 $$SS_{\mathrm{T}}=\sum_1^k\sum_1^n(x-\bar{x})^2=\sum_1^{nk}x^2-C$$

区组间平方和 $$SS_{\mathrm{r}}=k\sum_1^n(\bar{x}_r-\bar{x})^2=\frac{\sum T_r^2}{k}-C$$

处理间平方和 $$SS_{\mathrm{t}}=n\sum_1^k(\bar{x}_t-\bar{x})^2=\frac{\sum T_t^2}{n}-C$$

误差平方和 $$SS_e=\sum_1^k\sum_1^n(x-\bar{x}_r-\bar{x}_t+\bar{x})^2=SS_{\mathrm{T}}-SS_r-SS_t$$

式中，x 表示各观测值，$\bar{x}_r$ 表示区组平均数，$\bar{x}_t$ 表示处理平均数，$\bar{x}$ 表示各观测值平均数。

(2)自由度分解

设随机区组试验有 k 个处理，n 个区组，则其平方和与自由度的分解式如下：

总自由度 $DF_{\mathrm{T}}=nk-1$

区组间自由度 $DF_{\mathrm{r}}=n-1$

处理间自由度 $DF_{\mathrm{t}}=k-1$

误差自由度 $$DF_{\mathrm{e}}=DF_{\mathrm{T}}-DF_{\mathrm{t}}-DF_{\mathrm{r}}=nk-1-(n-1)-(k-1)$$
$$=nk-1-n+1-k+1=n(k-1)-(k-1)=(n-1)(k-1)$$

4. 列方差分析表并作 F 检验

(1)求方差　将各变异来源的平方和除以相应的自由度，即得各变异来源的方差。

总变异方差　$MS_{\mathrm{T}}=S_{T}^{2}=\dfrac{SS_{\mathrm{T}}}{DF_{\mathrm{T}}}$

处理间方差　$MS_{\mathrm{t}}=S_{t}^{2}=\dfrac{SS_{\mathrm{t}}}{DF_{\mathrm{t}}}$

区组间方差　$MS_{\mathrm{r}}=S_{r}^{2}=\dfrac{SS_{\mathrm{r}}}{DF_{\mathrm{r}}}$

误差方差　$MS_{\mathrm{e}}=S_{e}^{2}=\dfrac{SS_{\mathrm{e}}}{DF_{\mathrm{e}}}$

(2)列方差分析表(表 6-31)。

表 6-31　表 6-30 资料的方差分析

变异来源	SS	DF	$MS(S^2)$	F	$F_{0.05}$	$F_{0.01}$
区组间	SS_{r}	$n-1$	MS_{r}			
处理间	SS_{t}	$k-1$	MS_{t}	$MS_{\mathrm{t}}/MS_{\mathrm{e}}$		
误差	SS_{e}	$(n-1)(k-1)$	MS_{e}			
总变异	SS_{T}	$nk-1$	MS_{T}			

(3)F 检验　F 检验是方差分析的第四个步骤。例如：对表 6-30 资料中有处理间方差、区组间方差、误差方差，若要检验处理间是否有本质的差异，即检验处理间的方差是否显著大于误差方差时，有 $F=MS_{\mathrm{t}}/MS_{\mathrm{e}}$，当实得 $F\geqslant F_{0.05}$，但 $F<F_{0.01}$ 时，我们可以推断处理间差异显著，需要做进一步的多重比较；当实得 $F\geqslant F_{0.01}$ 时，则推断处理间差异极显著，也需要做进一步的多重比较；当实得 $F<F_{0.05}$ 时，则推断处理间差异未达显著水平。对于区组间差异与否并不是试验的目的，因此一般不作 F 检验。

5. 多重比较

最小显著极差法(SSR 法)。

【例 6-5】有一萝卜播种期试验，设定 A(15/7)、B(17/7)、C(19/7)、D(21/7)、E(23/7)、F(25/7)六个不同时期播种，G(27/7)为对照，重复 3 次，随机区组设计，小区计产面积 20 m^2，其田间布置及产量结果[kg/(20 m^2)]如图 6-2 所示，试作方差分析。

Ⅰ	B 29.7	A 30.5	G 21.0	F 22.4	E 22.0	D 24.0	C 27.6
Ⅱ	B 28.5	C 25.2	E 22.4	G 21.8	A 33.2	F 23.9	D 24.9
Ⅲ	C 28.1	D 27.2	F 21.0	B 27.9	E 23.0	G 23.0	A 31.1

图 6-2　萝卜播种期试验田间布置及产量

(1)资料汇总

表 6-32 图 6-2 资料区组和处理的两向表 kg/(20 m^2)

处理	区组			T_t	$\bar{x}_t$
	Ⅰ	Ⅱ	Ⅲ		
A	30.5	33.2	31.1	94.8	31.60
B	29.7	28.5	27.9	86.1	28.70
C	27.6	25.2	28.1	80.9	26.97
D	24.0	24.9	27.2	76.1	25.37
E	22.0	22.4	23.0	67.4	22.47
F	22.4	23.9	21.0	67.3	22.43
G	21.0	21.8	23.0	65.8	21.93
T_r	177.2	179.9	181.3	T=538.4	$\bar{x}$=25.6

(2)划分变异原因

总变异=处理间变异+区组间变异+误差变异

(3)分解平方和与自由度

①平方和的分解

矫正数 $$C=\frac{T^2}{nk}=\frac{538.4^2}{3\times7}=13\,803.55$$

总平方和 $$SS_T=\sum x^2-C=(30.5^2+29.7^2+\cdots+23^2)-13\,803.55=265.13$$

区组间平方和 $$SS_r=\frac{\sum T_r^2}{k}-C=\frac{177.2^2+179.9^2+181.3^2}{7}-13\,803.55=1.24$$

处理间平方和 $$SS_t=\frac{\sum T_t^2}{n}-C=\frac{94.8^2+86.1^2+\cdots+65.8^2}{3}-13\,803.55=242.44$$

$$SS_e=SS_T-SS_r-SS_t=265.13-242.44-1.24=21.45$$

②自由度的分解

总自由度 $DF_T=nk-1=3\times7-1=20$

区组自由度 $DF_r=n-1=3-1=2$

处理自由度 $DF_t=k-1=7-1=6$

误差自由度 $DF_e=(n-1)(k-1)=2\times6=12$

(4)列方差分析表并作 F 检验(表 6-33)

表 6-33 图 6-2 资料的方差分析表

变异来源	SS	DF	$MS(s^2)$	F	$F_{0.05}$	$F_{0.01}$
区组间	1.24	2	0.62	0.35	3.88	6.93
处理间	242.44	6	40.41	22.58**	3.00	4.82
误差	21.45	12	1.79			
总变异	265.13	20				

注：**显示差异显著性达1%水平。

方差分析表明，处理间差异极显著，也就是说萝卜不同的播种期对其产量有不同的影响，需进一步进行多重比较。一般区组作为减少误差的手段，不做 F 检验。

(5)处理间多重比较

①求 $SE=\sqrt{\frac{S_e^2}{n}}=\sqrt{\frac{1.79}{3}}=0.77$

②根据 $DF_e=12$，查附表 6，找 $k=2,3,4,5,6,7$ 的 SSR_α 值，然后分别乘以 0.77，得 LSR_α 值，并列于表 6-34。

表 6-34 $LSR_{0.05}$ 和 $LSR_{0.01}$ 计算表($SE=0.77, DF_e=12$)

k	2	3	4	5	6	7
$SSR_{0.05}$	3.08	3.23	3.33	3.36	3.40	3.42
$SSR_{0.01}$	4.32	4.55	4.68	4.76	4.48	4.92
$LSR_{0.05}$	2.37	2.49	2.56	2.59	2.62	2.63
$LSR_{0.01}$	3.33	3.50	3.60	3.67	3.73	3.79

③各处理间的多重比较见表 6-35。

表 6-35 图 6-2 资料的多重比较

处理	产量($\bar{x}_i$)	差异显著性	
		5%	1%
A	31.6	a	A
B	28.70	b	AB
C	26.97	bc	B
D	25.37	c	BC
E	22.47	d	C
F	22.43	d	C
G	21.93	d	C

结果表明：萝卜播种期 A 对产量影响显著优于播种期 B，极显著优于播种期 C、D、E、F、G；播种期 B 显著优于播种期 D，极显著优于播种期 E、F、G；播种期 C 极显著优于播种期 E、F、G。

任务4　双因素随机区组试验结果的方差分析

有两个以上试验因素的试验称为复因素试验。这里重点说明双因素随机区组试验结果的统计分析方法。

设有 A 和 B 两个试验因素，各具 a 和 b 个水平，则有 ab 个处理组合(处理)。作随机区组设计，有 r 次重复，则该试验共得 rab 个观察值。其各项变异来源的自由度可分解，如表 6-36 所示。

表 6-36　双因素随机区组试验自由度的分解

变异来源	DF
区　组	$r-1$
处　理	$ab-1$
A	$a-1$
B	$b-1$
A×B	$(a-1)(b-1)$
误　差	$(r-1)(ab-1)$

由表 6-36 可见，双因素的随机区组试验和单因素随机区组试验，在变异来源上的区别仅在于：前者的处理项可进而分解为 A 因素水平间(简记为 A)、B 因素水平间(简记为 B)和 AB 互作间(简记为 A×B)三个部分，因而也就可分解出相应的自由度和平方和

$$ab-1=(a-1)+(b-1)+(a-1)(b-1)$$

处理组合自由度＝A 的自由度＋B 的自由度＋A×B 的自由度

$$r\sum_{1}^{ab}(\bar{x}_{ki}-\bar{x})^2=rb\sum_{1}^{a}(\bar{x}_k-\bar{x})^2+ra\sum_{1}^{b}(\bar{x}_i-\bar{x})^2+r\sum_{1}^{a}\sum_{1}^{b}(\bar{x}_{ki}-\bar{x}_k-\bar{x}_i+\bar{x})^2$$

处理组合平方和＝A 的平方和＋B 的平方和＋A×B 的平方和

上式中，$k=1,2,\cdots,a$；$i=1,2,\cdots,b$；$\bar{x}_t$ ＝各处理组合平均数，$\bar{x}_A$ ＝A 因素各水平平均数，$\bar{x}_B$ ＝B 因素各水平平均数，$\bar{x}$ ＝全试验平均数。

将双因素随机区组结果分析时平方和与自由度计算公式列于表 6-37。

【例 6-6】设有一果树施肥与灌溉试验，施肥分 A_1(50 g/株)、A_2(100 g/株)、A_3(150 g/株)、A_4(175 g/株)、A_5(200 g/株)五个水平，灌溉方式分 B_1(滴灌)、B_2(喷灌)两个水平，5 单株为一小区，重复两次，随机区组设计，试验处理的田间布置与结果如图 6-3 所示，试作方差分析。

表 6-37 双因素随机区组试验平方和与自由度分解公式

变异来源	DF	SS
区组	$r-1$	$ab\sum_{1}^{r}(\bar{x}_r-\bar{x})^2=\frac{\sum T_r^2}{ab}-C$
处理	$ab-1$	$r\sum_{1}^{ab}(\bar{x}_t-\bar{x})^2=\frac{\sum T_t^2}{r}-C$
A	$a-1$	$rb\sum_{1}^{b}(\bar{x}_A-\bar{x})^2=\frac{\sum T_A^2}{rb}-C$
B	$b-1$	$ra\sum_{1}^{b}(\bar{x}_B-\bar{x})^2=\frac{\sum T_B^2}{ra}-C$
A×B	$(a-1)(b-1)$	$r\sum_{1}^{ab}(\bar{x}_t-\bar{x}_A-\bar{x}_B+\bar{x})^2=SS_t-SS_A-SS_B$
误差	$(r-1)(ab-1)$	$\sum_{1}^{rab}(x-\bar{x}_r-\bar{x}_t+\bar{x})^2=SS_T-SS_t-SS_r$
总变异	$rab-1$	$\sum_{1}^{rab}(x-\bar{x})=\sum x^2-C$

A_1B_2 39	A_4B_1 57	A_4B_2 74	A_3B_1 57	A_2B_2 61	A_2B_1 50	A_1B_1 32	A_5B_1 53	A_3B_2 68	A_5B_2 71
A_4B_2 73	A_2B_2 53	A_1B_2 40	A_2B_1 49	A_4B_1 59	A_5B_1 54	A_3B_2 67	A_3B_1 61	A_5B_2 72	A_1B_1 39

图 6-3 田间布置与结果图

(1)资料整理 将所得结果按处理组合和区组做两向分组整理成表 6-38;按施肥和灌水方式做两向分组,整理成表 6-39。

表 6-38 按处理组合和区组两向表

处理	区组		T_t	$\bar{x}_t$
	Ⅰ	Ⅱ		
A_1B_1	32.0	39.0	71	35.5
A_1B_2	39.0	40.0	79	39.5
A_2B_1	50.0	49.0	99	49.5
A_2B_2	61.0	53.0	114	57
A_3B_1	57.0	61.0	118	59
A_3B_2	68.0	67.0	135	67.5
A_4B_1	57.0	59.0	116	58
A_4B_2	74.0	73.0	147	73.5
A_5B_1	53.0	54.0	107	53.5
A_5B_2	71.0	72.0	143	71.5
T_r	562.0	567.0	1 129	56.45

表 6-39 施肥和灌水方式两向表

施肥	灌水 B$_1$	灌水 B$_2$	T_A	$\bar{x}_A$
A$_1$	71	79	150	37.5
A$_2$	99	114	213	53.25
A$_3$	118	135	253	63.25
A$_4$	116	147	263	65.75
A$_5$	107	143	250	62.5
T$_B$	511	618	T=1 129	$\bar{x}$ =56.45
$\bar{x}_B$	51.1	61.8		

(2)划分变异原因。

总变异=区组变异+处理组合变异+误差变异

处理组合间变异=A 因素变异+B 因素变异+A×B 互作变异

(3)分解平方和与自由度　利用资料整理得到的表 6-38 和表 6-39 中的数据,计算各变异因子的平方和与自由度,由表 6-38 得:

$$C=\frac{T^2}{abr}=\frac{1\ 129^2}{5\times2\times2}=63\ 732.05$$

$$SS_T=\sum x^2-C=(32^2+39^2+\cdots+72^2)-63\ 732.05=2\ 932.95$$

$$DF_T=abr-1=5\times2\times2-1=19$$

$$SS_r=\left(\frac{\sum T_r^2}{ab}\right)-C=\frac{562.0^2+567.0^2}{10}-63\ 732.05=1.25$$

$$DF_r=r-1=2-1=1$$

$$SS_t=\left(\frac{\sum T_t^2}{r}\right)-C=\frac{71^2+79^2+\cdots+143.0^2}{2}-63\ 732.05=2\ 863.45$$

$$DF_t=ab-1=5\times2-1=9$$

$$SS_e=SS_T-SS_r-SS_t=2\ 932.95-1.25-2\ 863.45=68.25$$

$$DF_e=DF_T-DF_r-DF_t=19-1-9=9$$

由表 6-39 得:

$$SS_A=\frac{\sum T_A^2}{br}-C=\frac{150^2+213^2+\cdots+250^2}{2\times2}-63\ 732.05=2\ 154.7$$

$$DF_A=a-1=5-1=4$$

$$SS_B = \frac{\sum T_B^2}{ar} - C = \frac{511^2 + 618^2}{5 \times 2} - 63\ 732.05 = 572.45$$

$DF_B = b - 1 = 2 - 1 = 1$

$SS_{A\times B} = SS_t - SS_A - SS_B = 2\ 863.45 - 2\ 154.7 - 572.45 = 136.3$

$DF_{A\times B} = DF_t - DF_A - DF_B = 9 - 4 - 1 = 4$

(4)列方差分析表并作 F 检验(表 6-40)

表 6-40　图 6-3 资料的方差分析表

变异来源	SS	DF	MS	F	$F_{0.05}$	$F_{0.01}$
区组间	1.25	1				
处理组合间	2 863.45	9	318.161	41.96**	3.18	5.35
A 因素	2154.7	4	538.675	71.03**	3.63	6.42
B 因素	572.45	1	572.45	75.49**	5.12	10.56
A×B	136.3	4	34.075	4.49*	3.63	6.42
误差	68.25	9	7.58			
总变异	2 932.95	19				

方差分析表明,处理组合间,A 因素、B 因素差异极显著,需进一步进行多重比较。也就是说施肥和灌水不同组合对于果树单株产量有不同影响,需研究最佳组合,单纯施肥(A 因素)和灌水方式(B 因素)的不同处理,对于果树产量也有不同的影响,而且,往往 A 因素和 B 因素的最佳组合,不一定是处理组合的最佳组合,这里还涉及 A、B 两因素的互作效应。

(5)多重比较

①施肥(A 因素)间的多重比较

$$SE = \sqrt{\frac{MS_e}{br}} = \sqrt{\frac{7.58}{2 \times 2}} = 1.38$$

根据 $DF_e = 9$,查附表 6,得 $k = 2,3,4,5$ 时的 SSR_α 值,然后分别乘以 1.38 得 LSR_α 值并列于表 6-41。

表 6-41　$LSR_{0.05}$ 和 $LSR_{0.01}$ 计算表($SE = 1.38, DF_e = 9$)

k	2	3	4	5
$SSR_{0.05}$	3.2	3.34	3.41	3.47
$SSR_{0.01}$	4.6	4.86	4.99	5.08
$LSR_{0.05}$	4.42	4.61	4.71	4.79
$LSR_{0.01}$	6.35	6.70	6.89	7.01

不同施肥量小区平均产量间的差异显著性比较于表 6-42。

表 6-42 施肥(A 因素)间的多重比较表

施肥量	小区平均产量 $\bar{x}_A$	显著水平	
		$\alpha=0.05$	$\alpha=0.01$
A_4	65.75	a	A
A_3	63.25	a	A
A_5	62.50	a	A
A_2	53.25	b	B
A_1	37.50	c	C

多重比较表明，五种施肥量中 A_4、A_3、A_5 对产量的影响极显著高于 A_2、A_1，而 A_4、A_3、A_5 之间差异不显著。这就说明，对于单纯施肥这个因素，对于果树产量的影响是施肥量在 A_4、A_3、A_5 这个尺度上，对果树增产效果最好，而且三个施肥尺度之间对于果树增产效果一样。而施肥量在 A_2、A_1 这个尺度上，果树增产效果不明显。

②灌水方式(B 因素)间的多重比较

$$SE=\sqrt{\frac{MS_e}{ar}}=\sqrt{\frac{7.58}{5\times2}}=0.87$$

根据 $DF_e=9$，查附表 6，得 $k=2$ 时的 SSR_α 值，然后分别乘以 0.87 得 LSR_α 值，并列于表 6-43。

表 6-43 $LSR_{0.05}$ 和 $LSR_{0.01}$ 计算表($SE=0.87, DF_e=9$)

k	2
$SSR_{0.05}$	3.2
$SSR_{0.01}$	4.6
$LSR_{0.05}$	2.78
$LSR_{0.01}$	4.00

列多重比较表，见表 6-44。

表 6-44 灌水方式(B 因素)间的多重比较表

灌水方式	小区平均产量 $\bar{x}_B$	显著水平	
		$\alpha=0.05$	$\alpha=0.01$
B_2	61.8	a	A
B_1	51.1	b	B

多重比较表明，灌水方式 B_2 对于果树增产效果极显著优于 B_1。

③处理组合间比较

$$SE=\sqrt{\frac{MS_e}{r}}=\sqrt{\frac{7.58}{2}}=1.95$$

根据 $DF_e=9$，查附表 6，得 k=2，3，4，…，10 所对应的 SSR_α 值，然后分别乘以 1.95，得 LSR_α 值并列于表 6-45。

表 6-45　$LSR_{0.05}$ 和 $LSR_{0.01}$ 计算表($SE=1.95$，$DF_e=9$)

k	2	3	4	5	6	7	8	9	10
$SSR_{0.05}$	3.2	3.34	3.41	3.47	3.50	3.52	3.52	3.52	3.52
$SSR_{0.01}$	4.6	4.86	4.99	5.08	5.17	5.25	5.32	5.36	5.4
$LSR_{0.05}$	6.24	6.51	6.65	6.77	6.83	6.86	6.86	6.86	6.86
$LSR_{0.01}$	8.97	9.48	9.73	9.90	10.08	10.24	10.37	10.45	10.53

列多重比较表，见表 6-46。

表 6-46　组合间的多重比较表

处理组合	平均株产/(0.5 kg)	差异显著性	
		0.05	0.01
A_4B_2	73.5	a	A
A_5B_2	71.5	a	A
A_3B_2	67.5	a	AB
A_3B_1	59.0	b	BC
A_4B_1	58.0	b	C
A_2B_2	57.0	b	C
A_5B_1	53.5	bc	C
A_2B_1	49.5	c	C
A_1B_2	39.5	d	D
A_1B_1	35.5	d	D

多重比较表明，A_4B_2、A_5B_2 对产量的影响极显著优于 A_3B_1、A_4B_1、A_2B_2、A_5B_1、A_2B_1、A_1B_2、A_1B_1。A_3B_2 显著优于 A_3B_1，极显著优于 A_4B_1、A_2B_2、A_5B_1、A_2B_1、A_1B_2、A_1B_1。

任务 5　对比设计试验结果的统计分析

对比法试验结果的分析，处理间不直接进行比较，处理的结果都与邻近对照相比较，以对照的产量(或其他性状指标)为 100，计算出各处理的产量(或其他性状指标)对邻近对照产量(或其他性状指标)的百分比(即相对生产力)，根据百分比排出各处理的位次，从而确定各处理的优劣。

【例 6-7】进行黄瓜品种比较试验，6 个品种分别为 A、B、C、D、E、F，设对照品种为 CK，采用对比法设计，3 次重复，小区计产面积为 18 m²，田间小区排列方式及所得产量(kg/18 m²)如图 6-4 所示。试进行结果分析。

I	A 156	CK 164	B 168	C 176	CK 158	D 170	E 176	CK 162	F 152
II	C 175	CK 154	D 174	E 178	CK 159	F 161	A 161	CK 168	B 172
III	E 180	CK 162	F 156	A 154	CK 158	B 176	C 179	CK 163	D 164

图 6-4　黄瓜品种比较试验田间小区排列及产量

(1)列产量结果表　将图 6-4 中各品种及对照各次重复列为表 6-47，并计算各品种产量的总和和小区的平均产量。

表 6-47　黄瓜品种比较试验的产量结果分析(对比法)

品种	各重复小区产量/(kg/18 m²)					与邻近对照的百分比	矫正产量/(kg/667 m²)	位次
	Ⅰ	Ⅱ	Ⅲ	总和	平均数			
A	156	161	154	471	157.00	96.12	5 730.55	7
CK	164	168	158	490	163.33	100.00	5 961.87	(5)
B	168	172	176	516	172.00	105.31	6 278.45	4
C	176	175	179	530	176.67	111.58	6 652.25	1
CK	158	154	163	475	158.33	100.00	5 961.87	(5)
D	170	174	164	508	169.33	106.95	6 376.22	3
E	176	178	180	534	178.00	110.56	6 591.44	2
CK	162	159	162	483	161.00	100.00	5 961.87	(5)
F	152	161	156	469	156.33	97.10	5 788.98	6

(2)计算各品种对邻近对照的百分比并将结果填入表中。

$$\text{对邻近对照的百分比}=\frac{\text{某品种各小区产量总和}}{\text{邻近对照产量总和}}\times 100\%$$

$$=\frac{\text{某品种平均产量}}{\text{邻近对照平均产量}}\times 100\%$$

例如：A 品种对邻近对照的百分比 $=\frac{471}{490}\times 100\%=\frac{157.00}{163.33}\times 100\%=96.12\%$，……，依此类推，将算得的各品种对邻近对照的百分比均填入表 6-47 中。

(3)计算各品种的矫正产量　各品种的小区产量是在不同肥力或其他环境条件下形成的，这些产量可能因小区的土壤肥力或其他环境条件因素而偏高或偏低，而对照品种在整个试验区都有分布，其产量能够代表对照品种在试验区一般肥力或其他环境条件下的产量水平。由于植物产量习惯用 667 m^2 的产量表示，可用对照品种的平均产量为标准，计算各品种在一般肥力或其他环境条件下的矫正产量(kg/667 m^2)。矫正产量计算过程如下：

①计算对照区的平均产量。

$$对照小区的平均产量=\frac{对照区产量总和}{对照区总数}$$

$$本例题中对照小区的平均产量=\frac{490+475+483}{9}=160.89(kg)$$

②计算对照品种 667 m^2 的产量并将结果填入表中。

$$对照品种\ 667\ m^2\ 的产量=对照小区平均产量\times\frac{667}{小区面积(m^2)}$$

$$本例题中对照品种\ 667\ m^2\ 的产量=160.89\times\frac{667}{18}=5\ 961.87(kg)$$

③计算各品种的矫正产量并将结果填入表中。

各品种的矫正产量=品种与邻近对照的百分比×对照品种 667 m^2 的产量

本例题中 A 品种的矫正产量=96.12%×5 961.87=5 730.55，……，依此类推，将各品种的矫正产量填入表 6-47 中。

(4)确定位次　按照品种(包括对照)矫正产量的高低排列名次。

(5)试验结论

对邻近对照的百分比(即相对生产力)>100%的品种，其百分数越高，越有可能显著地优于对照品种，但决不能认为所有超过 100%的品种都显著地优于对照，由于将品种与相邻对照相比，只是减少了误差，而不能排除误差，误差的存在使得试验很难察觉在 5%以下的差异显著性，所以，对比法的试验结果(包括后面间比法试验设计的结果)的分析：一般认为，相对生产力超过对照 10%以上的品种，可判断该品种的生产力确实优于对照；相对生产力仅超过对照的 5%左右的品种，应继续试验再做结论；相对生产力低于对照或与对照持平的品种，应予以淘汰。当然，由于不同试验误差大小不同，上述标准仅具有参考性质，不能完全照搬引用，要根据实际情况得出相应的结论。

在本例题中，C 品种产量最高，超过对照的 11.58%，E 品种排在第二位，超过对照的 10.56%，大体可以认为它们确实优于对照；D 品种占第三位，超过对照的 6.95%，B 品种占第四位，超过对照的 5.31%，这两个品种需要继续试验后再做结论；A、F 两个品种相对生产力均低于对照，应予以淘汰。

任务 6　间比设计试验结果的统计分析

间比法试验设计与对比法不同，间比法的两个对照小区间隔 4 个、9 个或更多处理小区，有些处理与对照不相邻，因此，与各处理相比较的是该处理前后两个对照区的指标值的平均数(记作 $\overline{CK}$),作为理论对照标准。

【例 6-8】有 12 个品系的番茄进行品种比较试验,以一当地主栽品种做对照,采用 3 次重复,间比法试验设计,每隔 4 个品系设置一个对照,小区计产面积为 25 m^2,其田间小区排列及产量(图 6-5)。试进行结果分析。

I	CK 185	1 179	2 186	3 193	4 204	CK 184	5 212	6 193	7 190	8 206	CK 183	9 194	10 178	11 194	12 216	CK 185
II	CK 182	12 208	11 193	10 181	9 210	CK 183	8 199	7 192	6 189	5 201	CK 182	4 197	3 192	2 184	1 183	CK 182
III	CK 182	1 176	2 188	3 195	4 192	CK 186	5 205	6 195	7 189	8 211	CK 185	9 204	10 175	11 191	12 221	CK 182

图 6-5 番茄品系比较试验田间小区排列及产量

(1)列产量结果表 将图 6-5 中各品系及对照各重复的产量列为表 6-48,并计算各品系及对照产量的总和 T_t 与平均产量 $\bar{x}_t$。

表 6-48 番茄各品系比较试验的产量结果分析(间比法) kg/25 m^2

品系代号	各重复小区的产量			总和 T_t	平均产量 $\bar{x}_t$	对照标准 $\overline{CK}$	品系与 $\overline{CK}$ 的百分比/%
CK_1	185	182	182	549	183.00		
1	179	183	176	538	179.33	183.50	97.73
2	186	184	188	558	186.00	183.50	101.36
3	193	192	195	580	193.33	183.50	105.36
4	204	197	192	593	197.67	183.50	107.72
CK_2	184	182	186	552	184.00		
5	212	201	205	618	206.00	183.84	112.05
6	193	189	195	577	225.67	183.84	122.75
7	190	192	189	571	190.33	183.84	103.53
8	206	199	211	616	205.33	183.84	111.69
CK_3	183	183	185	551	183.67		
9	194	210	204	608	202.67	183.34	110.54
10	178	181	175	534	178.00	183.34	97.09
11	194	193	191	578	192.67	183.34	105.09
12	216	208	221	645	215.00	183.34	117.27
CK_4	185	182	182	549	183.00		

(2)计算各段平均对照产量($\overline{CK}$)　各段平均对照产量 $\overline{CK}$ 是各段前后两个对照小区产量的平均值，如例题中的品系 1、2、3、4 为第一段，第一段对照产量 $\overline{CK}=\frac{CK_1+CK_2}{2}=\frac{183.00+184.00}{2}=183.50(kg/25\ m^2)$，依此类推，算出其他各段对照产量，填入表中。

(3)计算各品系相对生产力　计算各品系产量占相应的平均对照产量的百分数，即为各品系相对生产力。

例如：1 号品系的相对生产力$=\frac{1\text{号品系的平均产量}}{1\text{号品系所在段的平均对照产量}}\times 100\%$

$$=\frac{179.33}{183.50}\times 100\%=97.73\%$$

依此类推，计算出其他各品系的相对生产力，并填入表中。

(4)试验结论　相对生产力超过 10%的有 5、6、8、9、12 五个品系，其中品系 6 增产幅度最大，达到 122.75%，可以认为这五个品系确实优于对照；相对生产力超过 5%的有 3、4、11 三个品系，有必要进一步试验观察；其余品系相对生产力均低于 5%，予以淘汰。

实训 1　完全随机设计试验结果的方差分析

一、目的要求

熟练使用 Excel 软件的数据分析工具进行单因素随机排列试验结果的方差分析。

二、材料用具

报告册、铅笔、装有 Excel 软件的计算机及数据分析设备。

三、方法步骤

单因素完全随机设计试验结果的方差分析

1. 单因素完全随机试验的方差分析

(1)组内观测次数相等资料的方差分析

【例 6-9】在生长势基本一致的桃园内，用生长调节剂 A、B、C、D 对五年生曙光桃树各喷 10 株，秋后计产量(kg/株)，见表 6-49。试利用 Excel 软件的数据分析工具作方差分析。

Excel 软件的数据分析工具作方差分析的步骤如下。

①将例 6-9 中的数据整理输入 Excel 软件的工作表中，如图 6-6 所示。

表 6-49　不同生长调节剂对曙光桃树产量的影响

生长调节剂	株产/(kg/株)									
A	14	17	15	11	10	17	9	18	15	14
B	16	18	20	15	18	20	19	20	18	16
C	15	15	10	9	13	14	14	10	14	16
D	17	19	20	19	23	19	21	18	18	16

	A	B	C	D	E	F	G	H	I	J	K
1	生长	株产（kg/株）									
2	调节剂										
3	A	14	17	15	11	10	17	9	18	15	14
4	B	16	18	20	15	18	20	19	20	18	16
5	C	15	15	10	9	13	14	14	10	14	16
6	D	17	19	20	19	23	19	21	18	18	16

图 6-6　原始数据整理表

②在 Excel 软件的主菜单中选择“工具(数据)”→“数据分析”，打开“数据分析”对话框，如图 6-7 所示，在“分析工具”列表中选择“方差分析：单因素方差分析”选项，单击“确定”按钮。

③在打开的“方差分析：单因素方差分析”对话框中，输入“输入区域”：\$A\$3：\$K\$6，“分组方式”取“行”方式，选中“标志位于第一列”复选框，在 α 区域中输入“0.05 或 0.01”，表明显著性水平。输出选项可以选择“新工作表”或“工作簿”，也可在原始数据整理表所在的工作表中选一指定位置输出，我们选择在原工作表的 \$A\$7 位置开始输入，如图 6-8 所示，单击“确定”按钮。

得到单因素方差分析的结果，如图 6-9 所示。

④结果分析　第一部分“SUMMARY”提供拟合模型的一般信息，包括各分组的名称、观测数、和、均值和方差，如图 6-9 所示。

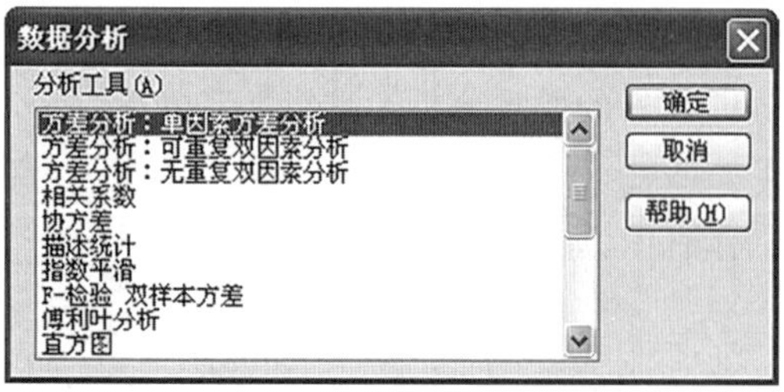

图 6-7　数据分析对话框

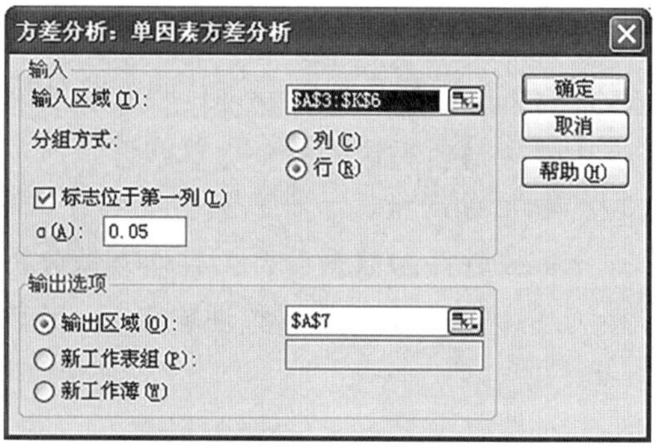

图 6-8　单因素方差分析对话框

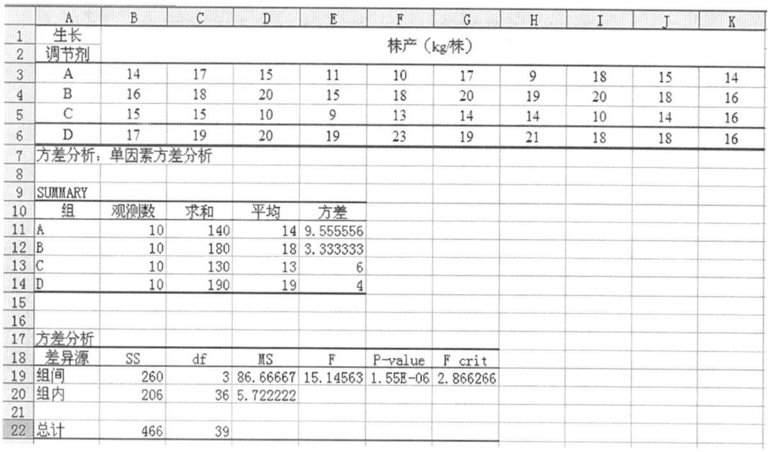

	A	B	C	D	E	F	G	H	I	J	K
1	生长	株产（kg/株）									
2	调节剂										
3	A	14	17	15	11	10	17	9	18	15	14
4	B	16	18	20	15	18	20	19	20	18	16
5	C	15	15	10	9	13	14	14	10	14	16
6	D	17	19	20	19	23	19	21	18	18	16
7	方差分析：单因素方差分析										
8											
9	SUMMARY										
10	组	观测数	求和	平均	方差						
11	A	10	140	14	9.555556						
12	B	10	180	18	3.333333						
13	C	10	130	13	6						
14	D	10	190	19	4						
15											
16											
17	方差分析										
18	差异源	SS	df	MS	F	P-value	F crit				
19	组间	260	3	86.66667	15.14563	1.55E-06	2.866266				
20	组内	206	36	5.722222							
21											
22	总计	466	39								

图 6-9　单因素方差分析结果

第二部分为方差分析表，其中“组间变异”指处理间变异；“组内变异”指误差变异。最右边多了一列：在 $\alpha=0.05$ 的显著水平下，单因素方差分析 F 检验的临界值（即 F 统计量的上 α 分位点：F_α）。

从方差分析表可以看出，P 值大于 0.05（显著水平），表明不同生长调节剂对曙光桃树的株产影响差异显著，需要进一步做多重比较。

（2）组内观测次数不相等资料的方差分析

【例 6-10】研究富士苹果树不同类型枝条节间长度，调查结果见表 6-50。试分析各类型枝条节间长度是否有显著差异。

表 6-50　富士苹果枝条节间长度资料

类型	枝条节间长度/cm											n_i	和 T_i	平均 $\bar{x}_i$
短枝型 1 号	1.7	1.9	1.8	1.7	1.7	1.8	1.9	1.8	1.9	1.7		10	17.9	1.79
短枝型 2 号	1.8	1.6	1.7	1.8	1.8	1.9	1.7	1.7	1.9			9	15.9	1.77
普通型	2.2	2.3	2.4	2.5	2.3	2.4	2.5	2.3	2.3	2.2	2.2	11	25.6	2.33
小老树	1.4	1.5	1.4	1.3	1.6	1.7						6	8.9	1.48
合计												36	68.3	

Excel 软件的数据分析工具作方差分析的步骤如下。

①将例 6-10 中的数据整理输入 Excel 软件的工作表中，如图 6-10 所示。

②在 Excel 软件的主菜单中选择“工具(数据)”→“数据分析”，打开“数据分析”对话框，如图 6-11 所示，在“分析工具”列表中选择“方差分析：单因素方差分析”选项，单击“确定”按钮。

③在打开的“方差分析：单因素方差分析”对话框中，输入“输入区域”：\$B\$7：\$E\$18，“分组方式”取“列”方式，选中“标志位于第一行”复选框，在 α 区域中输入“0.05 或 0.01”，表明显著性水平。输出选项可以选择新工作表或工作簿，也可在原始数据整理表所在的工作表中选一指定位置输出，我们选择新工作表，如图 6-12 所示，单击“确定”按钮。

得到单因素方差分析的结果，如图 6-13 所示。

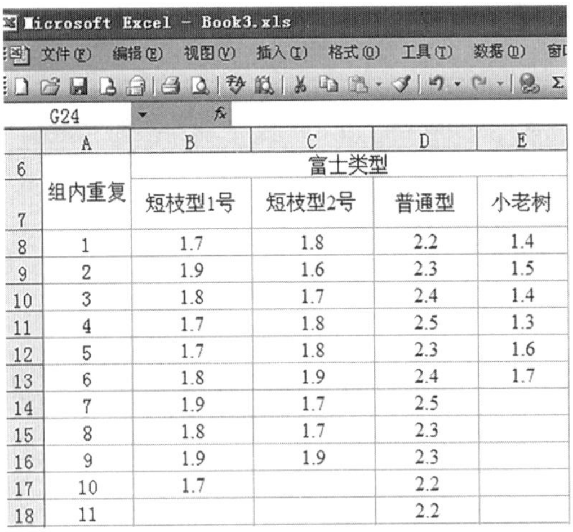

组内重复	富士类型			
	短枝型1号	短枝型2号	普通型	小老树
1	1.7	1.8	2.2	1.4
2	1.9	1.6	2.3	1.5
3	1.8	1.7	2.4	1.4
4	1.7	1.8	2.5	1.3
5	1.7	1.8	2.3	1.6
6	1.8	1.9	2.4	1.7
7	1.9	1.7	2.5	
8	1.8	1.7	2.3	
9	1.9	1.9	2.3	
10	1.7		2.2	
11			2.2	

图 6-10 原始数据整理表

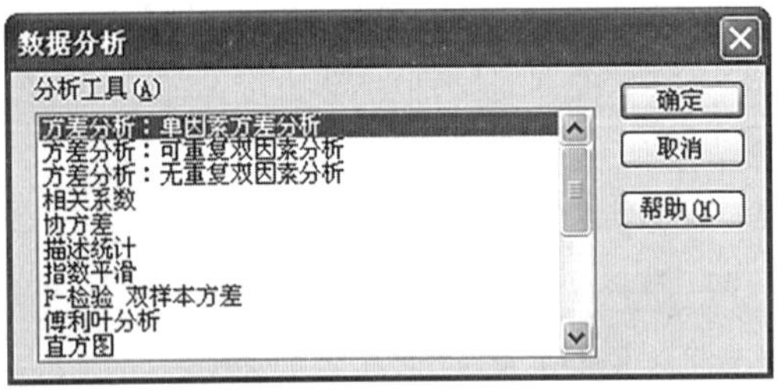

图 6-11 数据分析对话框

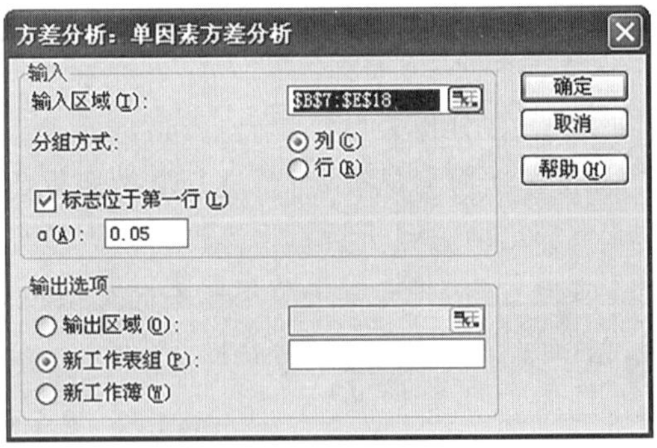

图 6-12 单因素方差分析对话框

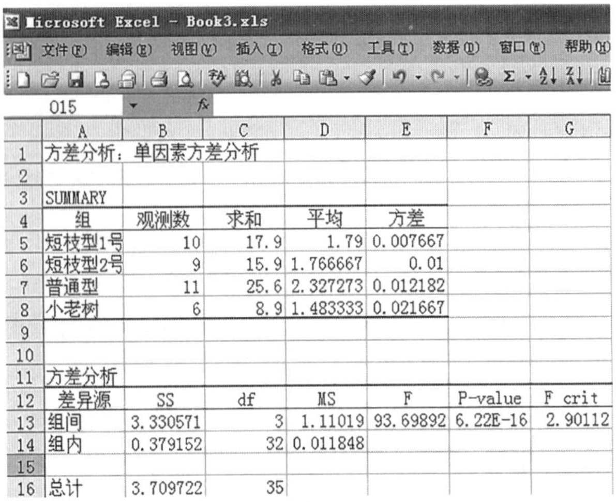

方差分析：单因素方差分析

SUMMARY

组	观测数	求和	平均	方差
短枝型1号	10	17.9	1.79	0.007667
短枝型2号	9	15.9	1.766667	0.01
普通型	11	25.6	2.327273	0.012182
小老树	6	8.9	1.483333	0.021667

方差分析

差异源	SS	df	MS	F	P-value	F crit
组间	3.330571	3	1.11019	93.69892	6.22E-16	2.90112
组内	0.379152	32	0.011848			
总计	3.709722	35				

图 6-13 单因素方差分析结果

④结果分析　第一部分“SUMMARY”提供拟合模型的一般信息，包括各分组的名称、观测数、和、均值和方差，如图6-13所示。第二部分为方差分析表，其中“组间变异”指处理间变异；“组内变异”指误差变异。最右边多了一列：在 $\alpha=0.05$ 的显著水平下，单因素方差分析 F 检验的临界值（即 F 统计量的上 α 分位点：F_α）。

从方差分析表可以看出，P 值大于0.05（显著水平），表明富士苹果树不同类型枝条节间长度差异显著，需要进一步做多重比较。

2. 双因素完全随机设计试验结果的方差分析

(1)组合内无重复观测值的方差分析

【例6-11】对红星苹果施行A、B、C、D四种不同形式的小包装贮藏，并对每种包装分别加不同含量的活性炭：0.01%、0.03%、0.05%、0.07%、空白为对照，贮藏的环境条件一致，测定贮藏后的果肉硬度见表6-51，试用Excel软件作方差分析。

双因素完全随机设计试验结果的方差分析

表6-51　小包装贮藏红星苹果硬度比较　　p/cm²

A因素（活性炭含量）	B因素（包装形式）			
	A	B	C	D
0.01%	11.7	11.1	10.4	12.9
0.03%	8.9	6.4	8.6	9.8
0.05%	9.0	9.9	9.2	11.7
0.07%	9.7	10.0	9.3	11.2
空白	12.2	8.9	7.8	8.0

Excel软件的操作步骤如下。

①数据输入。将例6-11中的数据整理输入Excel软件的工作表中，如图6-14所示。

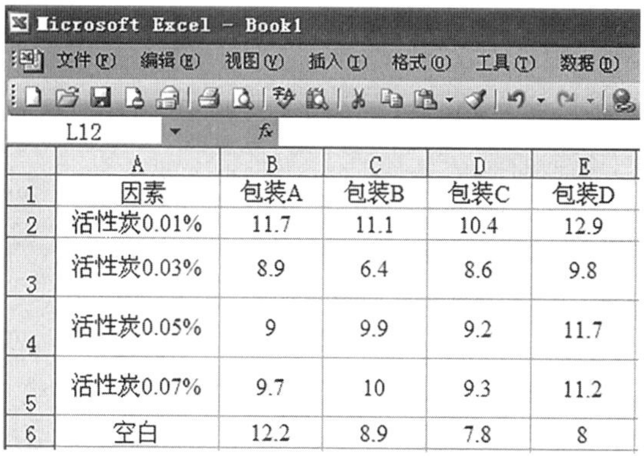

	A	B	C	D	E
1	因素	包装A	包装B	包装C	包装D
2	活性炭0.01%	11.7	11.1	10.4	12.9
3	活性炭0.03%	8.9	6.4	8.6	9.8
4	活性炭0.05%	9	9.9	9.2	11.7
5	活性炭0.07%	9.7	10	9.3	11.2
6	空白	12.2	8.9	7.8	8

图6-14　原始资料整理表

②在Excel软件的主菜单中选择“工具（数据）”→“数据分析”，打开“数据分析”对话框，在“分析工具”列表中选择“方差分析：无重复双因素分析”选项，如图6-15所示，单击“确定”按钮。

③在打开的“方差分析：无重复双因素分析”对话框中，输入“输入区域”：\$A\$1：\$E\$6，选中“标志”复选框，在 α 区域中输入“0.05或0.01”，表明显著性水平。输出选项可以选择

新工作表或工作簿，如图 6-16 所示，单击“确定”按钮。

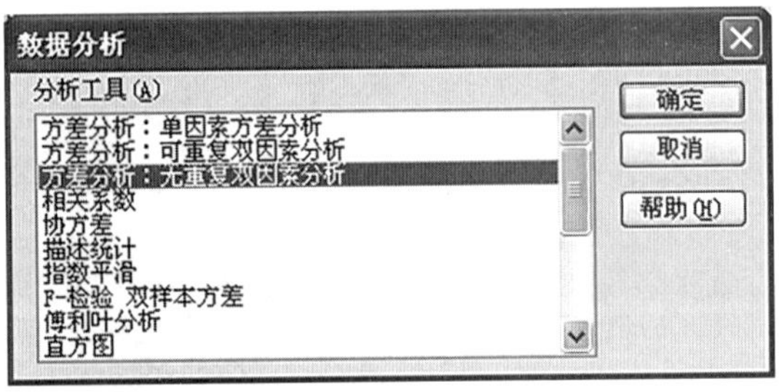

图 6-15　数据分析对话框

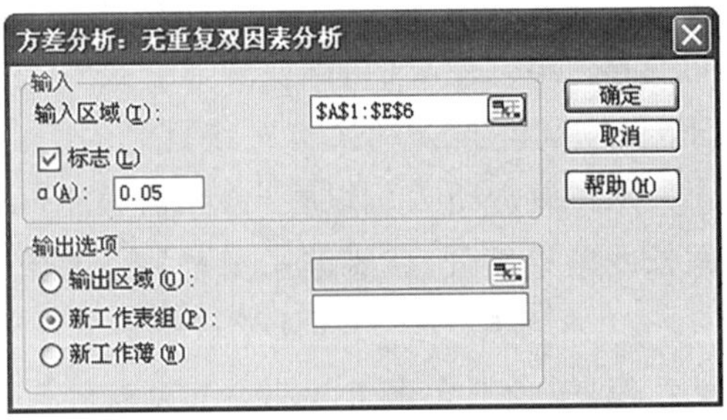

图 6-16　无重复双因素分析对话框

得到无重复双因素方差分析的结果，如图 6-17 所示。

④结果分析。第一部分“SUMMARY”提供拟合模型的一般信息，包括各分组的名称、观测数、和、均值和方差，如图 6-17 所示。第二部分为方差分析表，其中“行”为“A 因素”，“列”代表“B 因素”。最右边多了一列，是在 $\alpha=0.05$ 的显著水平下，双因素方差分析 F 检验的临界值(即 F 统计量的上 α 分位点：F_{α})。

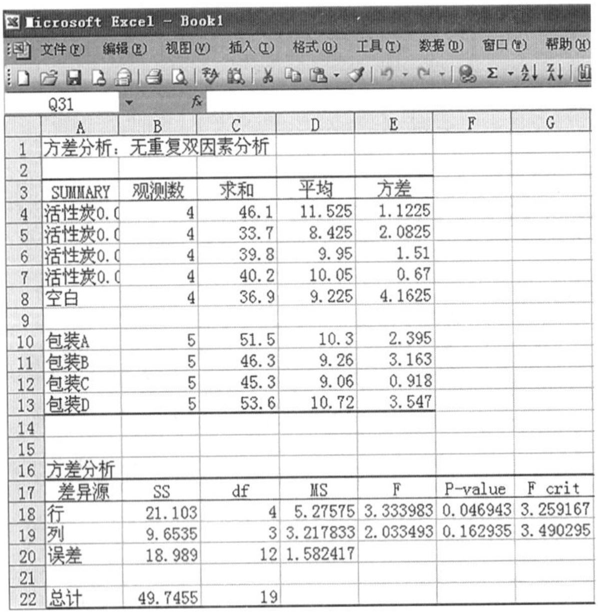

	A	B	C	D	E	F	G
1	方差分析：无重复双因素分析						
2							
3	SUMMARY	观测数	求和	平均	方差		
4	活性炭0.(	4	46.1	11.525	1.1225		
5	活性炭0.(	4	33.7	8.425	2.0825		
6	活性炭0.(	4	39.8	9.95	1.51		
7	活性炭0.(	4	40.2	10.05	0.67		
8	空白	4	36.9	9.225	4.1625		
9							
10	包装A	5	51.5	10.3	2.395		
11	包装B	5	46.3	9.26	3.163		
12	包装C	5	45.3	9.06	0.918		
13	包装D	5	53.6	10.72	3.547		
14							
15							
16	方差分析						
17	差异源	SS	df	MS	F	P-value	F crit
18	行	21.103	4	5.27575	3.333983	0.046943	3.259167
19	列	9.6535	3	3.217833	2.033493	0.162935	3.490295
20	误差	18.989	12	1.582417			
21							
22	总计	49.7455	19				

图 6-17　无重复双因素方差分析结果

方差分析表明，不同的活性炭含量对红星苹果贮藏后的果肉硬度影响差异显著，需进一步做多重比较。

(2)组合内有重复观测值的方差分析

【例 6-12】以稻草(A_1)、玉米秸(A_2)、花生秸(A_3)三种培养基，在 28 ℃(B_1)、30 ℃(B_2)、32 ℃(B_3)三种温度下，培养金针菇菌种，研究其生长速度。采用完全随机试验设计，每个处理组合培养三瓶。记录从接种到菌丝发满菌瓶的天数。试验结果见表 6-52，试作方差分析。

表 6-52　菌丝发满菌瓶的天数

A 因素（培养基）	瓶号	B 因素（温度）		
		B_1	B_2	B_3
A_1	1	5.1	4.1	5.6
	2	4.3	4.7	4.9
	3	4.6	4.2	5.3
A_2	1	6.4	5.3	6.1
	2	6.3	5.7	5.9
	3	5.9	5.5	6.3
A_3	1	6.5	7.5	7.9
	2	6.9	7.9	8.1
	3	7.1	7.3	7.5

Excel 软件的操作步骤如下。

①数据输入，将例 6-12 中的数据整理输入 Excel 软件的工作表中，如图 6-18 所示。

	A	B	C	D
1	处理	温度B_1	温度B_2	温度B_3
2	培养基A_1	5.1	4.1	5.6
3		4.3	4.7	4.9
4		4.6	4.2	5.3
5	培养基A_2	6.4	5.3	6.1
6		6.3	5.7	5.9
7		5.9	5.5	6.3
8	培养基A_3	6.5	7.5	7.9
9		6.9	7.9	8.1
10		7.1	7.3	7.5

图 6-18　原始资料整理表

②执行“工具(数据)/数据分析…”的命令，选中“方差分析：可重复双因素分析”选项，如图 6-19 所示，选后按“确定”钮。

③“输入区域”填 \$A\$1：\$D\$10，“每一样本的行数(R)”填“3”。α 维持 0.05。“输出区域”可选“新工作表组”，如图 6-20 所示。

④按“确定”钮，即得到方差分析表，如图 6-21 所示。

方差分析表中“样本”即为“A 因素”；“列”即为“B 因素”；“交互”即为“A×B 互作”；“内部”即为“误差”，“总计”为“总变异”。

由图 6-21 可知，该试验培养基和温度的互作、培养基间以及温度间差异都是显著的，需进一步做多重比较。

3. 完成习题 6 的分析。

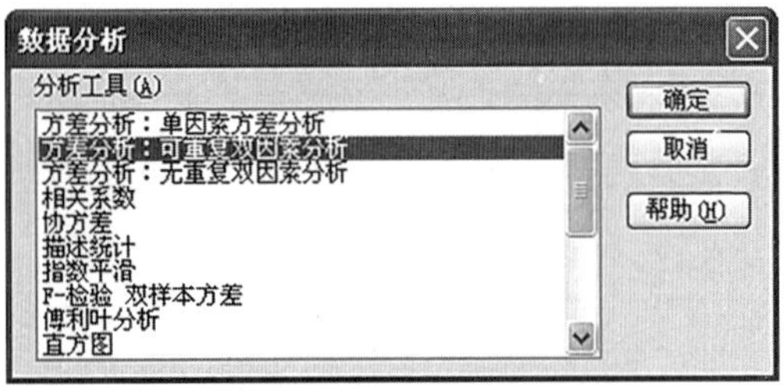

图 6-19 数据分析对话框

图 6-20 可重复双因素分析对话框

	A	B	C	D	E	F	G
10	培养基A2						
11	观测数	3	3	3	9		
12	求和	18.6	16.5	18.3	53.4		
13	平均	6.2	5.5	6.1	5.933333		
14	方差	0.07	0.04	0.04	0.145		
15							
16	培养基A3						
17	观测数	3	3	3	9		
18	求和	20.5	22.7	23.5	66.7		
19	平均	6.833333	7.566667	7.833333	7.411111		
20	方差	0.093333	0.093333	0.093333	0.271111		
21							
22	总计						
23	观测数	9	9	9			
24	求和	53.1	52.2	57.6			
25	平均	5.9	5.8	6.4			
26	方差	1.0125	2.07	1.35			
27							
28							
29	方差分析						
30	差异源	SS	df	MS	F	P-value	F crit
31	样本	31.86889	2	15.93444	174.8902	1.61E-12	3.554557
32	列	1.86	2	0.93	10.20732	0.001089	3.554557
33	交互	1.951111	4	0.487778	5.353659	0.005089	2.927744
34	内部	1.64	18	0.091111			
35							
36	总计	37.32	26				

图 6-21 可重复双因素方差分析结果

四、技能训练评价(表 6-53)

表 6-53 技能训练评价表

序号	评价内容		评价标准	分值	得分
1	习题6	未经反正弦转换数据分析	数据录入规范、准确	10	
2			分析工具选取准确	10	
3			显著水平 α 确定无误	10	
4			获得结论正确	20	
5		经反正弦转换数据分析	数据录入规范、准确	10	
6			分析工具选取准确	10	
7			显著水平 α 确定无误	10	
8			获得结论正确	20	
合计				100	

实训2　随机区组设计试验结果的方差分析

一、目的要求

熟练使用 Excel 软件的数据分析工具进行单因素随机区组试验结果的方差分析及双因素随机区组试验结果的方差分析。

二、材料用具

报告册、铅笔、装有 Excel 软件的计算机及数据分析设备。

三、方法步骤

单因素随机区组设计试验结果的方差分析

1. 单因素随机区组设计试验结果的方差分析

【例 6-13】有一萝卜播种期试验，设定 A(15/7)、B(17/7)、C(19/7)、D(21/7)、E(23/7)、F(25/7)六个不同时期播种，G(27/7)为对照，重复 3 次，随机区组设计，小区计产面积 20 m^2，其田间布置及产量结果(kg/20 m^2)，如图 6-22，试作方差分析。

I	B 29.7	A 30.5	G 21.0	F 22.4	E 22.0	D 24.0	C 27.6
II	B 28.5	C 25.2	E 22.4	G 21.8	A 33.2	F 23.9	D 24.9
III	C 28.1	D 27.2	F 21.0	B 27.9	E 23.0	G 23.0	A 31.1

图 6-22　萝卜田间布置图

Excel 软件的数据分析工具作方差分析的步骤如下。

(1)将例 6-13 中的数据整理输入 Excel 软件的工作表中，如图 6-23 所示。

(2)在 Excel 软件的主菜单中选择“工具(数据)”→“数据分析”，打开“数据分析”对话框，在“分析工具”列表中选择“方差分析：无重复双因素分析”选项，如图 6-24 所示，单击“确定”按钮。

(3)在打开的“方差分析：无重复双因素分析”对话框中，输入“输入区域”：$A$1：$D$8，选中“标志”复选框，在 α 区域中输入“0.05 或 0.01”，表明显著性水平，输出选项可以任意选择，我们选择在原工作表的 $A$10 位置开始输入，如图 6-25 所示，单击“确定”按钮。

得到无重复双因素方差分析的结果，如图 6-26 所示。

(4)结果分析。第一部分“SUMMARY”提供拟合模型的一般信息，包括各分组的名称、观测数、和、均值和方差，如图 6-26 所示。第二部分为方差分析表，其“行”变异指“处理间”变异，“列”变异指“区组间”变异。

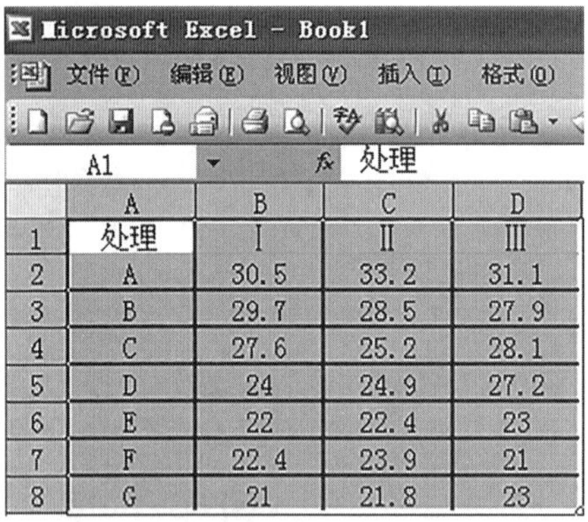

	A	B	C	D
1	处理	Ⅰ	Ⅱ	Ⅲ
2	A	30.5	33.2	31.1
3	B	29.7	28.5	27.9
4	C	27.6	25.2	28.1
5	D	24	24.9	27.2
6	E	22	22.4	23
7	F	22.4	23.9	21
8	G	21	21.8	23

图 6-23　原始数据整理表

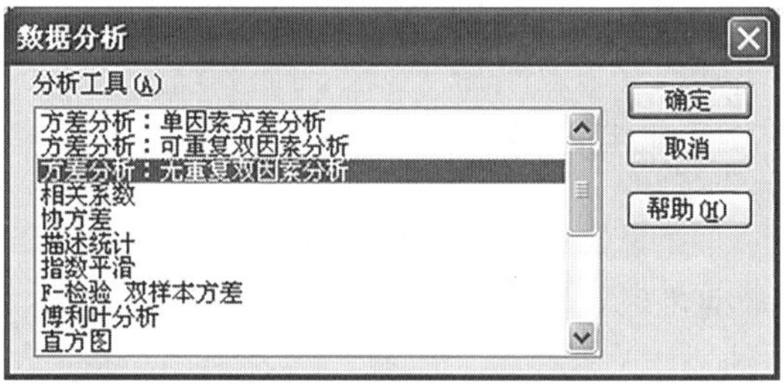

图 6-24　数据分析对话框

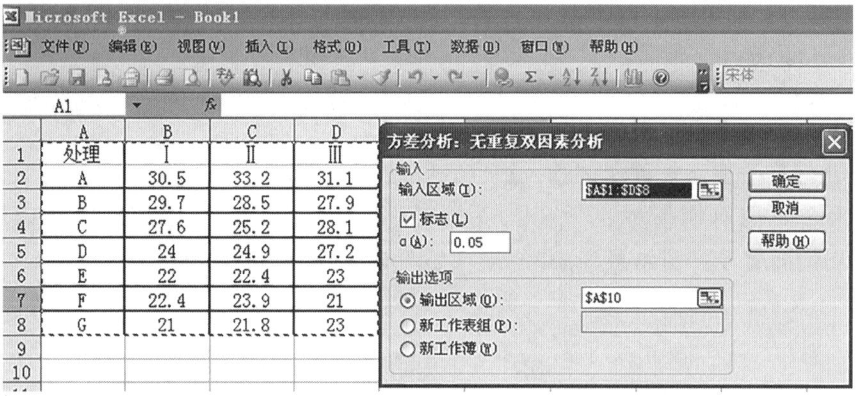

图 6-25　无重复双因素分析对话框

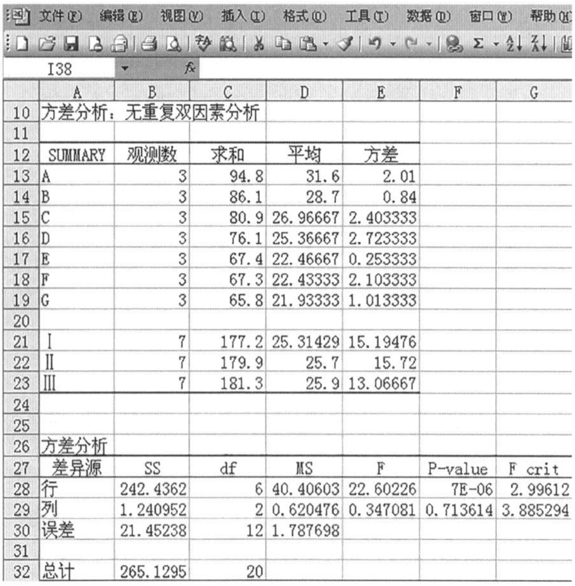

	A	B	C	D	E	F	G
10	方差分析：无重复双因素分析						
11							
12	SUMMARY	观测数	求和	平均	方差		
13	A	3	94.8	31.6	2.01		
14	B	3	86.1	28.7	0.84		
15	C	3	80.9	26.96667	2.403333		
16	D	3	76.1	25.36667	2.723333		
17	E	3	67.4	22.46667	0.253333		
18	F	3	67.3	22.43333	2.103333		
19	G	3	65.8	21.93333	1.013333		
20							
21	Ⅰ	7	177.2	25.31429	15.19476		
22	Ⅱ	7	179.9	25.7	15.72		
23	Ⅲ	7	181.3	25.9	13.06667		
24							
25							
26	方差分析						
27	差异源	SS	df	MS	F	P-value	F crit
28	行	242.4362	6	40.40603	22.60226	7E-06	2.99612
29	列	1.240952	2	0.620476	0.347081	0.713614	3.885294
30	误差	21.45238	12	1.787698			
31							
32	总计	265.1295	20				

图 6-26　无重复双因素方差分析结果

方差分析表明，处理间差异显著，也就是说萝卜不同的播种时期对其产量有不同的影响，需进一步进行多重比较。

双因素随机区组设计试验结果的方差分析

2. 双因素随机区组设计试验结果的方差分析

【例 6-14】设有一果树施肥与灌溉试验，施肥分 A_1(50 g/株)、A_2(100 g/株)、A_3(150 g/株)、A_4(175 g/株)、A_5(200 g/株)五个水平，灌溉方式分 B_1(滴灌)、B_2(喷灌)两个水平，5 单株为一小区，重复两次，随机区组设计，试验处理的田间布置与结果如图 6-27 所示，试作方差分析。

A_1B_2	A_4B_1	A_4B_2	A_3B_1	A_2B_2	A_2B_1	A_1B_1	A_5B_1	A_3B_2	A_5B_2
39	57	74	57	61	50	32	53	68	71
A_4B_2	A_2B_2	A_1B_2	A_2B_1	A_4B_1	A_5B_1	A_3B_2	A_3B_1	A_5B_2	A_1B_1
73	53	40	49	59	54	67	61	72	39

图 6-27 田间布置与结果图

Excel 软件的操作步骤如下。

(1)将图 6-27 中的数据整理到 Excel 软件工作表中，如图 6-28 所示。

处理组合和区组两向表		
处理	Ⅰ	Ⅱ
A_1B_1	32	39
A_1B_2	39	40
A_2B_1	50	49
A_2B_2	61	53
A_3B_1	57	61
A_3B_2	68	67
A_4B_1	57	59
A_4B_2	74	73
A_5B_1	53	54
A_5B_2	71	72

图 6-28 原始数据整理表

(2)首先将总变异分解为：区组、处理、误差三部分，执行“工具(数据)→数据分析”命令。选“方差分析：无重复双因素分析”，按“确定”钮，如图 6-29。

(3)“输入区域”选 \$A\$2：\$C\$12，包括处理名称及区组代号部分，选中“标志”，α 维持 0.05。“输出区域”可选“新工作表组”，如图 6-30 所示，单击“确定”按钮。

(4)即得到方差分析表，如图 6-31 所示。方差分析表中“行”即为“处理”，“列”即为“区组”。

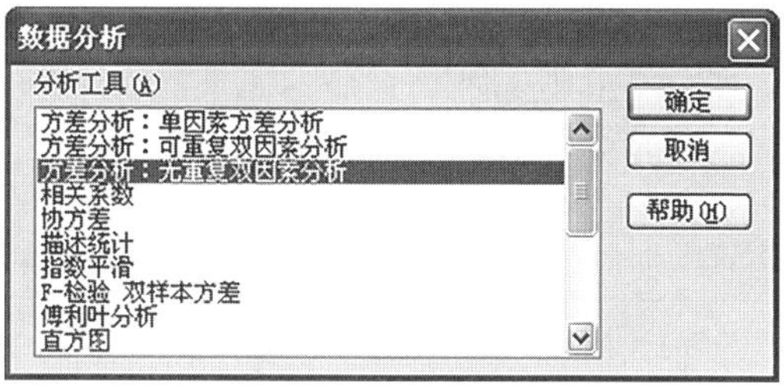

图 6-29 数据分析对话框

图 6-30 无重复双因素分析对话框

(5)处理项的再分解。由于得到的方差分析表中没有处理项的再分解，所以要将数据资料再整理成有“可重复双因素分析”模式，分解出 A 因素、B 因素及 A×B 互作项，如图 6-32 所示。

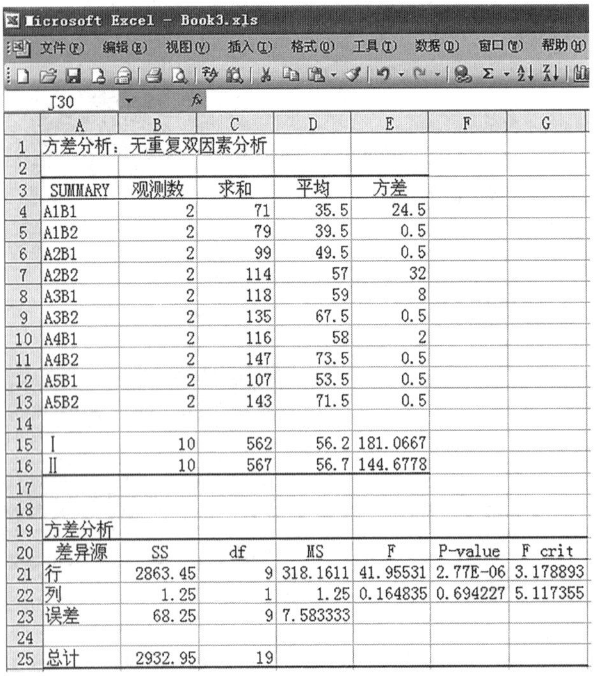

	A	B	C	D	E	F	G
1	方差分析：无重复双因素分析						
2							
3	SUMMARY	观测数	求和	平均	方差		
4	A1B1	2	71	35.5	24.5		
5	A1B2	2	79	39.5	0.5		
6	A2B1	2	99	49.5	0.5		
7	A2B2	2	114	57	32		
8	A3B1	2	118	59	8		
9	A3B2	2	135	67.5	0.5		
10	A4B1	2	116	58	2		
11	A4B2	2	147	73.5	0.5		
12	A5B1	2	107	53.5	0.5		
13	A5B2	2	143	71.5	0.5		
14							
15	Ⅰ	10	562	56.2	181.0667		
16	Ⅱ	10	567	56.7	144.6778		
17							
18							
19	方差分析						
20	差异源	SS	df	MS	F	P-value	F crit
21	行	2863.45	9	318.1611	41.95531	2.77E-06	3.178893
22	列	1.25	1	1.25	0.164835	0.694227	5.117355
23	误差	68.25	9	7.583333			
24							
25	总计	2932.95	19				

图 6-31 无重复双因素分析结果

	A	B	C
16			
17	施肥和灌水两处理的两向表		
18	处理	B_1	B_2
19	A_1	32	39
20		39	40
21	A_2	50	61
22		49	53
23	A_3	57	68
24		61	67
25	A_4	57	74
26		59	73
27	A_5	53	71
28		54	72

图 6-32 处理项分解的两向表

(6)执行"工具(数据)→数据分析"命令，如图 6-33 所示。选择"方差分析：可重复双因素分析"，单击"确定"按钮。

(7)输入"输入区域"：\$A\$18：\$C\$28，"每一样本的行数(R)"填"2"，a 维持 0.05，"输出区域"可选"新工作表组"，单击"确定"按钮。即得到方差分析表，如图 6-34 所示。

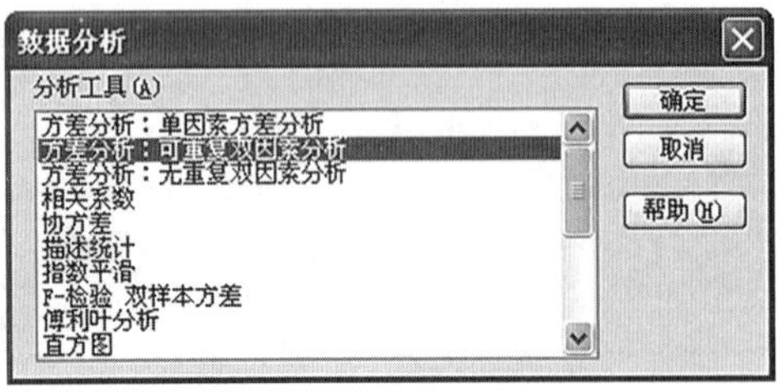

图 6-33 数据分析对话框

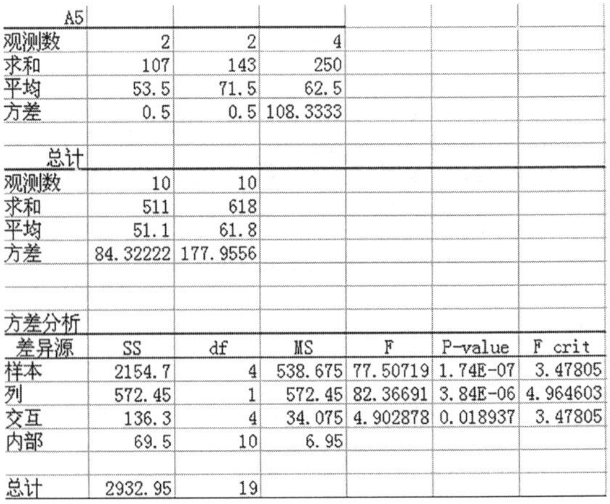

A5						
观测数	2	2	4			
求和	107	143	250			
平均	53.5	71.5	62.5			
方差	0.5	0.5	108.3333			
总计						
观测数	10	10				
求和	511	618				
平均	51.1	61.8				
方差	84.32222	177.9556				
方差分析						
差异源	SS	df	MS	F	P-value	F crit
样本	2154.7	4	538.675	77.50719	1.74E-07	3.47805
列	572.45	1	572.45	82.36691	3.84E-06	4.964603
交互	136.3	4	34.075	4.902878	0.018937	3.47805
内部	69.5	10	6.95			
总计	2932.95	19				

图 6-34 可重复双因素分析结果

方差分析表中"样本"即为"A 因素"；"列"即为"B 因素"；"交互"即为"A×B 互作"；"内部"即为"误差"，由于该误差项是没有消去区组效应的误差，所以该表中的误差项自由度、平方和及均方等均不可用，因此 F 检验、概率值 P(P-value)及 F 临界值(F crit)也不可用。

仅将 A 因素、B 因素及 A×B 互作的自由度及平方和部分复制并插入图 6-31 的方差分析中，如图 6-35 所示。

方差分析						
差异源	SS	df	MS	F	P-value	F crit
行	2863.45	9	318.1611	41.95531	2.77E-06	3.178893
列	1.25	1	1.25	0.164835	0.694227	5.117355
A因素	2154.7	4	538.675			
B因素	572.45	1	572.45			
AB互作	136.3	4	34.075			
误差	68.25	9	7.583333			
总计	2932.95	19				

图 6-35　将处理分解的结果复制到处理组合方差分析表内

重新计算这三项的 F 值，如图 6-36 所示。根据 FDIST( )函数和 FINV( )函数分别将这三项的概率值 P(P-value)及 F 临界值(F crit)补上(注意绝对引用)，如图 6-37 所示。将结果填入 Word 文档，如图 6-38 所示。

方差分析						
差异源	SS	df	MS	F	P-value	F crit
行	2863.45	9	318.1611	41.95531	2.77E-06	3.178893
列	1.25	1	1.25	0.164835	0.694227	5.117355
A因素	2154.7	4	538.675	=D23/D26		
B因素	572.45	1	572.45			
AB互作	136.3	4	34.075			
误差	68.25	9	7.583333			
总计						

方差分析						
差异源	SS	df	MS	F	P-value	F crit
行	2863.45	9	318.1611	41.95531	2.77E-06	3.178893
列	1.25	1	1.25	0.164835	0.694227	5.117355
A因素	2154.7	4	538.675	71.03407		
B因素	572.45	1	572.45	75.48791		
AB互作	136.3	4	34.075	4.493407		
误差	68.25	9	7.583333			
总计						

图 6-36　计算 A 因素、B 因素、A×B 互作的 F 值

方差分析表明，处理组合间，A 因素、B 因素差异显著，需进一步进行多重比较。也就是说施肥和灌水不同组合对于果树单株产量有不同影响，需研究最佳组合，单纯施肥(A 因素)和灌水(B 因素)的不同处理，对于果树产量也有不同的影响，而且，往往因素 A 和 B 的最佳组合，不一定是处理组合的最佳组合，这里还涉及 A、B 两因素的互作效应。

3. 完成习题 7 的分析。

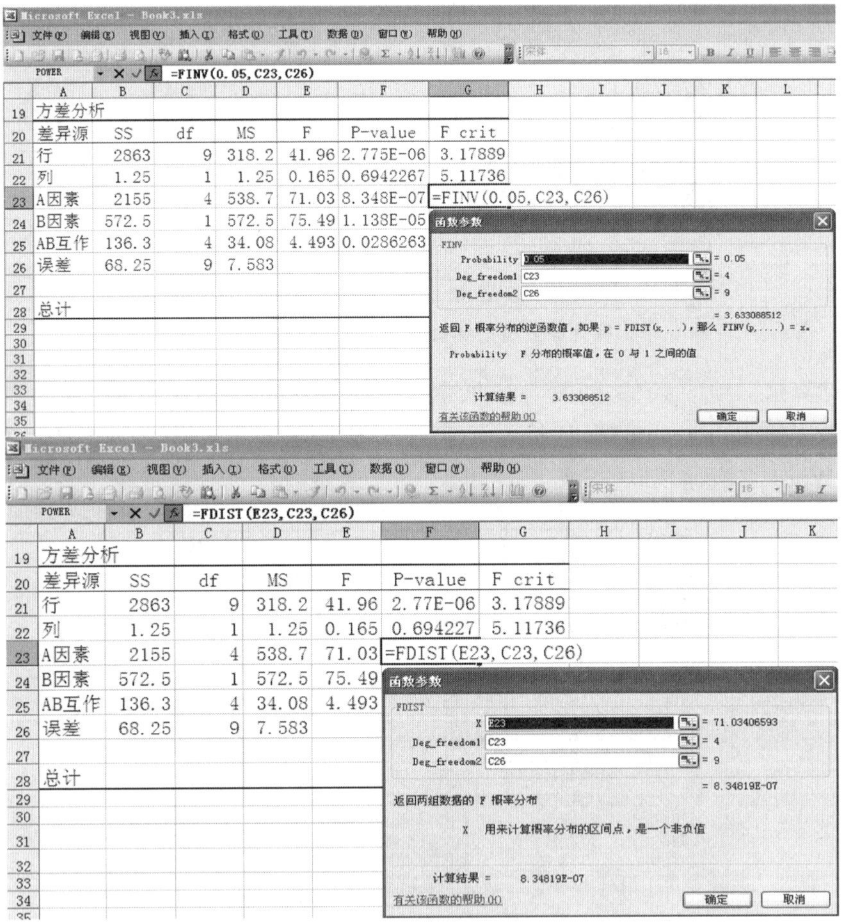

图 6-37 计算 A 因素、B 因素、A×B 互作的 *P*-Value 和 F_a 值

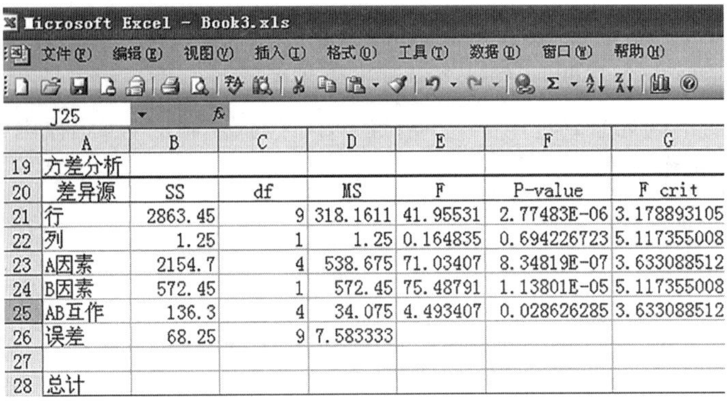

方差分析						
差异源	SS	df	MS	F	P-value	F crit
行	2863.45	9	318.1611	41.95531	2.77483E-06	3.178893105
列	1.25	1	1.25	0.164835	0.694226723	5.117355008
A因素	2154.7	4	538.675	71.03407	8.34819E-07	3.633088512
B因素	572.45	1	572.45	75.48791	1.13801E-05	5.117355008
AB互作	136.3	4	34.075	4.493407	0.028626285	3.633088512
误差	68.25	9	7.583333			
总计						

图 6-38 例 6-14 的方差分析表

四、技能训练评价（表 6-54）

表 6-54　技能训练评价表

序号	评价内容	评价标准	分值	得分
1	习题 7	数据录入规范、准确	20	
2		分析工具选取准确	20	
3		显著水平 α 确定无误	10	
4		多重比较字母标记正确	30	
5		获得结论正确	20	
合计			100	

习　题

1. 简述田间试验设计的三大原则及其作用。

2. 请画出一个双因素（$a=3, b=4, r=2$）随机区组试验的田间排布图，并分解各项自由度。

3. 请用简洁的语言说明方差分析的基本思路。

4. 简述方差分析常用的数据转换方法及其作用。

5. 下列资料包含哪些变异因素？各变异因素的自由度和平方和如何计算？期望均方中包含哪些分量？(1)对苹果的两个品种作含糖量分析，每品种随机抽取 10 株，每株作 3 次含糖量测定；(2)在山地和平地各种 3 个苹果矮化品种，收获后分析各品种固形物含量 5 次。

6. 对 A、B、C、D 四个梨品种各抽取 5 个样本，统计其坐果率结果如表 1 所示，试对该资料作方差分析，再将该资料进行反正弦转换，然后作方差分析。比较这两个分析的差别，以明确资料转换的作用。

表 1　四个梨品种坐果率统计表

A	B	C	D
0.8	4.0	9.8	6.0
3.8	1.9	56.2	79.8
0.0	0.7	66.0	7.0
6.0	3.5	10.3	84.6
1.7	3.2	9.2	2.8

7. 有一菜豆试验，A 因素为品种，有 A_1、A_2、A_3、A_4 四个水平，B 因素为播种期，有 B_1、B_2、B_3 三个水平，随机区组设计，重复 3 次，小区计产面积 25 m^2，其田间小区排列及产量(kg)如图 1，试作方差分析。

区组Ⅰ	A_1B_1 12	A_2B_2 13	A_3B_3 14	A_4B_2 15	A_2B_1 13	A_4B_3 16	A_3B_2 14	A_1B_3 13	A_4B_1 16	A_1B_2 12	A_3B_1 14	A_2B_3 14
区组Ⅱ	A_4B_2 16	A_1B_3 14	A_2B_1 14	A_3B_3 15	A_1B_2 12	A_2B_3 13	A_4B_1 16	A_3B_2 13	A_2B_2 13	A_3B_1 15	A_1B_1 13	A_4B_3 17
区组Ⅲ	A_2B_3 13	A_3B_1 15	A_1B_2 11	A_2B_1 14	A_4B_3 17	A_3B_2 14	A_2B_2 12	A_4B_1 15	A_3B_3 15	A_1B_3 13	A_4B_2 15	A_1B_1 13

图 1　菜豆试验田间小区排列及产量

8. 表 2 为甘蓝品种比较试验的产量结果(kg)，采用对比法设计，小区计产面积为 100 m^2，试作分析。

表 2　甘蓝品种比较试验的产量结果

品种	Ⅰ	Ⅱ	Ⅲ
CK	20.3	20.0	16.8
A	20.1	18.4	17.3
B	19.0	20.0	17.0
CK	15.7	16.8	14.7
C	20.7	17.8	16.9
D	21.6	18.1	15.6
CK	17.8	16.4	13.9
E	20.7	14.9	12.8
F	17.3	14.9	18.6
CK	19.1	16.2	14.8

9. 表 3 为青椒品系比较试验的产量结果(kg)，采用间比法设计，小区计产面积为 1 m^2，试作分析。

表 3　青椒品系比较试验的产量结果

品系	Ⅰ	Ⅱ	Ⅲ	Ⅳ
CK	4.0	3.7	3.6	3.6
A	3.5	3.5	3.2	3.5
B	3.5	3.4	3.3	3.6
C	3.1	3.3	3.0	3.4
D	3.0	3.0	2.9	3.1
CK	3.5	3.6	3.4	3.4
E	3.5	3.6	3.7	3.5
F	3.3	3.4	3.2	3.3
G	3.6	3.8	3.6	3.8
H	3.1	3.1	3.3	3.3
CK	3.6	3.7	3.8	3.6

项目7
简单直线相关与回归

知识目标

理解直线相关与回归的意义、种类、联系与区别,以及直线相关系数与回归系数的含义。掌握直线相关与回归分析的步骤与计算方法。

技能目标

学会计算相关系数和回归系数,并能够对其进行显著性检验。能够建立直线回归方程并绘制回归直线,利用回归方程估测 y 的可能取值范围。

素质目标

在错综复杂的现象中,依专业素养,正确分析两变数间的相关与回归关系。

任务1　相关与回归的意义及其种类

前面介绍的统计方法都只涉及一个变数,但实际生产实践和科学研究中所要研究的变数往往不止一个。例如:园艺作物的产量与施肥量的关系,在一定的范围内,施肥量增加则产量增加,施肥量不足则产量降低。但在生产实践中,即使同样的地块,施肥量相同,最后收获的产量也不一定会相等,也就是说作物的产量与施肥量这两个变数之间存在一定的关系,但这种关系又不完全确定。如果我们明确了这些关系,掌握其变化规律和特征,就能更好地指导生产与实践,研究这类问题就要采用相关与回归的方法。

世界是普遍联系的,孤立的现象或事物是不存在的。事物或现象之间的相互联系、相互制约,构成错综复杂的客观世界,构成世界的运动和发展。所有各种现象之间的相互联系都通过数量关系反映出来。如果进一步加以考察,可以发现,依据现象之间相互联系的密切程度,变量间的相互关系可分为两类:一类是变量间存在着完全确定性的关系,可以用精确的数学表达式来表示,这类变量间的关系称为函数关系。如圆面积(S)与其半径(r)的关系可以表达为:$S=\pi r^2$。只要知道了其中一个变量的值就可以精确地计算出另一个变量的值。函数关系常常存在于物理、化学、几何和力学等科学范畴中，而存在于农业科学中是极少见的。另一类是变量间关系密切不能由一个或几个变量的值精确地求出另一个变量的值，这类不确定的关系称为相关关系。存在相关关系的变量称为相关变量。在生物界中相关关系是普遍存在的，例如施肥量与单位面积产量之间的关系，我们却不能根据施肥量精确地计算出产量的关系，因为它们之间还存在着其他因素的影响，它们之间是一种非确定性关系。又如，果树产量的变化，不仅受施肥量多少的变化，还受品种、土壤、气候、栽植密度、整形修剪、病虫害等因素的影响。我们通称这类关系为相关关系。这在生物界中是常见的。产量和施肥量之间的关系，是不完全的。在实践中，若两类或两类以上的变数所联系的重要性特别明显，并有其他各类变数的影响，可以暂不估计，仅作两类变数间联系的情况进行研究。相关关系度量又有两种情形。

一、相关

这种是变数之间的平行关系。例如果实的重量与体积的关系，这种某一性状的发育与另一个性状的发育关系，有时很难区分哪是自变数，哪是因变数，对此我们称之为相互依存关系，研究这类问题的方法叫相关分析。

相关分析是研究两种或两种以上变数间的相互依存关系，变数间相关的性质和相关变异的紧密程度；x、y 两个变数。相关时 x、y 是一种平行关系，都是有随机误差的，不能确定自变数和因变数；x 和 y 相关，有大有小，有正有负。

二、回归

这种是因果关系，变数之间存在着明显的因果关系，可以辨明哪是变化的原因（自变数），哪是变化的结果（因变数）。例如降水量与园艺作物产量的关系，降水量能够影响园艺作物产量，但园艺作物产量却不会影响降水量，对于这类关系我们称之为单向依存关系，也叫回归关系，研究这类关系的方法叫回归分析。

回归分析是研究一种变数受另一种或一种以上变数的影响程度；x、y 两个变数，x 没有随机误差或者误差很小。y 随 x 的变化而变化，并有随机误差；回归关系有自变数和因变数之分，具有预测的功能。

以上不难看出，在生物统计上，相关与回归都是用来研究两种或两种以上变数间的关系的。不同之处是，在相关分析中分不清自变数与因变数，不知道哪个变数在起决定性的作用。而回归分析中，x 是自变数，y 为因变数，y 随着 x 的变化而变化，由 x 的值可估测 y 的值。

三、相关与回归的分类

在试验研究中，变数间相互联系的情况有的很复杂，有的也很简单，根据其联系的特点，在统计学上可分成许多类型。因变数类别的多少分为两大类。

1. 简单相关和简单回归

仅研究两个变数之间的相互关系，没有涉及两种以上的任何事物的统计方法，称其为简单相关和简单回归。例如产量与种植密度，施肥量与产量间的关系等。根据简单相关和简单回归的表现形式(图示),又分为直线相关和直线回归、曲线相关和曲线回归。

(1)直线相关和直线回归　当一个变数增大或减小,其相互间的关系可以用直线来表示。例如果实的重量与体积,其图形就是呈直线的。

(2)曲线相关和曲线回归　两类变数间的关系由曲线形式来表示。如施肥量与产量,海拔高度与苹果的质量等都是呈抛物线形式的;在一定范围内施肥量增加,产量会不断增加,但是到一定极限时,再施肥(过量了)产量反而下降;果实的生长发育是呈指数形式或"S"形曲线形式等。

2. 多元相关(复相关)和多元回归(复回归)

研究两个以上变数对另一个变数之间的关系。在相关方面叫复相关,在回归方面叫复回归。例如冬季低温、干旱对柑橘产量的影响,6～7 月份的日照时数、平均气温和降水量对苹果质量的影响。这些分别由两类、三类变数对另一个变数的关系。

设有两个变数,分别用 x,y 表示,各个变数的观察值数为 n,这两个变数的观察值为:(x_1,y_1),(x_2,y_2),(x_3,y_3),…,(x_n,y_n),如果以 x 为横坐标轴,y 为纵坐标轴建立直角坐标系,则在坐标系中就能找到各组观察值对应的点,这些点称为散点,其构成的图形叫散点图(图 7-1)。

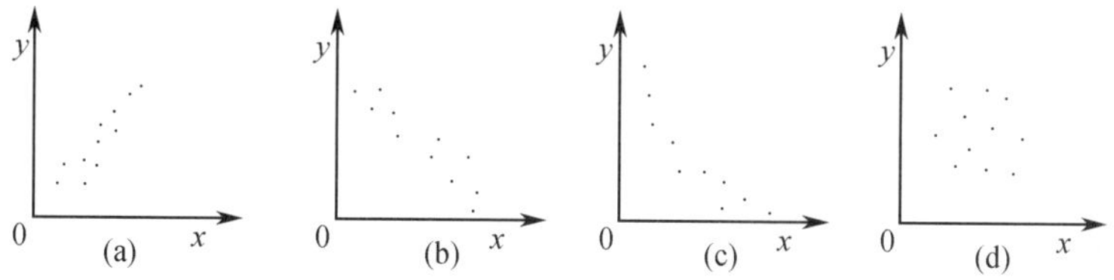

图 7-1　四种常见的散点图

图 7-1a 和图 7-1b 中的散点呈直线分布趋势;图 7-1c 中的散点呈曲线分布趋势;图 7-1d 中的散点呈圆面分布趋势。像图 7-1a 和图 7-1b 那样,在散点图中,两个变数构成的散点,如果呈直线分布趋势,可以近似的用一条直线来表示,则这两个变数间的相关称为直线相关。两个直线相关变数 x 和 y,如果存在着 y 随着 x 变化而变化的单向依存关系,则称 y 与 x 的关系为直线回归。像图 7-1c 那样,在散点图中,两个变数构成的散点,如果呈曲线分布趋势,可以近似的用一条曲线来表示,则这两个变量的相关称为曲线相关。两个曲线相关的变数,如果存在着 y 随着 x 变化而变化的单向主从关系,则称 y 与 x 的关系为曲线回归。像图 7-1d 那样,两个变数构成的散点呈圆面分布趋势,则这两个变数间不存在相关关系。

四、相关与回归分析中需注意的问题

1. 相关和回归分析仅是作为一种工具,帮助完成有关的认识和解释。

2. 如果仅研究两种事物的关系时,应尽可能地使其他因素受到严格控制。

3. 为提高准确性,两个变数的成对观测值尽可能地多些(5 对以上),x 变数取值范围尽可能的大些。

任务2 简单直线相关

在很多科研和实际工作中，往往需要了解两个变数相互影响的程度和性质。如新梢生长量与产量的关系，果实横径与果实重量的关系，叶片长度与叶片面积的关系，等等。本任务主要介绍解决上述问题的统计处理方法——直线相关。

一、相关性质的确定和相关程度的度量

1. 相关的性质

将图7-2的a和b中的直角坐标系的原点移到点($\bar{x}$,$\bar{y}$)，散点分别用直线l_1和l_2来近似表示，如图7-2所示。

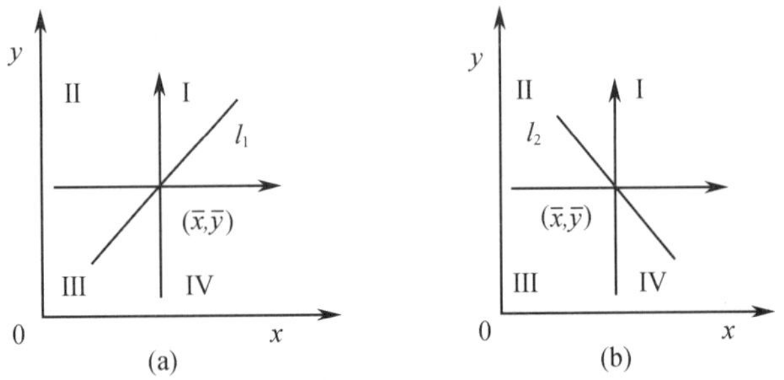

图7-2 相关分析与回归分析

观察图7-2中的图a发现：直线l_1上的点y随着x增大而增大，变量x与y的相关为正相关。直线l_1通过坐标系的第Ⅰ、Ⅲ象限。对于直线l_1在第Ⅰ象限上任意一点都有：

$(x-\bar{x})>0$，$(y-\bar{y})>0$，则$\sum(x-\bar{x})(y-\bar{y})>0$

在第Ⅲ象限，任意一点都有：

$(x-\bar{x})<0$，$(y-\bar{y})<0$，则$\sum(x-\bar{x})(y-\bar{y})>0$

也就是说在直线l_1上的点有：$\sum(x-\bar{x})(y-\bar{y})>0$的特性。

观察图7-2中的图b发现：直线l_2上的点y随着x增大而减小，变量x与y的相关为负相关。直线l_2通过坐标系的第Ⅱ、Ⅳ象限。对于直线l_2在第Ⅱ象限上任意一点都有：

$(x-\bar{x})<0$，$(y-\bar{y})>0$，则$\sum(x-\bar{x})(y-\bar{y})<0$

在第Ⅳ象限，直线l_2上任意一点都有：

$(x-\bar{x})>0$，$(y-\bar{y})<0$，则$\sum(x-\bar{x})(y-\bar{y})<0$

也就是说在直线l_2上的点有：$\sum(x-\bar{x})(y-\bar{y})<0$的特性。

$\sum(x-\bar{x})(y-\bar{y})$是两个变量离均差的乘积之和，简称为乘积和，记作$SP_{xy}$，即：

$$SP_{xy}=\sum(x-\bar{x})(y-\bar{y})$$

$$SP_{xy} = \sum xy - \frac{\sum x \sum y}{n}$$

通过以上讨论可以得出：两个直线相关变量，在正相关时，其乘积和(SP_{xy})大于零；在负相关时，其乘积和(SP_{xy})小于零。

2. 相关程度的度量

在生产实践中，我们不但关心两个相关变数的性质，更关心两个相关变数的关系密切程度。相关程度的度量用相关系数 r 表示。

通过以上讨论我们得出相关系数(r)的计算公式为：

$$r = \frac{SP_{xy}}{\sqrt{SS_x SS_y}}$$

公式中 SP_{xy} 为两个变数的乘积和；SS_x 为 x 变数的平方和；SS_y 为 y 变数的平方和。在实际应用中，为了计算的方便，该公式常书写成如下形式：

$$r = \frac{\sum xy - \frac{\sum x \sum y}{n}}{\sqrt{\left[\sum x^2 - \frac{\left(\sum x\right)^2}{n}\right]\left[\sum y^2 - \frac{\left(\sum y\right)^2}{n}\right]}}$$

相关系数反映了变数之间的相关关系的密切程度，具有以下特点：

(1)r 值介于 -1 与 1 之间。相关系数的绝对值越大，变数之间的相关关系越强。当 $|r|=1$ 时，则表明 x 与 y 完全线性相关，当 $r=1$ 时，称为完全正相关，而 $r=-1$ 时，称为完全负相关。在生物界，完全相关的变数是很少见到的。

(2)当 $r=0$ 时，变数间的相关称为零相关；x 与 y 的样本观测值之间没有线性关系。

(3)在大多数情况下，$0<|r|<1$，即 x 与 y 的样本观测值之间存在着一定的线性关系，当 $r>0$ 时，x 与 y 为正相关；当 $r<0$ 时，x 与 y 为负相关。当 $|r| \geqslant 0.66$ 时，变数间的相关为强相关；当 $0.33 \leqslant |r| < 0.66$ 时，变数间的相关为中等强度相关；当 $|r| < 0.33$ 时，变数间的相关为弱相关。

(4)r 是对变数之间线性相关关系的度量。$r=0$ 只是表明两个变数之间不存在线性关系，它并不意味着 x 与 y 之间不存在其他类型的关系。对于二者之间可能存在的非线性相关关系，需要利用其他指标去进行分析。

二、相关系数的计算方法

【例 7-1】调查了华农早桔 10 个果实横径(cm)与单果重(g)，数据如表 7-1 所示，计算其相关系数。

两类变数的对数较少，可以直接用公式计算。由公式可得：

$$r = \frac{\sum (x-\bar{x})(y-\bar{y})}{\sqrt{\sum (x-\bar{x})^2 \sum (y-\bar{y})^2}} = \frac{212.880}{\sqrt{8.764\,0 \times 5\,467.60}} = 0.972\,5$$

【例 7-2】于粉皮冬瓜雌花谢花后的 7 d、8 d、9 d、10 d、11 d，分别量取纵径，得双变数资料列于表 7-2，计算其相关系数。

表 7-1 华农早桔果实横径与单果重相关计算表

果横径(x)/cm	单果重(y)/g	$x-\bar{x}$	$y-\bar{y}$	$(x-\bar{x})^2$	$(y-\bar{y})^2$	$(x-\bar{x})(y-\bar{y})$
7.0	115	1.26	37.2	1.5876	1 383.84	46.872
6.5	96	0.76	18.2	0.5776	331.24	13.832
5.8	79	0.06	1.2	0.0036	1.44	0.072
4.1	44	−1.64	−33.8	2.6896	1 142.44	55.432
5.5	62	−0.24	−15.8	0.0576	249.64	3.792
6.7	106	0.96	28.2	0.9216	795.24	27.072
6.3	88	0.56	10.2	0.3136	104.04	5.712
4.3	48	−1.44	−29.8	2.0736	888.04	42.912
6.1	85	0.36	7.2	0.1296	51.84	2.592
5.1	55	−0.64	−22.8	0.4096	519.84	14.592
和 57.4	778			8.7640	5 467.60	212.880
平均 5.74						

表 7-2 粉皮冬瓜雌花谢花后日数与果实纵径相关计算表

谢花后日数(x)/d	果实纵径(y)/cm	xy	x^2	y^2
7	14.3	100.1	49	204.49
8	16.8	134.4	64	282.24
9	17.2	154.8	81	295.84
10	17.6	176.0	100	309.76
11	18.5	203.5	121	342.25
和 45	84.4	768.8	415	1 431.58

由公式可计算出：

$$r=\frac{\sum xy-\frac{\sum x\sum y}{n}}{\sqrt{\left[\sum x^2-\frac{(\sum x)^2}{n}\right]\left[\sum y^2-\frac{(\sum y)^2}{n}\right]}}$$

$$=\frac{n\sum xy-\sum x\sum y}{\sqrt{\left[n\sum x^2-(\sum x)^2\right]\left[n\sum y^2-(\sum y)^2\right]}}$$

$$=\frac{5\times 768.8-45\times 84.4}{\sqrt{(5\times 415-45^2)\left[5\times 1\,434.58-(84.4)^2\right]}}$$

$$=0.924\,3$$

三、r 的显著性检验

在生产和科研实践中，通常我们都是通过从总体中抽取样本，通过样本来计算变数间的相关系数 r。由样本资料计算得到的相关系数与其他统计量一样，由于抽样误差的存在，必须进行显著性检验。其结果有两种可能性：一种是两个变数所在的总体之间存在相关关系，如果用字母 ρ 表示总体相关系数，则有 $\rho \neq 0$；另一种是两个变数所在的总体之间不存在相关关系，由样本计算得到的相关系数 r 是由抽样误差造成的，即 $\rho=0$。

相关系数 r 的显著性检验，可采用 t 检验法、F 检验法以及查表法进行检验。

1.t 检验法

提出无效假设 $H_0:\rho=0$，在此假设前提下有：

$$t=\frac{r-\rho}{S_r}=\frac{r}{S_r}$$

式中：S_r 为相关系数 r 的标准误，统计学中已经证明：

$$S_r=\sqrt{\frac{1-r^2}{n-2}}$$

计算相关系数时，数据的组数为 n，使用了 $\sum(x-\bar{x})=0$ 和 $\sum(y-\bar{y})=0$ 两个条件，所以相关系数 r 的自由度 $DF=n-2$。

在相关系数显著性检验中，当 $|t|<t_{(0.05,DF)}$，则 $P>0.05$，差异不显著，接受无效假设，即：$\rho=0$，两个变量所在的总体间无相关关系，相关系数 r 是由抽样误差造成的；当 $t_{(0.05,DF)}\leqslant|t|<t_{(0.01,DF)}$ 则 $P<0.05$，差异显著，$|t|\geqslant t_{(0.01,DF)}$ 则 $P<0.01$，差异极显著，均否定无效假设，即：$\rho\neq 0$，两个变量所在的总体间存在相关关系，相关系数 r 是真实可靠的。

下面对例题 7-1 的相关系数进行显著性检验。

(1)提出无效假设。$H_0:\rho=0$

(2)计算 t 值与自由度。先计算 S_r，然后代入 t 值计算公式。根据例题 7-1，得到 $r=0.97$，$n=10$，代入公式：

$$S_r=\sqrt{\frac{1-r^2}{n-2}}=\sqrt{\frac{1-0.97^2}{10-2}}=0.086\ 0$$

$$t=\frac{r}{S_r}=\frac{0.97}{0.086\ 0}=11.297$$

$$DF=n-2=10-2=8$$

(3)进行检验。根据 $DF=8$ 查 t 值表得：$t_{(0.05,8)}=2.306$，$t_{(0.01,8)}=3.355$；因为 $|t|>t_{(0.05,8)}$，$|t|>t_{(0.01,8)}$，所以否定 $H_0:\rho=0$，而承认 $H_0:\rho\neq 0$，说明 r 值达到 0.01 显著水平。试验结论是，华农早桔果实横径与单果重之间存在极显著正相关。

2. 查表法

统计学家已经根据公式，推导出了在一定显著水平下各自由度的临界 r 值，并列出了表格（r 及 R 的显著数值表，见附表 8）。在计算出 r 值后，根据自由度（$n-2$）查出相应的 r_α 值，就可以对相关系数 r 进行显著性检验了。若 $|r|<r_{0.05,(n-2)}$，$P>0.05$，则相关系数 r 不显著，在 r 的右上方不做标记；若 $r_{0.05,(n-2)}\leqslant|r|<r_{0.01,(n-2)}$，则 $0.01<P\leqslant0.05$，差异显著，$|r|\geqslant r_{0.01,(n-2)}$，则 $P<0.01$，差异极显著，均否定无效假设，即：$\rho\neq0$，两个变量所在的总体间存在相关关系。

对于例题 7-1，因为 $DF=n-2=10-2=8$，查临界 r 值表得：$r_{0.01,(8)}=0.765$，$r=0.9725>r_{0.01,(8)}$，$P<0.01$，因此否定 H_0，表明华农早桔果实横径与单果重之间存在极其显著的直线相关关系，并且为强正相关。

可见，用直接查表法与用 t 检验得出的结论是相同，却省略了烦琐的计算过程，在实践中应用就方便多了。

任务 3　简单直线回归

前面计算的相关系数，它只表示两个变数间相关关系的性质和相关程度，而不能反映出两者之间数量上的变化。然而，在生产实践中，通常需要用一个变数的变化去估测另外一个变数的变化。直线回归分析是将两个随机变数置于直角坐标系中，找到一条能够近似的表示两个随机变数的回归直线，建立该直线的回归方程，并通过回归方程用一个变数的变化估测另一个变数的变化。

一、简单直线回归方程的建立

如果两个变数在散点图上呈直线趋势，如果要从 x 的数量变化来预测或估计 y 的数量变化，则首先要采用直线回归方程来描述。简单的直线回归关系可借助数学上的二元一次线性方程式 $y=a+bx$ 来表示，在统计学中写成如下方程式：

$$\hat{y}=a+bx$$

上式读作“y 依 x 的直线回归方程”。其中 x 是自变数；$\hat{y}$ 是和 x 的量相对应的因变数的点估计值；a 叫回归截距，是 $x=0$ 时的 $\hat{y}$ 值，即回归直线在 y 轴上的截距；b 叫回归系数，是 x 每增加一个单位数时，$\hat{y}$ 平均地将要增加（$b>0$ 时）或减少（$b<0$ 时）的单位数。

要使 $\hat{y}=a+bx$ 能够最好地代表 y 和 x 在数量上的互变关系，根据最小平方法，必须使 $Q=\sum_1^n(y-\hat{y})^2=\sum_1^n(y-a-bx)^2$ 为最小。因此，分别对 a 和 b 求偏导数并令其为 0，即可获得正规方程组：

$$\begin{cases}an+b\sum x=\sum y\\ a\sum x+b\sum x^2=\sum xy\end{cases}$$

解这个关于 a 和 b 的二元一次方程组得：

$$a=\bar{y}-b\bar{x}$$

$$b=\frac{\sum xy-\frac{1}{n}\sum x\sum y}{\sum x^2-\frac{1}{n}\left(\sum x\right)^2}=\frac{\sum(x-\bar{x})(y-\bar{y})}{\sum(x-\bar{x})^2}=\frac{SP_{xy}}{SS_x}$$

式中的 $\sum(x-\bar{x})(y-\bar{y})$ 是 x 的离均差和 y 的离均差的乘积之和，简称为乘积和，记作 SP_{xy}；式中的 $\sum(x-\bar{x})^2$ 是 x 的离均差平方和，记作 SS_x。将公式算得的 a 和 b 值代入方程式，即可保证 $Q=\sum(y-\hat{y})^2$ 最小，同时使 $\sum(y-\hat{y})=0$。Q 就是误差的一种度量，称之为离回归平方和。

a 值和 b 值均可正可负，随具体资料而异。如图 7-3 所示，当 $a>0$ 时，表示回归直线在Ⅰ、Ⅱ象限交于 y 轴；当 $a<0$ 时，表示回归直线在Ⅲ、Ⅳ象限交于 y 轴；当 $b>0$ 时，为正相关，表示 y 随 x 的增大而增大，随 x 的减小而减小；当 $b<0$ 时，为负相关，表示 y 随 x 的增大而减小；当 $b=0$ 或和 0 的差异不显著时，直线回归关系不能成立，表明 y 的变异和 x 的取值大小无关。

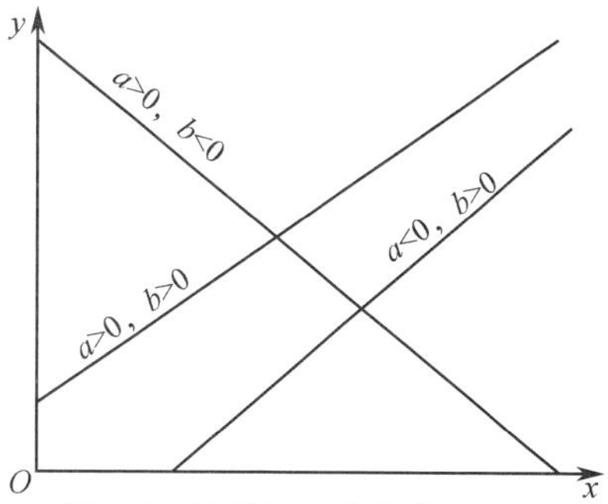

图 7-3　直线回归方程 $\hat{y}=a+bx$ 的图像

以上是 a 和 b 值的统计学解释。在具体问题中，a 和 b 值将有专业上的实际意义。

将 $a=\bar{y}-b\bar{x}$ 代入方程式可得：

$$\hat{y}=(\bar{y}-b\bar{x})+bx=\bar{y}+b(x-\bar{x})$$

由上式可得，当 $x=\bar{x}$ 时，则必有 $\hat{y}=\bar{y}$，所以回归直线一定通过 $(\bar{x},\bar{y})$ 坐标点。在绘制回归方程图时可作为判断直线图是否正确的标准。

二、直线回归方程的计算

下面以一个实例说明回归统计数计算的过程。

依据例题 7-1 的数据，直接代入公式：

$$b=\frac{\sum(x-\bar{x})(y-\bar{y})}{\sum(x-\bar{x})^2}=\frac{212.88}{8.764}=24.29$$

$$a=\bar{y}-b\bar{x}=77.8-24.29\times5.74=-61.62$$

因此得：$\hat{y}=a+bx=-61.62+24.29x$

也就是华农早桔果实横径与单果重的回归方程为：$\hat{y}=-61.62+24.29x$

如果原来的 x 变数或 y 变数数值较大，为了计算方便，可以减去一数值，或除一数值，或除某一数值，或又减又除。总之，原来的 x 变成 x'，原来的 y 变成 y'，最后计算的 a 和 b 值与上面的直接法完全相同，这里就不再详细计算。

三、直线回归方程的图示

仍以例题 7-1 的数据资料为例，华农早桔果实横径 x 与单果重 y 的回归方程为：

$$\hat{y} = -61.62 + 24.29x$$

将观察值中 x 的最小值和最大值代入方程式：

$$当\ x=4.1,\ \hat{y} = -61.62+24.29\times 4.1=37.969$$

$$当\ x=7.1,\ \hat{y} = -61.62+24.29\times 7.0=108.41$$

根据以上求得的 $x=4.1$，$\hat{y}=37.969$ 和 $x=7.1$，$\hat{y}=108.41$ 这两点，连成一条直线，将各实际观察的各点标明在图上，并将回归方程式写在图的上部，将相关系数写在图内左或右下角，这就成为回归图，如图 7-4 所示。

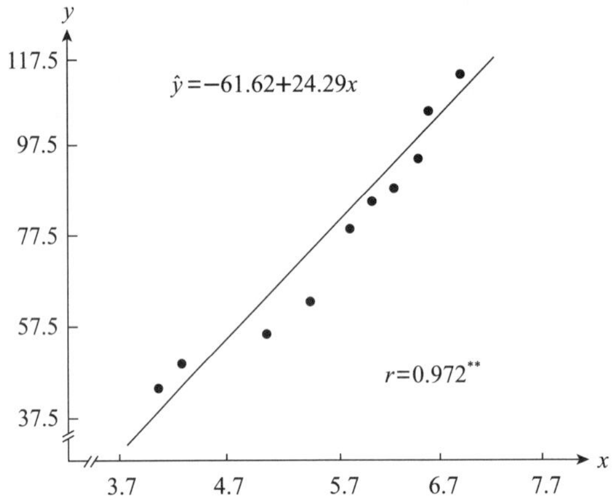

图 7-4 华农早桔果实横径(x)与单果重(y)的回归关系图

要验证这一方程是否正确，可以将 $\bar{x}$ 值代入方程式，如 $\hat{y}=\bar{y}$，则一定正确，本例 $\bar{x}=5.74$，代入得：

$$\hat{y} = -61.62+24.29\times 5.74=77.80$$

而 $\bar{y}$ 确实为 77.80。因为在前面提及要使 $\hat{y}=a+bx$ 是一条回归直线方程，其中第三点要求，这一点必须通过 $\bar{x}$，$\bar{y}$ 的交点，现在把 $\bar{x}$ 代入 $\hat{y}=\bar{y}$，所以证实确是通过了 $\bar{x}$ 和 $\bar{y}$ 的交点。

回归方程在使用时要注意，测定的回归直线是有一定范围的，在一般情况下，是受自变量最大值与最小值限制，不可任意延长这条直线，在这个观测范围以外，也不一定是呈直线形式，而且也不一定是现在所求得的 a 和 b 值。

四、直线回归显著性检验

通过样本资料的 n 对观测值能够建立直线回归方程，绘制回归直线，但这能否反映两个变数所在的总体之间是否存在真实的直线关系，还必须对回归关系和回归系数进行显著性检验。回归关系的显著性检验用方差分析方法，回归系数的显著性检验用 t 检验的方法。

1. 直线回归的变异来源

$\bar{y}$ 与 $\hat{y}$ 都反映了 y 的特征和规律，但是从图 7-5 中我们看到这 3 个值却不相同，

$$(y-\bar{y})=(\hat{y}-\bar{y})+(y-\hat{y})$$

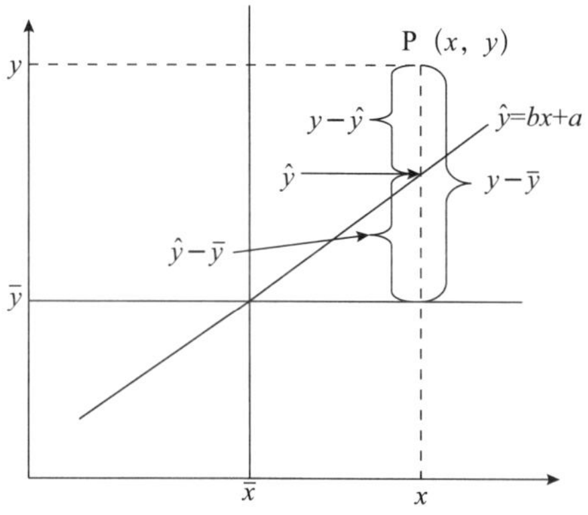

图 7-5　($y-\bar{y}$)分解图

将等式两边同时平方后再求和得：

$$\sum(y-\bar{y})^2=\sum[(\hat{y}-\bar{y})+(y-\hat{y})]^2$$

$$=\sum(\hat{y}-\bar{y})^2+\sum(y-\hat{y})^2+2\left[\sum(\hat{y}-\bar{y})\right]\left[\sum(y-\hat{y})\right]$$

先讨论式中 $2\left[\sum(\hat{y}-\bar{y})\right]\left[\sum(y-\hat{y})\right]$ 这一部分。

将 $\hat{y}=bx+a$ 和 $a=\bar{y}-b\bar{x}$ 代入上式得：

$$2\left[\sum(bx+\bar{y}-b\bar{x}-\bar{y})\right]\left[\sum(y-bx-\bar{y}+b\bar{x})\right]$$

$$=2b\left[\sum(x-\bar{x})\right]\sum[(y-\bar{y})-b(x-\bar{x})]$$

因为 $\sum(x-\bar{x})=0$　　故 $2\mathrm{b}\left[\sum(x-\bar{x})\right]\sum[(y-\bar{y})-b(x-\bar{x})]=0$

即：$2\left[\sum(\hat{y}-\bar{y})\right]\left[\sum(y-\hat{y})\right]=0$　　则有：

$$\sum(y-\bar{y})^2=\sum(\hat{y}-\bar{y})^2+\sum(y-\hat{y})^2$$

其中 $\sum(y-\bar{y})^2$ 称为 y 变数的总平方和记作 SS_y，$\sum(\hat{y}-\bar{y})^2$ 反映了 y 变量对 x 变数的回归关系称为回归平方和记作 SS_R，$\sum(y-\hat{y})^2$ 反映 y 对 x 存在直线回归关系以外的其他因素(包括随机误差)称为离回归平方和(或剩余平方和)记作 SS_r。因此有：$SS_y=SS_R+SS_r$，与此对应的，统计学上还能证明 y 变数的总自由度(DF_y)也可以剖分为回归自由度(DF_R)和离回归自由度(DF_r)两部分。即：

$$\begin{cases} SS_y = SS_R + SS_r \\ DF_y = DF_R + DF_r \end{cases}$$

式中：

$$SS_y = \sum y^2 - \frac{(\sum y)^2}{n}$$

$$SS_R = \sum (\hat{y} - \bar{y})^2 = \sum (bx + a - \bar{y})^2$$
$$= \sum (bx + \bar{y} - b\bar{x} - \bar{y})^2$$
$$= b^2 \sum (x - \bar{x})^2 \quad = b^2 SS_x = bSP_{xy} = \frac{SP_{xy}^2}{SS_x}$$

$$SS_r = SS_y - SS_R$$

在计算 SS_y 时使用一个条件，统计学上还能证明回归自由度等于自变数个数，因此有：

$$DF_y = n-1, DF_R = 1, DF_r = DF_y - DF_R$$

因此，回归方差为 $MS_R = \frac{SS_R}{DF_R}$；离回归方差为 $MS_r = \frac{SS_r}{DF_r}$ 。

2. 回归关系的显著性检验（F 检验）

回归方程是否成立，需要根据一类变数 y 随另一类变数 x 而变化的其回归关系是否达到显著标准而决定，这就需要进行显著性检验，通常用 F 检验。

其无效假设为 H_0：总体回归系数 $\beta=0$，备择假设为 H_A：总体回归系数 $\beta \neq 0$。在无效假设成立的条件下，回归方差与离回归方差的比值服从 $DF_1=1$ 和 $DF_2=n-2$ 的 F 分布，所以可以用：

$$F = \frac{MS_R}{MS_r} = \frac{SS_R/DF_R}{SS_r/DF_r} = \frac{SS_R}{SS_r/(n-2)}, DF_1 = 1, DF_2 = n-2,$$

进行回归关系的显著性检验。

统计推断：根据 $DF_R=1$ 和 $DF_r=8$ 查 F 值表，若 $F > F_{0.01(1,8)}$，$P<0.01$，差异极显著，否定无效假设，接受备择假设。即 y 与 x 存在直线回归关系，反之就不存在直线回归关系。

3. 回归系数的显著性检验（t 检验）

t 检验是检验样本回归系数 b 是否来自 $\beta \neq 0$ 的双变数总体，以推断线性回归方程的显著性。

（1）建立无效假设和备择假设，即 H_0：$\beta=0$，H_A：$\beta \neq 0$。

（2）计算 t 值，计算公式为：

$$t = \frac{b}{S_b} = \frac{b}{\frac{S_{yx}}{\sqrt{SS_x}}}, DF = n-2$$

其中，S_b 为回归系数标准误；S_{yx} 为离回归标准误。

$$S_{yx}=\sqrt{\frac{\sum(y-\hat{y})^2}{n-2}}=\sqrt{\frac{SS_r}{n-2}}$$

求出：

$$SS_x=\sum x^2-\frac{\left(\sum x\right)^2}{n}$$

$$S_{yx}=\sqrt{\frac{SS_r}{n-2}}$$

则

$$S_b=\frac{S_{yx}}{\sqrt{SS_x}}$$

$$t=\frac{b}{S_b}$$

(3)查临界 t 值表，做出统计推断。

由 $DF=n-2=10-2=8$，查 t 值表，若 $t>t_{0.01(8)}$，$P<0.01$，否定 $H_0:\beta=0$，接受 $H_A:\beta\neq0$，即 y 与 x 的回归系数 b 是极其显著的。表明二者之间存在极其显著的直线回归关系，可用所建立的直线回归方程来进行预测和控制。

通过对回归关系和回归系数的显著性检验，得到的检验结果是一致的，统计学上已经证明这两种检验方法是等价的。在实际工作中，可以任选一种使用，这里就不再举例说明。

五、相关与回归应用时的注意事项

直线回归分析与相关分析在生产实践及科学研究领域中已得到了广泛的应用，但在实际工作中却容易被误用或做出错误的解释。为了正确地应用直线回归分析和相关分析这一工具，必须注意以下几点：

1. 变数间是否存在相关

直线相关和回归分析毕竟是处理变数间关系的数学方法，在将这些方法应用于生产实践及科学研究时要考虑到研究对象本身的客观实际情况，譬如变数间是否存在直线相关以及在什么条件下会发生直线相关，求出的直线回归方程是否有意义，某性状作为自变数或因变数的确定等，都必须由相应的专业知识来决定，并且还要用到生产实践中去检验。如果不以一定的科学依据为前提，把风马牛不相及的资料随意凑到一块作直线回归分析或相关分析，那就犯了根本性的错误。

2. 其余变数尽量保持一致

由于自然界各种事物间的相互联系和相互制约，一个变数的变化通常会受到许多其他变数的影响，因此，在研究两个变数间关系时，要求其余变数应尽量保持在同一水平上，否则，相关分析和回归分析可能会导致完全虚假的结果。例如人的身高和胸围之间的关系，如果体重固定，身高越高的人，胸围越小，但当体重在变化时，其结果就会相反。

3. 观测值要尽可能地多

在进行直线相关与回归分析时，两个变数成对观测值应尽可能多一些，这样可提高分析的精确性，一般至少要有5对以上的观测值。同时变数 x 的取值范围要尽可能大一些，这样才容易发现两个变数间的变化关系。

4. 外推需谨慎

直线相关与回归分析一般是在一定取值区间内对两个变数间的关系进行描述，超出这个区间，变数间关系类型可能会发生改变，所以回归预测必须限制在自变数 x 的取值区间以内，外推需谨慎，否则会得出错误的结果。

5. 一个显著的回归方程并不一定具有实践上的预测意义

如一个资料 x、y 两个变数间的相关系数 $r=0.5$，在 $DF=24$ 时，$r_{0.01(24)}=0.496$，$r>r_{0.01(24)}$，表明相关系数极显著。而 $r^2=0.25$，即 x 变数或 y 变数的总变异能够通过 y 变数或 x 变数以直线回归的关系来估计的比重只占25%，其余的75%的变异无法借助直线回归来估计。

实训　直线回归和相关分析

一、目的要求

掌握直线回归与相关分析的方法与步骤。能正确使用Excel软件进行回归和相关性分析。

二、材料用具

装有Excel软件的计算机、报告册、笔。

三、方法步骤

1. 直线相关分析

【例7-3】8个玉米品种的穗位高和株高数据见表7-3，试对穗位高和株高进行相关性分析。

表7-3　玉米品种的穗位高与株高

品种编号	1	2	3	4	5	6	7	8
穗位高/cm	116.2	116.0	113.3	141.9	118.7	113.9	115.5	145.0
株高/cm	284.2	277.4	291.3	308.2	312.6	290.4	310.2	319.8

(1)将表7-3中的数据输入Excel软件的工作表中，点击“数据”菜单，右上角点击“数据分析”，弹出“数据分析”对话框(图7-6)。

(2)在“数据分析”对话框中，选中“相关系数”选项，单击“确定”按钮(图7-7)，弹出“相关

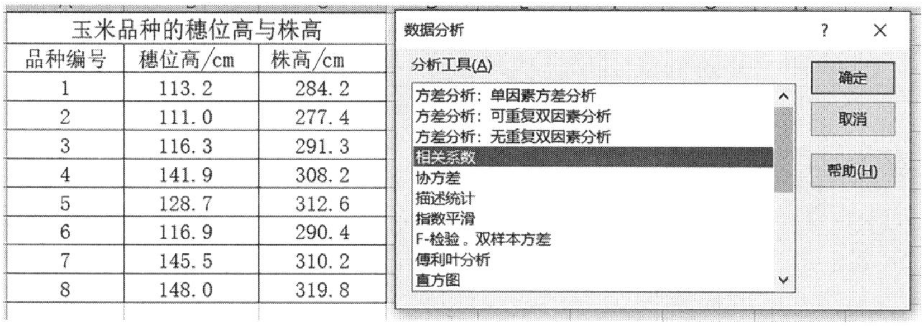

玉米品种的穗位高与株高		
品种编号	穗位高/cm	株高/cm
1	113.2	284.2
2	111.0	277.4
3	116.3	291.3
4	141.9	308.2
5	128.7	312.6
6	116.9	290.4
7	145.5	310.2
8	148.0	319.8

图 7-6　菜单栏中“数据”→“数据分析”

系数”对话框。

(3)在“相关系数”对话框的“输入区域”内输入观察值所在单元格区域(本例观察值所在单元格区域为 B2 到 C10。所以，在“输入区域”内输入 \$B\$2：\$C\$10)，或直接选择 B2 至 C10 区域；在“分组方式”圆点内选择“逐列”；选定“标志位于第一行”；在“输出选项”中勾选“输出区域”，指定输出结果的单元格，然后点“确定”按钮(图 7-8)，即可得到相关系数输出结果(图 7-9)。

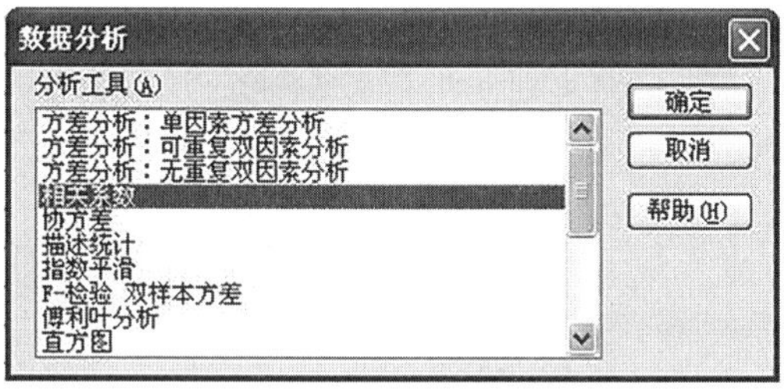

图 7-7　数据分析对话框

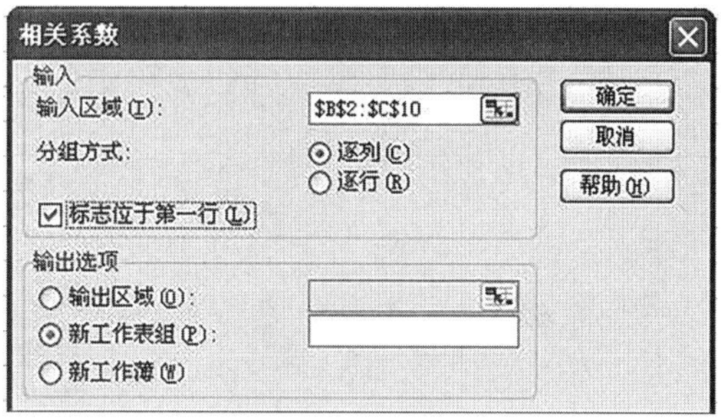

图 7-8　相关系数对话框

	穗位高/cm	株高/cm
穗位高/cm	1	
株高/cm	0.919	1

图 7-9　相关系数输出结果

(4)结果分析。从图 7-9 中可以看出玉米品种穗位高与株高的相关系数 $r=0.919$，我们已知 $DF=n-2=6$，查表得：$r_{0.05}=0.707$，$r_{0.01}=0.834$，而实得的 $r=0.919>r_{0.01}$，故：$P<0.01$，相关系数极显著，表明玉米品种的穗位高和株高存在极显著的正相关。

2. 直线回归分析

【例 7-4】许多害虫的发生都和气象条件有一定关系，山东临沂测定 1964—1973 年(共 10 年)间 7 月下旬的温雨系数[雨量(mm)/平均温度(℃)]和大豆第二代造桥虫发生量(每百株大豆的虫数)的关系，如表 7-4 所示。试进行回归分析。

表 7-4　温雨系数和大豆第二代造桥虫虫口密度

温雨系数(x)	虫口密度(y)
1.58	180
9.98	28
9.42	25
1.25	117
0.30	165
2.41	175
11.01	40
1.85	160
6.04	120
5.92	80

资料来源:霍志军,2018。

(1)将表 7-4 中的数据输入 Excel 软件的工作表中,点击“数据”菜单,右上角点击“数据分析”,弹出“数据分析”对话框(图 7-10)。

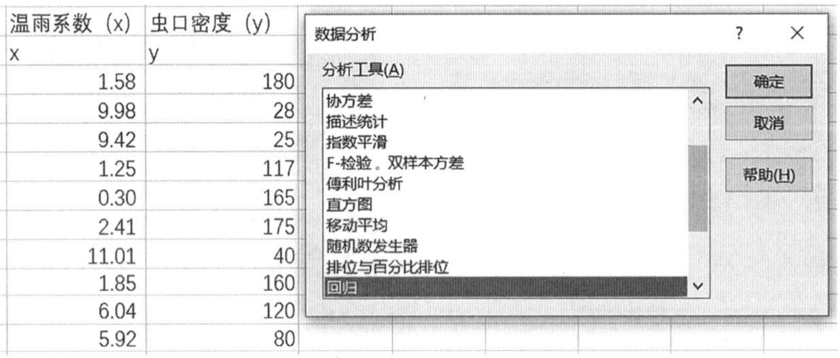

图 7-10　菜单栏中“数据→数据分析”

(2)在“数据分析”对话框中,选中“回归”选项,单击“确定”按钮(图 7-11),弹出“回归”对话框。

图 7-11　数据分析对话框

(3)在“回归”对话框的“Y 值输入区域”内输入 y 变量观察值所在单元格区域(本例 y 变量观察值所在的单元格为:B2 到 C12。所以,在“Y 值输入区域”内输入“ \$B\$2:\$B\$12”),或直接选中 B2 至 B12 区域;“X 值输入区域”内输入 x 变量观察值所在单元格区域(本例

x 变量观察值所在的单元格为：A2 到 A12。所以在“X 值输入区域”内输入“\$A\$2:\$A\$12”)；选定“标志”框和“置信度”框(95%)；在“输出选项”中点击“输出区域”，指定输出结果的单元格，然后单击“确定”按钮(图 7-12)，即得到回归分析的输出结果(图 7-13)。

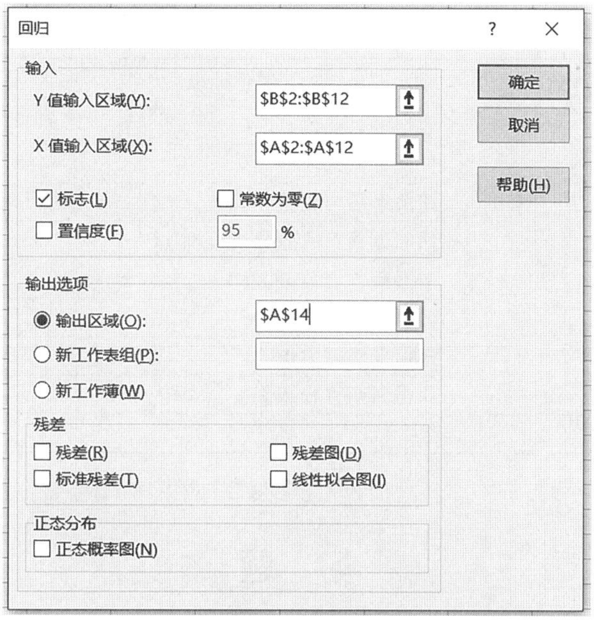

图 7-12　回归对话框

SUMMARY OUTPUT								
回归统计								
Multiple R	0.920096388							
R Square	0.846577363							
Adjusted R Squ	0.827399533							
标准误差	25.73643098							
观测值	10							
方差分析								
	df	SS	MS	F	gnificance F			
回归分析	1	29239.1	29239.1	44.1435	0.00016			
残差	8	5298.91	662.364					
总计	9	34538						
	Coefficients	标准误差	t Stat	P-value	Lower 95%	Upper 95%	下限 95.0%	上限 95.0%
Intercept	179.2121932	13.3384	13.4358	9E-07	148.454	209.971	148.454	209.971
x	-14.11016744	2.12373	-6.6441	0.00016	-19.007	-9.2128	-19.007	-9.2128

图 7-13　回归分析输出结果示意图

在图 7-13“回归统计”结果中，“Multiple *R*”是相关系数 $r=0.9200$，“*R* Square”是决定系数 $r^2=0.8466$；“方差分析表”中，“*DF*”是自由度，“*SS*”是平方和，“*MS*”是均方，“*F*”是 *F* 检验的结果值，“Significance *F*”是 *F* 的概率值，因为 Significance $F<0.01$，所以在 1% 的显著水平下推断：y 与 x 两变量间的线性关系显著，即回归方程是显著的；在图 7-13 的最下面的“Coefficients”中还给出了回归截距 a 和回归系数 b，其中：$a=179.2$，$b=-14.1$，故虫口

密度与温雨系数的回归方程为 $\hat{y}=179.2-14.1x$。

3. 完成习题 7、8 的分析。

四、技能训练评价(表 7-5)

表 7-5 技能训练评价表

序号	评价内容	评价标准	分值	得分
1	习题 7	数据录入规范、准确	10	
2		分析工具选取准确	10	
3		相关系数与检验正确	20	
4		回归方程及方差分析正确	20	
5	习题 8	数据录入规范、准确	10	
6		分析工具选取准确	10	
7		置信度确定无误	10	
8		获得回归方程正确	10	
合计			100	

习 题

1. 什么是相关分析？相关系数有哪些性质？相关系数计算公式如何？

2. 什么是回归分析、回归截距？回归系数的统计意义是什么？

3. 用什么方法考察回归直线图示是否正确？

4. 某资料 $n=100$，x 与 y 的相关系数为 $r=0.1$，可否认为 x 与 y 有较密切的相关关系？

5. 应用直线回归和相关分析时应注意哪些问题？

6. 直线回归分析时怎样确定因变量与自变量？

7. 调查测定 10 个柑橘果实横径与单果重数据如下：

果实横径(x)/cm：	7.0	6.5	5.8	4.5	5.5	6.7	6.3	4.3	6.1	5.1
单 果 重(y)/g：	115	96	79	44	62	106	88	48	85	55

试建立 y 对 x 的线性回归方程，并对其回归关系进行方差分析，求简单相关系数，并进行检验。

8. 某地对 5 月中旬降水量与 6 月上、中旬黏虫发生量进行了连续 8 年的调查，结果如下，试计算其直线回归方程。

年份	1	2	3	4	5	6	7	8
降水量/mm	46.1	31.9	55.4	30.6	50.6	24.8	40.2	28.6
黏虫发生量/(头/100 m^2)	355	251	388	123	377	53	359	103

拓展选修

知识目标

熟悉科技论文的概念、种类、撰写要求，掌握科技论文写作格式。

技能目标

在试验研究的基础上，独立撰写一篇毕业论文。

素质目标

写作用语规范，逻辑缜密，立足把论文写在大地上。

拓展1　科技论文撰写

科技论文是一切科技交流的基础。科技论文写作水平的高低，直接影响科技工作的进展。作为科技工作者，应当掌握科技论文写作的一般方法，了解编辑部门对文稿质量和规格的要求，熟悉有关的标准和规定，并通过写作实践，不断提高写作水平，写出学术价值高、科学性强、文字细节和技术细节表达规范的科技论文，从而在促进学术交流和推动科学技术及经济建设的发展中发挥应有的作用。

一、科技论文的概念和分类

1. 科技论文的概念

科技论文是对创造性的科研成果进行理论分析和总结的科技写作文体。科技论文是报道自然科学研究和技术开发创新工作成果为内容的论文，它是通过运用概念、判断、推理、证明或反驳等逻辑思维手段，来分析表达自然科学理论和技术开发研究成果的文章。

科技论文区别于其他文体的特点：科技论文是创新性科学技术研究成果的科学论述，是某些理论性、实验性或观测性新知识的科学记录，是某些已知原理应用于实际中取得新进展、新成果的科学总结。

2. 科技论文的分类

通常报纸杂志上发表的科技论文按其性质分为以下三类：

(1)科技专论　是指在完成某一科研课题之后，就其科研过程、试验数据等撰写的理论文章。它以报道学术研究成果为主要内容，提供给学术性期刊或提交学术会议。科技专论反映了该学科领域新的、前沿的科学水平和发展动向。这类论文应具有新的观点、新的分析方法和新的数据或结论，并具有先进性、实用性和科学性。

(2)科技综述　是指对某一问题在纵的方面不限于某一时期，在横的方面不限于某一专题、专业，而是纵横交错地进行综合论述。这类论文是在作者博览群书的基础上，综合介绍、分析、评述该学科(专业)领域里国内外的研究新成果、发展新趋势，并表明作者自己的观点，做出发展的科学预测，提出比较中肯的建设性意见和建议。对这类论文的基本要求是，资料新而全，选题立足点高，作者眼光远，问题综合恰当、分析在理，意见和建议比较中肯。

(3)科普论文　是运用深入浅出、生动活泼的语言，论说科学道理，从而使深奥的科技知识得以普及。

【知识拓展】

毕业论文的类型

毕业论文是对学生进行科学研究训练的重要环节，是全面训练和考核学生运用所学知识与技能、查阅运用文献资料、调查研究、试验设计、综合分析、文字表达、计算机应用等能力的一种有效方法。由于学历层次不同，毕业论文可分为以下3类：

1. 专科层次毕业论文

表明作者对所学的知识、技术、技能能够综合运用，通过观察、分析，最终能够解决生产实践中的问题。一般包括三种类型：

(1)试验类论文　结合教师的试验项目或企业的生产实践进行，在教师的指导下，通过精心设计试验、进行试验实施、得出结果并进行分析总结。要求具有一定的科学性、创新性和实践性。

(2)企业实训调查研究论文　结合企业生产实习、顶岗实训、就业实习进行，围绕企业生产项目、企业管理等方面进行调查研究，总结经验，提炼精华，提出自己的看法、观点。对生产、管理改进具有一定的指导作用和参考价值。

(3)专题综述性论文　结合学习、实习、实训对某一领域调查研究，对获取的信息资料进行分析、综合、归纳、概括，提出新的见解和观点。

2. 本科层次毕业论文

即学士论文，表明作者确已较好掌握了本门学科的基础理论，专业知识和基本技能，并具有从事科学研究工作或担负专门技术工作的初步能力。工科大学生有的做毕业设计，毕业设计与科技论文有某些相同之处。论文一般只涉及不太复杂的课题，论述的范围较窄，深度也较浅。

3. 研究生层次毕业论文

(1)硕士论文　表明作者确已在本门学科上掌握了坚实的基础理论和系统的专门知识,并对所研究课题有新见解,有从事科学研究工作或独立担负专门技术工作的能力。硕士研究生论文必须具有一定程度的创新性,强调作者的独立思考作用。

(2)博士论文　表明作者确已在本门学科上掌握了坚实而宽广的基础理论和系统而深入的专门知识,并具有独立从事科学研究工作的能力,在科学或专门技术上取得了创造性的成果。它可以是1篇论文,亦可以是相互关联的若干篇论文的总和。

毕业论文要经过考核和答辩,因此,无论是论述还是文献综述,还是介绍实验装置、实验方法都要比较详尽;而学术性或技术性论文是写给同专业的人员看的,要力求简洁。除此之外,学位论文与学术性论文和技术性论文之间并无其他严格的区别。

二、科技论文的特点和要求

科技论文同一般的科技文章有共同之处,具有准确、鲜明、生动的特点,但作为科技论文,它又有自身的特殊属性。

1. 创新性或独创性

科技论文报道的主要研究成果应是前人所没有的。

2. 理论性或学术性

第一,对试验、观察或用其他方式所得到的结果,要从一定的理论高度进行分析和总结,形成一定的科学见解,包括提出并解决一些有科学价值的问题;第二,对自己提出的科学见解或问题,要用事实和理论进行符合逻辑的论证与分析或说明,将实践上升为理论,使其具有一定的学术价值。

从实质而言,科技论文的写作过程,本身就是作者在认识上的深化和在实践基础上进行科学抽象的过程。

3. 科学性和准确性

科学性是指在尊重事实和科学推导的基础上,正确地说明研究对象的特殊矛盾。包括论点正确,论据充分,论证严密,推理符合逻辑等。

准确性是指对客观事物即研究对象的运动规律和性质表述的接近程度,包括概念、定义、判断、分析和结论要准确,对自己研究成果的估计要确切、恰当,对他人研究成果(尤其是在做比较时)的评价要实事求是。

4. 规范性和可读性

撰写科技论文是为了交流、传播、储存新的科技信息,因此,科技论文必须按一定格式写作,必须具有良好的可读性。在文字表达上,要求语言准确、简明、通顺,条理清楚,层次分明,逻辑严谨。在技术表达方面,包括名词术语、数字、符号的使用,图表的设计,计量单位的使用,文献的著录等都应符合规范化要求。

三、科技论文的撰写格式

为了便于论文所报道的科学技术研究成果这一信息系统的收集、储存、处理、加工、检索、利用、交流和传播,《学位论文编写规则》(GB/T 7713.1—2006)和《科技报告编写规则》(GB/T 7713.3—2009)对科技论文的撰写和编排格式做了规定。

一般说,科技论文的组成部分和排列次序为:题名、作者署名、摘要、关键词、引言、正文、结论(和建议)、参考文献、致谢和附录。

1. 题名

题名又叫题目、篇名等,是论文的总纲,是以最恰当、最简明的词语反映论文中最重要的特定内容的逻辑组合。题名所用每一词语必须考虑到有助于选定关键词的特定实用信息。题名的一般要求如下。

(1)准确得体　题名应能准确地表达论文的中心内容,恰如其分地反映研究的范围和达到的深度,不能使用笼统的、泛指性很强的词语和华而不实的辞藻。如“蔬菜生态研究”“果树抗病规律的研究”等,题名反映的面大,而实际内容包括的面窄,课题的研究深度不够。此类题目可以改为“×××现象的解释”“×××的某种规律”。

(2)简短精练　题名应简明。要删去多余的词语。如“关于土壤中所含营养成分分析方法的研究”可改为“土壤营养成分分析方法”;要避免将同义词或近义词连用。如“苹果叶面肥喷施效果分析探讨”,“分析”与“探讨”义近,保留其一即可;用加副题名的办法来减少主题名的字数。如“关于十字花科蔬菜不同种属间远缘杂交亲合力测定的试验”共 25 个字。从需要考虑很难简缩,但可改为“十字花科蔬菜的远缘杂交试验——种属间杂交亲合力”。采用副题名不只是减少主题名的字数,采用副题名还可以补充说明论文的特定内容,引申或说明的情况。

(3)便于检索　题名所用词语必须有助于选定关键词和编制题录、索引等二次文献,以便为检索提供特定的实用信息。

(4)容易认读　题名应该避免使用不常见的缩略词、首字母缩写字、字符、代号和公式等。

题名一般不宜超过 20 字。论文用作国际交流,应有外文(多用英文)题名。外文题名一般不宜超过 10 个实词。

2. 摘要

摘要是论文内容不加注释和评论的简短陈述。摘要应具有独立性,即不阅读论文的全文,就能获得必要的信息。摘要中有数据、有结论,是一篇完整的短文,可以独立使用,可以引用,可以用于推广。摘要的内容应包含与论文同等量的主要信息,供读者确定有无必要阅读全文,也供文摘等二次文献采用。摘要一般应说明研究的对象、范围、目的、方法、结果和最终结论等,而重点是结果和结论。摘要的写作应做到叙述准确、内容具体、文字简练,要字字推敲。做到多一字不必要,少一字嫌不足。如沃林农业有限公司姜惠铁等的《蓝丰等 7 个越橘品种在山东半岛的表现》一文中的摘要:经过 7 年多点试验,从 103 个越橘品种中筛选出适于山东半岛栽培的 7 个优良品种:蓝丰、公爵、达柔、埃利奥特、布里吉塔、瑞卡、斯巴坦。

以上品种适应性强，丰产稳定，果实品质优。栽植2年生大苗，3年生每667 m^2产量超过1 000 kg。已在当地发展以上品种越橘700 hm^2。又如辽宁农业职业技术学院王国东、张力飞的《日光温室西番莲不平茬状态下生长规律调查》一文中的摘要：试验以紫果西番莲为试材，主要对其在日光温室不平茬状态下的生长发育规律进行了调查研究。结果表明，在辽宁熊岳地区日光温室栽培条件下，以6月下旬到7月上旬日生长量最大，9月份增长缓慢或基本停长。5月下旬初花，6月上旬开花株率可达90%。果实成熟提前至7月上旬，主要集中在8、9、10月份，以8、9月份居多，约占全年果实的92%。

摘要的写作要求用第三人称，简短精练，明确具体，语言通顺，结构严谨。中文摘要一般不宜超过200～300字；外文摘要不宜超过250个实词。如遇特殊需要字数可以略多。除了实在无变通办法可用以外，摘要中不用图、表、化学结构式、非公知公用的符号和术语。

学位论文为了评审，学术论文为了参加学术会议，可不受字数规定的限制。

3. 关键词

关键词是为了文献索引工作从论文中选取出来用以表示全文主题内容信息款目的单词或术语。每篇论文选取3～8个词作为关键词，以显著的字符另起一行，排在摘要的左下方。如有可能，尽量用《汉语主题词表》等提供的规范词。

4. 引言

引言，简要说明研究工作的目的、范围、相关领域的前人工作成果、理论基础和分析、研究设想、研究方法和实验设计、预期结果和意义等。应言简意赅，不要与摘要雷同，不要成为摘要的注释。一般教科书中有的知识，在引言中不必赘述。如中国科学院植物研究所周世恭的《缺硼对黄瓜根尖分生组织细胞中液泡和质膜外隙的影响》一文中的引言：某些双子叶植物缺硼后明显的症状是生长点死亡，对其原因有些作者曾提出假设。但是，从形态结构的角度，特别是亚细胞水平上直接观察缺硼以后黄瓜根尖分生组织细胞的动态变化颇少。我们用光学、电子显微镜观察了黄瓜根尖分生组织细胞缺硼后液泡和质膜外隙的动态变化，将对植物缺硼后生长点死亡的原因进一步提供直观的原因和解释。

比较短的论文可以只用小段文字起着引言的效用。而学位论文为了需要反映出作者确已掌握了坚实的基础理论和系统的专门知识，具有开阔的科学视野，对研究方案做了充分论证，因此，有关历史回顾和前人工作的综合评述，以及理论分析等，可以单独成章，用足够的文字叙述。

5. 正文

正文是核心部分，占主要篇幅，可以包括：调查对象、试验和观测方法、仪器设备、材料原料、试验和观测结果、计算方法和编程原理、数据资料、经过加工整理的图表、形成的论点和导出的结论等。

由于研究工作涉及的学科、选题、研究方法、工作进程、结果表达方式等有很大的差异，对正文内容不能作统一的规定。但是，必须实事求是，客观真切，准确完备，合乎逻辑，层次分明，简练可读。

一般，正文可分作几个段落来写，每个段落需列什么样的标题，没有固定的格式，但大体上可以有以下几个部分（以试验类论文为例）。

(1)材料和方法　材料的表达主要指对材料的来源、性质和数量,以及材料的选取和处理,试验基本条件和情况,如时间、地点、环境条件、管理水平等事项的阐述。方法的表达主要指对试验因素、处理水平、小区大小、重复次数、田间排列方式等;主要观察记载项目与评价标准;观察分析时的取样方法、样本含量、样品制作及分析等;主要试验仪器、设备(包括型号、名称、测量范围和精度等)和药品等事项的阐述。

材料和方法的阐述必须具体,真实。如果是采用前人的,只需注明出处;如果是改进前人的,则要交代改进之处;如果是自己提出的,则应详细说明,必要时可用示意图、方框图、照片、图表等配合表述。

(2)结果与分析　这是论文的价值所在,是论文的关键部分。它包括给出结果,并对结果进行定量或定性的分析。

写作时,要求用简明的文字、准确的数据、明确的图表、清晰的照片等将试验结果的主要内容表达出来,并逐项进行分析,阐明自己的科研成果,说明结果的适用对象和范围,并对其做出正确评价,指出其实用价值。有的试验总结还附录试验所得详细的原始数据,并在结果与分析部分予以注明。分析推理时,要层次分明、逻辑性强。

(3)结论与讨论　结论又称结束语、结语。它是在理论分析和实验验证的基础上,通过严密的逻辑推理而得出的富有创造性、指导性、经验性的结果描述。它又以自身的条理性、明确性、客观性反映了论文或研究成果的价值。结论与引言相呼应,同摘要一样,其作用是便于读者阅读和为二次文献作者提供依据。结论包括以下内容:一是由正文导出事物的本质和规律;二是说明解决了什么问题或理论及其适用范围;三是说明对前人有关本问题的看法做了哪些检验,哪些与本结果一致,哪些不一致,做了哪些修改和补充等;四是说明本文尚未解决的问题和解决这些问题的可能性以及今后的研究方向;五是对结果提出处理意见等。

结论要以肯定的语气和可靠的数字写作,绝不含糊其词模棱两可;要慎重严谨合乎实际,不可大段议论,甚至提高自己贬低别人;如果确实不能导出什么结论,也可以不另立标题撰写结论。

结论段的格式安排可做如下考虑:如果结论段的内容较多,可以分条来写,并给以编号。如果结论段内容较少,可以不分条写,整个为一段,几句话。结论里应包括必要的数据,但主要是用文字表达,一般不再用插图和表格。

结论撰写要求措辞严谨,因为结论是论文最终的、总体的总结,对论文创新内容的概括应当准确、完整,不要轻易放弃,更不要漏掉一条有价值的结论,但也不能凭空杜撰。还应提供明确、具体的定性和定量的信息。对要点进行具体表述,不能用抽象和笼统的语言。可读性要强,如一般不单用量符号,而宜用量名称,比如,说“T 与 p 呈正比关系”不如说“××温度与××压力呈正比关系”易读。语言要锤炼,删去可有可无的词语。不作自我评价。

讨论的目的在于阐述结果的意义,说明与前人所得结果不同的原因,根据研究结果继续阐明作者自己的见解。

写作时,要解释所取得的研究成果,说明成果的意义,指出自己的成果与前人研究成果或观点的异同,讨论尚未定论之处和相反的结果,提出研究的方向和问题。最主要的是突出新发现、新发明,说明研究结果的必然性或偶然性。

6. 参考文献

“参考文献”的概念是，为撰写或编辑论著而引用的有关图书资料。在科技论文中，凡是引用前人(包括作者自己过去)已发表的文献中的观点、数据和材料等，都要对它们在文中出现的地方予以标明，并在文末列出参考文献。

参考文献的排序，一般是先远后近，先中后外。即年代久的文献放在前面，年代近的文献放在后面。但也可按在论文中出现的先后为序，不必居于一格。

参考文献的著录格式及示例：

(1)专著

[序号]著者．题名[M]．版本．出版地：出版者，出版年：引文页码(选择项)．

示例：[1]段英，赵亚民．冰雹[M]．北京：气象出版社，1999：30-235．

(2)专著中析出的文献

[序号]作者．题名[A]．见：源文献责任者．书名[C]．版本．出版地：出版者，出版年：在原文献中的位置．

示例：[2]黄蕴慧．国际矿物学研究的动向[A]．见：程裕淇．世界地质科技发展动向[C]．北京：地质出版社，1982：38-39．

(3)论文集中析出的文献

[序号]作者．题名[A]．见：编者．文集名[C]．出版地：出版者，出版年：在原文献中的位置．

示例：[3]张力飞．四个平欧杂交大果榛子在熊岳地区的表现[A]．见：郗荣庭，刘孟军，王文江．干果研究进展(6)[C]．北京：中国农业科学技术出版社，2009：105-107．

(4)期刊中析出的文献

[序号]作者．题名[J]．刊名，年，卷(期)：在原文献中的位置．

示例：[4]杜玉虎，蒋锦标，曹玉芬，等．翠冠梨在辽宁营口的日光温室栽培技术[J]．中国果树，2010(6)：49-51．

(5)技术标准

[序号]责任者．标准代号-标准顺序号-发布年　标准名称[S]．出版地：出版者，出版年(也可略去起草责任者、出版地、出版者和出版年)．

示例：[5]全国量和单位标准化技术委员会．GB 3100-3102-93 量和单位[S]．北京：中国标准出版社，1994：40-42．

(6)报纸中析出的文献

[序号]作者．题名[N]．报纸名，年-月-日(版次)[引用日期]．获取和访问路径．

示例：[6]国务院新闻办公室．中国的粮食问题[N]．人民日报，1996-10-25(2)．

(7)电子文献

[序号]责任者．电子文献题名[电子文献及载体类型标识(数据库－DB；计算机程序－CP；电子公告－EB)]．电子文献的出处或可获得地址，发表或更新日期/引用日期(任选)．

示例：[7]王明亮．关于中国学术期刊标准化数据库系统工程的进展[EB/OL]．http://www.cajcd.edu.cn/pub/wml.txt/980810-2.html，1998-08-16/1998-10-04．

7. 致谢

现代科学技术研究往往不是一个人能单独完成的，而需要他人的合作与帮助，因此，当研究成果以论文形式发表时，作者应当对他人的劳动给以充分肯定，并对他们表示感谢。致谢的对象是，国家科学基金、资助研究工作的基金、合同单位、资助或支持的企业、组织或个人；协助完成研究工作和提供便利条件的组织或个人；在研究工作中提出建议和提供帮助的人；给予转载和引用权的资料、图片、文献、研究思想和设想的所有者；其他应感谢的组织或个人。

四、科技论文编写注意事项

1. 正文部分明晰、准确，完备，简洁

正文写作时主要注意下述两点：一是抓住基本观点。正文部分乃至整篇论文总是以作者的基本观点为轴线，要用材料（事实或数据）说明观点，形成材料与观点的统一。在基本观点上，对新发现的问题要详尽分析和阐述，若不能深入，也要严密论证，否则得不出正确的、有价值的结论，说服不了读者，更不会为读者所接受。二是注重准确性，即科学性。对科学技术论文特别强调科学性，要贯穿在论文的始终，正文部分对科学性的要求则更加突出。写作中要坚持实事求是的原则，不能弄虚作假，粗心大意。

2. 层次标题分明

一般采用三级标题顶格排序。一级标题序号如 1，2，3，…；二级序标题序号如 1.1，1.2，…；2.1，2.2，…；三级序号如 1.1.1，1.1.2，…；2.1.1，2.1.2，…，依此类推。引言或前言不排序。

3. 图表规范

大部分试验得出的结果都要以图或表的形式表达，以增强对比性，使读者易于了解试验的有效性。

制作表格时，注明表号、表题、表注，采用三线表，用阿拉伯数字编号。图像法有多种表达形式，一般有曲线图、折线图、柱形图、示意图、实物图等，图的标题要写在图的下面，首先说明图号，再写明图的名称，如有图注写在标题的下方。

图题或表题应是以最准确、最简练的并能反映图或表特定内容的词语的逻辑组合，一般是词组（很少用句子），而且绝大多数是以名词或名词性词组为中心语的偏正词组（很少用动宾词组），要求准确得体，简短精练，容易认读。

图表中的标目，采用量与单位比值的形式，即“量名称或（和）量符号/单位”，比如“p/MPa”，或“压力/MPa”，或“压力 p/MPa”。

4. 计量单位、符号符合国家标准

在强制性国家标准《量和单位》中，对每个基本物理量都给出了 1 个或 1 个以上的符号，这些符号就是标准化的量符号，如 l（长度）、d（直径）、A 或 S（面积）、V（体积）、t（时间）、v（速度）、λ（波长）、m（质量）、F（力）、T（热力学温度）、t（摄氏温度）、φ（体积分数）等。国家标准规定，非普及性科学书刊，尤其是在数理公式中，必须使用量符号。量符号必须用斜体字母（pH 除外，它用正体字母）。

我国法定计量单位是以国际单位制（SI）单位为基础，根据我国情况加选的一些非 SI 的单位构成的。全文只能使用法定单位，不能使用非法定单位，如市制单位、公制单位、英制单位，以及其他旧杂制单位。尤其要注意，土地面积不能用“亩”。大面积用 hm^2（读作“公顷”），很大面积用 km^2（读作“平方千米”），小面积（如宅基地、小试验地等）用 m^2（读作“平方米”）。采用单位的国际符号，而不采用单位的中文符号。国际符号指用拉丁字母或希腊字母表示的单位或其词头，如 μm（读作“微米”）、kg（读作“千克”）、N（读作“牛顿”）、kPa（读作“千帕”）等。要注意区分单位符合和词头符号的大小写：一般单位符号为小写体，如 m（米）、t（吨）、g（克）等；来源于人名的单位，其符号的首字母大写，如 A（安培）、Pa（帕斯卡）、J（焦耳）等，例外的是 L（升）不是来源于人名。词头符号中表示的因次为 10^6 及以上，用大写体，如 M（10^6，兆）等；表示的因次为 10^3 及以下，用小写体，如 k（10^3，千）、h（10^2，百）、d（10^{-1}，分）、c（10^{-2}，厘）、m（10^{-3}，毫）、μ（10^{-6}，微）、n（10^{-9}，纳）等。

有国际符号的一定不用中文符号，如：min（分）、s（秒）、d（天）、h（小时）、a（年）、kg（千克）、m（米）……；ppm、ppb 等，只是表示数量份额的英文缩写，意义也不确切，而且其中有的在不同国家代表不同的数值，因此不能再用，可将 200 ppm 改为 200×10^{-6}，或者改为 200 mg/L。单位前的数值，一般应控制在 0.1～1 000 之间，即不能太小，也不能太大，尤其在图表中，否则应当改换词头。例如：0.001 m，应改为 1 mm；1 200 g，应改为 1.2 kg；32 000 kg，应改为 32 t。

5. 关于数字

（1）定型的词、词组、成语、惯用语、缩略语，以及具有修辞色彩的词语中作为语素的数字，必须用汉字数字。例如：第一，三倍体，三氧化二铝，星期五，“十一五”规划，第一作者，一分为二等。

（2）相邻 2 个数字连用表示的概数。例如：一两千米，二三十公顷，四百五六十万元（注意：其间不用顿号（、））。

（3）带有“几”字的数字表示的概数。例如：十几，几百，三千几百万，几万分之一。

（4）各国、各民族的非公历纪年及月日。

（5）含有月日简称表示事件、节日和其他特定含义的词组中的数字。例如：“一二·九”运动。

（6）书写和排印 4 位和 4 位以上的数字要采用三位分节法，即从小数点算起，向左和向右每 3 位数之间留出 1/4 个汉字大小的空隙。例如：3 245，3.141 592 6。

（7）阿拉伯数字不能与除“万”“亿”外的汉字数词连用。如“十二亿一千五百万”可写为“121 500 万”或“12.15 亿”，但不能写为“12 亿 1 千 5 百万”。

（8）表示数值范围采用浪纹号（～）。例如：120～130 kg。不是表示数值范围，使用连接号“—”，如“1995—2000 年”。

（9）表示百分数范围时，前一个百分号不能省略。如“52%～55%”不能写成“52～55%”。

（10）用“万”或“亿”表示的数值范围，每个数值中的“万”或“亿”不能省略。如“20 万～30 万”不能写成“20～30 万”。

（11）单位不完全相同的量值范围，每个量值的单位应全部写出，如“3 h～4 h 20 min”不能写作“3～4 h 20 min”；但单位相同的量值范围，前一个量值的单位可以省略，如“100 g～150 g”可以写作“100～150 g”。

（12）表示带百分数公差的中心值时，百分号（%）只需写 1 次，同时“%”前的中心值与公差应当用圆括号括起。例如“(50±5)%”任何时候都不得写作“50±5%”，也不宜写作

二维码拓展 1
把论文写在大地上

“50%±5%”。

(13)用量值相乘表示面积或体积时,每个数值的单位都应写出。如:“60 m×40 m”不能写作“60×40 m”或“60×40 m²”。

(14)一组量值的单位相同时,可以只在最末一个量值后写出单位,其余量值的单位可以省略。如“50 mm,45 mm,42 mm,37 mm”,可以写作“50,45,42,37 mm”。各量值间的点号可以用“,”,也可以用“、”,但全文应统一。

习　题

1. 科技论文的种类有哪些?
2. 试验类论文编写应包括哪些内容?
3. 怎样编写题目、摘要、关键词?
4. 科技论文中图表应如何处理?
5. 结合自身毕业论文选题及实施,完成一篇论文的编写。

拓展 2　SPSS 软件的使用

一、目的要求

熟练掌握 SPSS 软件在统计假设和方差分析中的应用。

二、材料用具

报告册、铅笔、装有 SPSS 软件的计算机。

三、方法步骤

1. t 检验

资料 1:两个水稻品种的茎秆长度如表拓 2-1 所示,试比较两个品种的茎秆长度差异是否显著?

表拓 2-1　两个水稻品种的茎秆长度　　cm

A 品种	90.0	87.0	89.0	86.5	91.5	94.0	89.5	88.5	85.0	91.0
B 品种	84.5	87.0	88.0	82.0	84.0	82.0	84.5	86.0	82.0	87.5

(1)点击 SPSS 软件,按提示安装程序。

(2)打开 SPSS 软件。

(3)在 SPSS 软件中,按图拓 2-1 格式整理好原始数据(表拓 2-1),其中 1 代表 A 品种,2 代表 B 品种。

(4)点击分析→比较均值→独立样本 T 检验,弹出独立样本 T 检验对话框(图拓 2-2)。

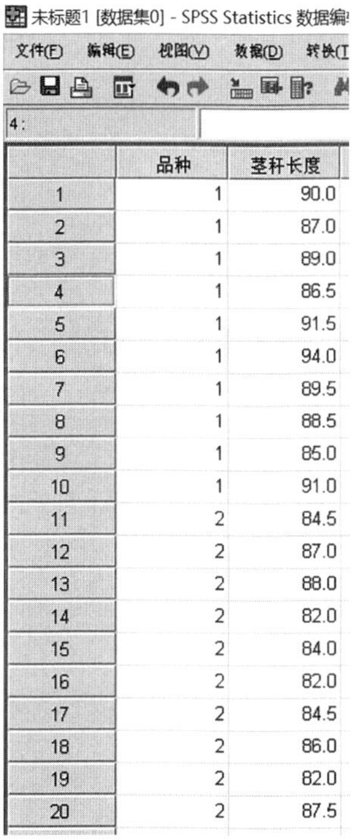

图拓 2-1　两个水稻品种的茎秆长度数据

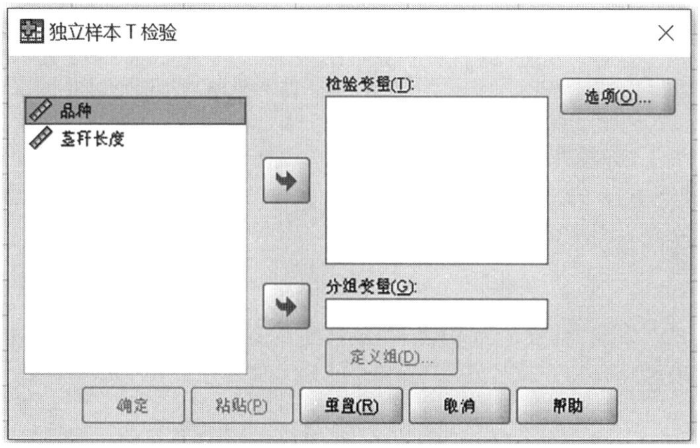

图拓 2-2　独立样本 *T* 检验对话框

(5)在独立样本 T 检验对话框中,选中“茎秆长度”,点击进入检验变量,选中“品种”,点击进入分组变量(图拓 2-3)。

(6)点击定义组,组 1 中输入 1,组 2 中输入 2(图拓 2-4),点击继续。

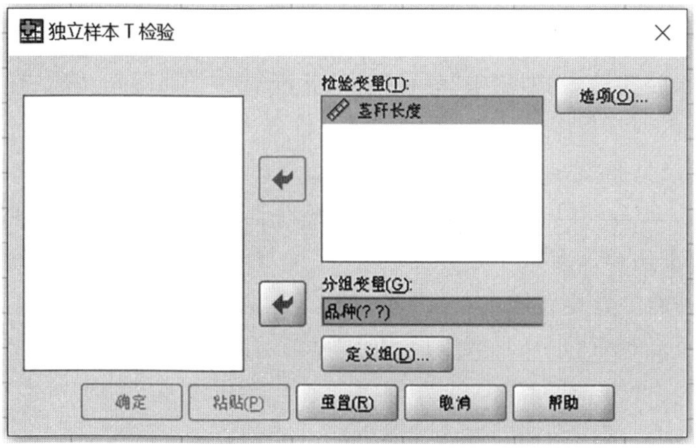

图拓 2-3　选中检验变量和分组变量

图拓 2-4　定义分组变量

(7)点击确定,结果见图拓 2-5。

➡ T检验

[数据集0]

组统计量

品种		N	均值	标准差	均值的标准误
茎秆长度	1	10	89.200	2.6373	.8340
	2	10	94.750	2.3124	.7312

独立样本检验

		方差方程的Levene检验		均值方程的t检验						
									差分的90%置信区间	
		F	Siq	t	df	Siq.(双侧)	均值差值	标准误差值	下限	上限
茎秆长度	假设方差相等	.026	.874	4.012	18	.001	4.4500	1.1092	2.1197	6.7803
	假设方差不相等			4.012	17.698	.001	4.4500	1.1092	2.1168	6.7832

图拓 2-5 两个水稻品种的茎秆长度 *T* 检验的结果

(8)结果分析。因方差检验中,显著性 $P=0.874>0.05$,因此不能拒绝方差相等的原假设,表示符合方差相等(同质)的假设。t 检验中,显著性 $P=0.001<0.01$,表明两个水稻品种的茎秆长度有极显著差异。

2. *方差分析*

资料 2:三个水稻品种的千粒重数据见表拓 2-2,试对品种间的千粒重差异显著性行进检验。

表拓 2-2 三个水稻品种的千粒重 g

A 品种	28.25	30.12	29.10	29.83	30.25	28.25	28.65	27.19	27.96	29.16
B 品种	24.40	24.00	25.10	24.70	25.05	24.30	25.47	24.51	27.31	24.67
C 品种	29.35	30.60	30.35	31.30	32.55	29.25	30.50	30.42	29.49	28.51

(1)在 SPSS 软件中,按图拓 2-6 格式整理好原始数据(表拓 2-2),其中 1 代表 A 品种,2 代表 B 品种,3 代表 C 品种。

(2)点击→分析→比较均值→单因素 ANONA,弹出单因素方差分析对话框(图拓 2-7)。

(3)选中"千粒重",点击进入因变量列表,选中"品种",点击进入因子(图拓 2-8)。

(4)点击"两两比较",在两两比较对话框中,选择合适的多重比较方法,如 LSD(图拓 2-9)。

(5)点击继续,在点击确定,结果见图拓 2-10。

(6)结果分析。方差分析中,$F=70.385$,$P=0.000$,差异有显著性意义,可认为不同品种的千粒重不同,还需进一步做多重比较。多重比较分析中,A 品种与 B 品种的差异显著性 $P=0.000<0.01$,A 品种与 C 品种的差异显著性 $P=0.007<0.01$,B 品种与 C 品种的差异显著性 $P=0.000<0.01$,表明三个品种千粒重间的差异均达极显著水平。

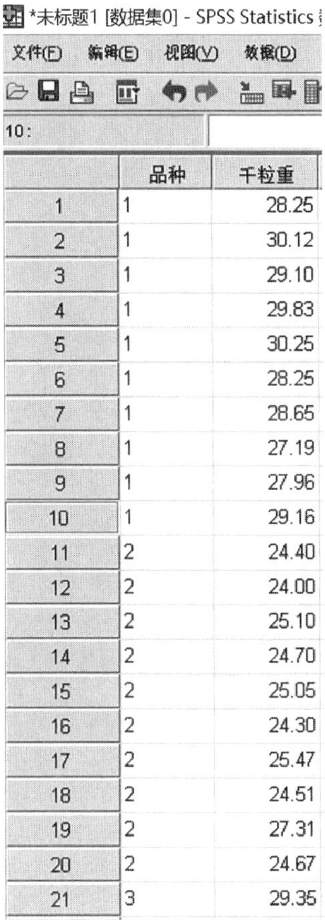

	品种	千粒重
1	1	28.25
2	1	30.12
3	1	29.10
4	1	29.83
5	1	30.25
6	1	28.25
7	1	28.65
8	1	27.19
9	1	27.96
10	1	29.16
11	2	24.40
12	2	24.00
13	2	25.10
14	2	24.70
15	2	25.05
16	2	24.30
17	2	25.47
18	2	24.51
19	2	27.31
20	2	24.67
21	3	29.35

图拓 2-6　三个水稻品种的千粒重数据

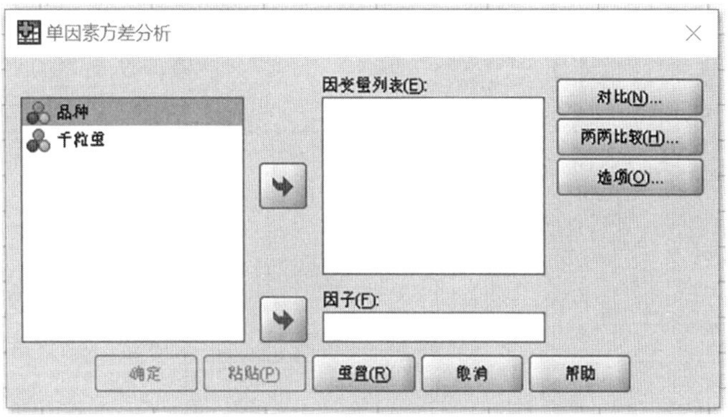

图拓 2-7　单因素方差分析对话框

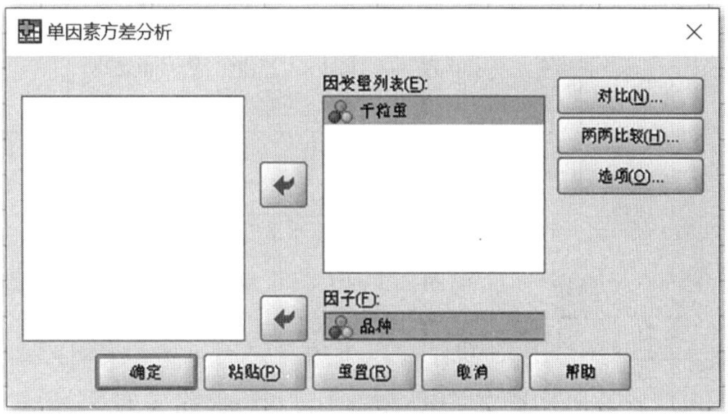

图拓 2-8　确定因变量和因子

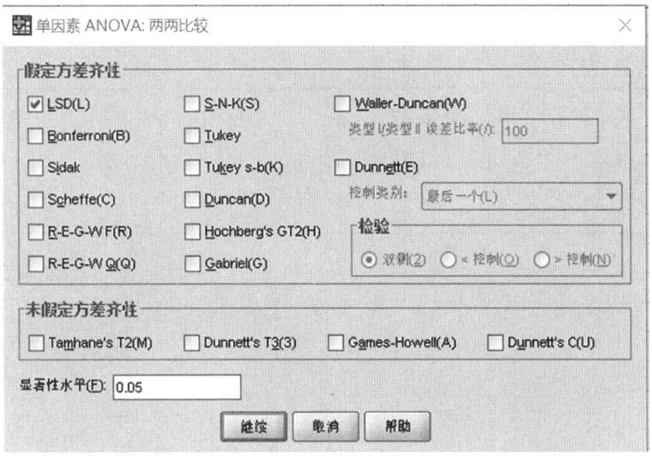

图拓 2-9　多重比较方法

ANOVA

千粒重

	平方和	df	均方	F	显著性
组间	150.444	2	75.222	70.385	.000
组内	28.856	27	1.069		
总数	179.300	29			

在此之后检验

多重比较

千粒重
LSD

(I)品种	(J)品种	均值差(I-J)	标准误	显著性	95%置信区间	
					下限	上限
1	2	3.92500*	.46233	.000	2.9764	4.8736
	3	-1.35600*	.46233	.007	-2.3046	-.4074
2	1	-3.92500*	.46233	.000	-4.8736	-2.9764
	3	-5.28100*	.46233	.000	-6.2296	-4.3324
3	1	1.35600*	.46233	.007	.4074	2.3046
	2	5.28100*	.46233	.000	4.3324	6.2296

*.均值差的显著性水平为0.05。

图拓 2-10 三个水稻品种千粒重的单因素方差分析结果

3. 利用 SPSS 软件对以下数据进行差异性检验。

(1)两个水稻品种的剑叶宽度(mm)数据如下：

品种 1	20	21	20	20	21	21	19	22	20	21
品种 2	28	27	27	26	29	25	27	26	24	30

(2)3 个玉米品种的株高(m)数据如下：

品种 1	2.9	2.93	2.89	2.84	2.71	2.81	2.82	2.88	2.92	2.72
品种 2	2.89	2.85	2.74	2.85	2.67	2.72	2.89	2.8	2.64	2.69
品种 3	2.9	2.94	2.79	2.82	2.91	2.87	2.95	2.95	3.01	2.99

附 录

附表 1 随机数字表

编号	1～10	11～20	21～30	31～40	41～50
1	22176 86584	68952 39235	87022 25751	61094 39506	58248 20347
2	19362 75946	13799 33755	39773 27709	85520 53062	47835 16274
3	16772 30277	09618 72521	28062 42593	16711 35978	23054 74725
4	78437 67161	20449 03264	97676 39961	46380 39322	69812 19921
5	03282 82608	73373 20405	69301 60905	88695 82899	35074 47547
6	93225 36439	07106 37635	87030 47988	08131 38551	55345 77269
7	78765 85474	92387 09692	52067 97945	82631 82744	69669 21909
8	23683 52600	99539 36128	52700 54834	56650 56186	90921 07080
9	15392 57099	93865 27765	15335 90528	22872 60747	86969 82906
10	58719 63024	18462 33427	85139 92444	49180 97949	74163 22302
11	57352 73372	24536 39409	41107 64791	44049 54966	39600 45981
12	48508 65448	22063 47252	82215 56520	33299 47111	15912 91203
13	61964 89503	07163 93366	98561 05679	77213 02712	90492 22362
14	36938 94126	29708 36351	99742 05236	87094 11509	98601 60303
15	18870 04231	57901 20207	23473 71731	54080 18863	39418 89210
16	88565 32759	33357 26747	77345 54570	08182 73890	16958 67075
17	09729 58429	49413 10670	42380 64518	64847 33165	52533 79715
18	12968 81731	65196 90283	60758 69068	24641 93551	56618 73912
19	85945 72416	92098 43876	22002 76985	29819 47870	21944 79012
20	38644 35998	98778 76807	91516 76244	40980 59378	23316 54118

续附表 1

编号	1～10	11～20	21～30	31～40	41～50
21	53440 94272	00418 67979	68472 20020	35553 15151	00836 32255
22	40766 62684	57999 99037	36633 20858	37401 36897	87648 10783
23	02177 91805	12595 25702	22079 04703	28141 13079	20692 24098
24	95178 20653	31511 09646	92068 80777	56115 08169	40237 25139
25	35762 24292	96118 34480	34683 54877	33424 09060	73965 39788
26	26291 35641	85470 46608	34725 75913	82488 04615	38266 17004
27	77802 07582	72823 29990	63957 37663	89734 49905	48672 64318
28	46406 64452	91367 44353	30821 35400	78456 39835	55033 66768
29	37560 80809	77538 44647	31911 89558	24167 41153	44101 38557
30	61656 16866	37274 73919	84837 00748	53214 00671	95067 98854
31	93436 96407	34180 45235	56270 92486	61855 38345	19907 09900
32	21966 01299	11209 94518	48139 35534	18377 94990	65973 82046
33	95204 79797	27378 32871	00064 14174	45890 93984	51671 15249
34	97862 17873	10658 19259	58761 71497	04766 21617	17957 04580
35	69920 63413	59717 41732	27551 02419	23718 21374	63525 20141
36	04311 72156	33739 91987	26723 92767	53775 76893	60619 72261
37	61069 80391	87147 74396	43006 59850	45603 30107	98994 65047
38	85938 58688	72870 86240	16061 08920	23213 47497	76380 32963
39	21743 24745	73960 79452	09659 07747	25761 61933	53057 05330
40	15695 38280	79963 35310	65390 71629	45330 24370	02874 04145
41	02890 80449	20211 46886	87639 39517	11290 19580	35149 73533
42	87181 58979	85430 17273	08617 45169	89743 98215	94513 34167
43	98837 19422	59975 09952	08528 50840	87806 16531	91518 03244
44	10085 82166	72684 92931	89858 44606	59731 98523	65092 97563
45	47905 61008	88028 42783	42297 22319	66564 56579	20715 32025
46	22856 16890	49649 28544	16401 28988	50144 98106	01827 74512
47	67804 37933	12831 14116	25581 96870	77025 40052	53433 71526
48	27625 09672	79446 14015	14534 06539	27315 85028	11390 33425
49	33788 08715	38300 63821	14474 70726	54968 75332	40364 09676
50	13139 26699	47244 95774	32254 36217	10971 16984	99632 23298

附表 2 正态分布表(单尾)

u	−0.09	−0.08	−0.07	−0.06	−0.05	−0.04	−0.03	−0.02	−0.01	−0.00
−3.0										0.001 35
−2.9	0.001 39	0.001 44	0.001 49	0.001 54	0.001 59	0.001 64	0.001 69	0.001 75	0.001 81	0.001 87
−2.8	0.001 93	0.001 99	0.002 05	0.002 12	0.002 19	0.002 26	0.002 33	0.00 240	0.002 48	0.002 56
−2.7	0.002 64	0.002 72	0.002 80	0.002 89	0.002 98	0.003 07	0.003 17	0.003 26	0.003 36	0.003 47
−2.6	0.003 57	0.003 68	0.003 79	0.003 91	0.004 02	0.004 15	0.004 27	0.004 40	0.004 53	0.004 66
−2.5	0.004 80	0.004 94	0.005 08	0.005 23	0.005 39	0.005 54	0.005 70	0.005 87	0.006 04	0.006 21
−2.4	0.006 39	0.006 57	0.006 76	0.006 95	0.007 14	0.007 34	0.007 55	0.007 76	0.007 98	0.008 20
−2.3	0.008 42	0.008 66	0.008 89	0.009 14	0.009 39	0.009 64	0.009 90	0.010 2	0.010 4	0.010 7
−2.2	0.011 0	0.011 3	0.011 6	0.011 9	0.012 2	0.012 5	0.012 9	0.013 2	0.013 6	0.013 9
−2.1	0.014 3	0.014 6	0.015 0	0.015 4	0.015 8	0.016 2	0.016 6	0.017 0	0.017 4	0.017 9
−2.0	0.018 3	0.018 8	0.019 2	0.019 7	0.020 2	0.020 7	0.021 2	0.021 7	0.022 2	0.022 8
−1.9	0.023 3	0.023 9	0.024 4	0.025 0	0.025 6	0.026 2	0.026 8	0.027 4	0.028 1	0.028 7
−1.8	0.029 4	0.030 1	0.030 7	0.031 4	0.032 2	0.032 9	0.033 6	0.034 4	0.035 1	0.035 9
−1.7	0.036 7	0.037 5	0.038 4	0.039 2	0.040 1	0.040 9	0.041 8	0.042 7	0.043 6	0.044 6
−1.6	0.045 5	0.046 5	0.047 5	0.048 5	0.049 5	0.050 5	0.051 6	0.052 6	0.053 7	0.054 8
−1.5	0.055 9	0.057 1	0.058 2	0.059 4	0.060 6	0.061 8	0.063 0	0.064 3	0.065 5	0.066 8
−1.4	0.068 1	0.069 4	0.070 8	0.072 1	0.073 5	0.074 9	0.076 4	0.077 8	0.079 3	0.080 8
−1.3	0.082 3	0.083 8	0.085 3	0.086 9	0.088 5	0.090 1	0.091 8	0.093 4	0.095 1	0.096 8
−1.2	0.098 5	0.100 3	0.102 0	0.103 8	0.105 6	0.107 5	0.109 3	0.111 2	0.113 1	0.115 1
−1.1	0.117 0	0.119 0	0.121 0	0.123 0	0.125 1	0.127 1	0.129 2	0.131 4	0.133 5	0.135 7
−1.0	0.137 9	0.140 1	0.142 3	0.144 6	0.146 9	0.149 2	0.151 5	0.153 9	0.156 2	0.158 7
−0.9	0.161 1	0.163 5	0.166 0	0.168 5	0.171 1	0.173 6	0.176 2	0.178 8	0.181 4	0.184 1
−0.8	0.186 7	0.189 4	0.192 2	0.194 9	0.197 7	0.200 5	0.203 3	0.206 1	0.209 0	0.211 9
−0.7	0.214 8	0.217 7	0.220 6	0.223 6	0.226 6	0.229 6	0.232 7	0.235 8	0.238 9	0.242 0
−0.6	0.245 1	0.248 3	0.251 4	0.254 6	0.257 8	0.261 1	0.264 3	0.267 6	0.270 9	0.274 3
−0.5	0.277 6	0.281 0	0.284 3	0.287 7	0.291 2	0.294 6	0.298 1	0.301 5	0.305 0	0.308 5
−0.4	0.312 1	0.315 6	0.319 2	0.322 8	0.326 4	0.330 0	0.333 6	0.337 2	0.340 9	0.344 6
−0.3	0.348 3	0.352 0	0.355 7	0.359 4	0.363 2	0.366 9	0.370 7	0.374 5	0.378 3	0.382 1
−0.2	0.385 9	0.389 7	0.393 6	0.397 4	0.401 3	0.405 2	0.409 0	0.412 9	0.416 8	0.420 7
−0.1	0.424 7	0.428 6	0.432 5	0.436 4	0.440 4	0.444 3	0.448 3	0.452 2	0.456 2	0.460 2
−0.0	0.464 1	0.468 1	0.472 1	0.476 1	0.480 1	0.484 0	0.488 0	0.492 0	0.496 0	0.500 0

续附表 2

u	0.00	0.01	0.02	0.03	0.04	0.05	0.06	0.07	0.08	0.09
0.0	0.500 0	0.504 0	0.508 0	0.512 0	0.516 0	0.519 9	0.523 9	0.527 9	0.531 9	0.535 9
0.1	0.539 8	0.543 8	0.547 8	0.551 7	0.555 7	0.559 6	0.563 6	0.567 5	0.571 4	0.575 3
0.2	0.579 3	0.583 2	0.587 1	0.591 0	0.594 8	0.598 7	0.602 6	0.606 4	0.610 3	0.614 1
0.3	0.617 9	0.621 7	0.625 5	0.629 3	0.633 1	0.636 8	0.640 6	0.644 3	0.648 0	0.651 7
0.4	0.655 4	0.659 1	0.662 8	0.666 4	0.670 0	0.673 6	0.677 2	0.680 8	0.6844	0.687 9
0.5	0.691 5	0.695 0	0.698 5	0.701 9	0.705 4	0.708 8	0.712 3	0.715 7	0.719 0	0.7224
0.6	0.725 8	0.729 1	0.732 4	0.735 7	0.738 9	0.742 2	0.745 4	0.748 6	0.751 7	0.754 9
0.7	0.758 0	0.761 1	0.764 2	0.767 3	0.770 4	0.773 4	0.776 4	0.779 4	0.782 3	0.785 2
0.8	0.788 1	0.791 0	0.793 9	0.796 7	0.799 5	0.802 3	0.805 1	0.807 8	0.810 6	0.813 3
0.9	0.815 9	0.818 6	0.821 2	0.823 8	0.826 4	0.828 9	0.831 5	0.834 0	0.836 5	0.838 9
1.0	0.841 3	0.843 8	0.846 1	0.848 5	0.850 8	0.853 1	0.855 4	0.857 7	0.859 9	0.862 1
1.1	0.864 3	0.866 5	0.868 6	0.870 8	0.872 9	0.874 9	0.877 0	0.879 0	0.881 0	0.883 0
1.2	0.884 9	0.886 9	0.888 8	0.890 7	0.892 5	0.894 4	0.896 2	0.898 0	0.899 7	0.901 5
1.3	0.903 2	0.904 9	0.906 6	0.908 2	0.909 9	0.911 5	0.913 1	0.914 7	0.916 2	0.917 7
1.4	0.919 2	0.920 7	0.922 2	0.923 6	0.925 1	0.926 5	0.927 9	0.929 2	0.930 6	0.931 9
1.5	0.933 2	0.934 5	0.935 7	0.937 0	0.938 2	0.939 4	0.940 6	0.941 8	0.942 9	0.944 1
1.6	0.945 2	0.946 3	0.947 4	0.948 4	0.949 5	0.950 5	0.951 5	0.952 5	0.953 5	0.954 5
1.7	0.955 4	0.956 4	0.957 3	0.958 2	0.959 1	0.959 9	0.960 8	0.961 6	0.962 5	0.963 3
1.8	0.964 1	0.964 9	0.965 6	0.966 4	0.967 1	0.967 8	0.968 6	0.969 3	0.969 9	0.970 6
1.9	0.971 3	0.971 9	0.972 6	0.973 2	0.973 8	0.974 4	0.975 0	0.975 6	0.976 1	0.976 7
2.0	0.977 3	0.977 8	0.978 3	0.978 8	0.979 3	0.979 8	0.980 3	0.980 8	0.981 2	0.981 7
2.1	0.982 1	0.982 6	0.983 0	0.983 4	0.983 8	0.984 2	0.984 6	0.985 0	0.985 4	0.985 7
2.2	0.986 1	0.986 4	0.986 8	0.987 1	0.987 5	0.987 8	0.988 1	0.988 4	0.988 7	0.989 0
2.3	0.989 3	0.989 6	0.989 8	0.990 1	0.990 4	0.990 6	0.990 9	0.991 1	0.991 3	0.991 6
2.4	0.998 1	0.992 0	0.992 2	0.992 5	0.992 7	0.992 9	0.993 1	0.993 2	0.993 4	0.993 6
2.5	0.993 8	0.994 0	0.994 1	0.994 3	0.994 5	0.994 6	0.994 8	0.994 9	0.995 1	0.995 2
2.6	0.995 3	0.995 5	0.995 6	0.995 7	0.995 9	0.996 0	0.996 1	0.996 2	0.996 3	0.996 4
2.7	0.996 5	0.996 6	0.996 7	0.996 8	0.996 9	0.997 0	0.997 1	0.997 2	0.997 3	0.9974
2.8	0.997 4	0.997 5	0.997 6	0.997 7	0.997 7	0.997 8	0.997 9	0.997 9	0.998 0	0.998 1
2.9	0.998 1	0.998 2	0.998 2	0.998 3	0.998 4	0.998 4	0.998 5	0.998 5	0.998 6	0.998 6
3.0	0.998 7									

附表 3　正态离差 u 值表(双尾)

α	0.00	0.01	0.02	0.03	0.04	0.05	0.06	0.07	0.08	0.09
0.0	∞	2.575 829	2.326 348	2.170 090	2.053 749	1.959 964	1.880 794	1.811 911	1.750 686	1.695 398
0.1	1.644 854	1.598 193	1.554 774	1.514 102	1.475 791	1.439 521	1.405 072	1.372 204	1.340 755	1.310 579
0.2	1.281 552	1.253 565	1.226 528	1.200 359	1.174 987	1.150 349	1.126 391	1.103 063	1.080 319	1.058 122
0.3	1.036 433	1.015 222	0.994 458	0.974 114	0.954 165	0.934 589	0.915 365	0.896 473	0.877 896	0.859 617
0.4	0.841 621	0.823 894	0.806 421	0.789 192	0.772 193	0.755 415	0.738 847	0.722 479	0.706 303	0.690 309
0.5	0.674 490	0.658 838	0.643 345	0.628 006	0.612 813	0.597 760	0.582 841	0.568 051	0.553 385	0.538 836
0.6	0.524 401	0.510 073	0.495 850	0.481 727	0.467 699	0.453 762	0.439 913	0.426 148	0.412 463	0.398 855
0.7	0.385 320	0.371 856	0.358 459	0.345 125	0.331 853	0.318 039	0.305 481	0.292 375	0.279 319	0.266 311
0.8	0.253 347	0.240 426	0.227 545	0.214 702	0.201 893	0.189 113	0.176 374	0.163 658	0.150 969	0.138 304
0.9	0.125 661	0.113 039	0.100 434	0.087 845	0.075 270	0.062 707	0.050 154	0.037 608	0.025 069	0.012 533

α	0.001	0.000 1	0.000 01	0.000 001	0.000 000 1	0.000 000 01	0.000 000 000 000 001
u_α	3.290 53	3.890 59	4.417 17	4.891 64	5.326 72	5.730 73	7.977 578 87

附表 4 学生氏 t 值表(双尾)

自由度 (DF)	概率值(P)								
	0.500	0.400	0.200	0.100	0.050	0.025	0.010	0.005	0.001
1	1.000	1.376	3.078	6.314	12.706	25.452	63.657		
2	0.816	0.061	0.886	2.920	4.303	6.205	9.925	14.089	31.598
3	0.765	0.978	1.638	2.353	3.182	4.176	5.841	7.453	12.941
4	0.741	0.941	1.533	2.132	2.776	3.495	4.604	5.598	8.610
5	0.727	0.920	1.476	2.015	2.571	3.163	4.032	4.773	6.859
6	0.718	0.906	1.440	1.943	2.447	2.969	3.707	4.317	5.959
7	0.711	0.896	1.415	1.895	2.365	2.841	3.499	4.029	5.405
8	0.706	0.889	1.397	1.860	2.306	2.752	3.355	3.832	5.041
9	0.703	0.883	1.383	1.833	2.262	2.685	3.250	3.690	4.781
10	0.700	0.879	1.372	1.812	2.228	2.634	3.169	3.581	4.587
11	0.697	0.876	1.363	1.796	2.201	2.593	3.106	3.497	4.437
12	0.695	0.873	1.356	1.782	2.179	2.560	3.055	3.428	4.318
13	0.694	0.870	1.350	1.771	2.160	2.533	3.012	3.372	4.221
14	0.692	0.868	1.345	1.761	2.145	2.510	2.977	3.326	4.140
15	0.691	0.866	1.341	1.753	2.131	2.490	2.947	3.286	4.073
16	0.690	0.865	1.337	1.746	2.120	2.473	2.921	3.252	4.015
17	0.689	0.863	1.333	1.740	2.110	2.458	2.898	3.222	3.965
18	0.688	0.862	1.330	1.734	2.101	2.445	2.878	3.197	3.922
19	0.688	0.861	1.328	1.729	2.093	2.433	2.861	3.174	3.883
20	0.687	0.860	1.325	1.725	2.086	2.423	2.845	3.153	3.850
21	0.686	0.859	1.323	1.721	2.080	2.414	2.831	3.135	3.819
22	0.686	0.858	1.321	1.717	2.074	2.406	2.819	3.119	3.792
23	0.685	0.858	1.319	1.714	2.069	2.398	2.807	3.104	3.767
24	0.685	0.857	1.318	1.711	2.064	2.391	2.797	3.090	3.745
25	0.684	0.856	1.316	1.708	2.060	2.385	2.787	3.078	3.725
26	0.684	0.856	1.315	1.706	2.056	2.379	2.779	3.067	3.707
27	0.684	0.855	1.314	1.703	2.052	2.373	2.771	3.056	3.690
28	0.683	0.855	1.313	1.701	2.048	2.368	2.763	3.047	3.674
29	0.683	0.854	1.311	1.699	2.045	2.364	2.756	3.038	3.659
30	0.683	0.854	1.310	1.697	2.042	2.360	2.750	3.030	3.646
35	0.682	0.852	1.306	1.690	2.030	2.342	2.724	2.996	3.591
40	0.681	0.851	1.303	1.684	2.021	2.329	2.704	2.971	3.551
45	0.680	0.850	1.301	1.680	2.014	2.319	2.690	2.952	3.520
50	0.680	0.849	1.299	1.676	2.008	2.310	2.678	2.937	3.496
55	0.679	0.849	1.297	1.673	2.004	2.304	2.669	2.925	3.476
60	0.679	0.848	1.296	1.671	2.000	2.299	2.660	2.915	3.460
70	0.678	0.847	1.294	1.667	1.994	2.290	2.648	2.899	3.435
80	0.678	0.847	1.293	1.665	1.989	2.284	2.638	2.887	3.416
90	0.678	0.846	1.291	1.662	1.986	2.279	2.631	2.878	3.402
100	0.677	0.846	1.290	1.661	1.982	2.276	2.925	2.871	3.390
120	0.677	0.845	1.289	1.658	1.980	2.270	2.617	2.860	3.373
∞	0.674 5	0.841 6	1.281 6	1.644 8	1.960 0	2.241 4	2.575 8	2.807 0	3.290 5

附表 5　5%(上)和 1%(下)显著水平点的 F 值表(单尾)

DF_e(小均方的自由度)	DF_t:大均方的自由度 1	2	3	4	5	6	7	8	9	10	11	12
1	161	200	216	226	230	231	237	239	241	242	243	244
	4 052	4 999	5 403	5 625	5 764	5 859	5 928	5 981	6 022	6 056	6 082	6 106
2	18.51	19.00	19.16	19.25	19.30	19.33	19.36	19.37	19.38	19.39	19.40	19.41
	98.49	99.00	99.17	99.25	99.30	99.33	99.34	99.36	99.38	99.40	99.41	99.42
3	10.13	9.55	9.28	9.12	9.01	8.94	8.88	8.84	8.81	8.78	8.76	8.74
	34.12	30.82	29.46	28.71	28.24	27.91	27.67	27.49	27.31	27.23	27.13	27.05
4	7.71	6.94	6.59	6.39	6.26	6.16	6.09	6.04	6.00	5.96	5.93	5.91
	21.2	18.00	16.69	15.89	15.52	15.21	14.98	14.80	14.66	14.54	14.45	14.37
5	6.61	5.79	5.41	5.19	5.05	4.95	4.88	4.82	4.78	4.74	4.70	4.68
	16.26	13.27	12.06	11.39	10.97	10.67	10.45	10.27	10.15	10.05	9.96	9.89
6	5.99	5.14	4.76	4.53	4.39	4.28	4.21	4.15	4.10	4.06	4.03	4.00
	13.74	10.92	9.78	9.15	8.75	8.47	8.26	8.10	7.89	7.87	7.79	7.72
7	5.59	4.74	4.35	4.12	3.97	3.87	3.79	3.73	3.68	3.63	3.60	3.57
	12.25	9.55	8.45	7.85	7.46	7.19	7.00	6.84	6.71	6.62	6.54	6.47
8	5.32	4.46	4.07	3.84	3.69	3.58	3.5	3.44	3.39	3.34	3.31	3.28
	11.26	8.65	7.59	7.01	6.63	6.37	6.19	6.03	5.91	5.82	5.74	5.67
9	5.12	4.26	3.86	3.63	3.48	3.37	3.29	3.23	3.18	3.13	3.10	3.07
	10.56	8.02	6.99	6.42	6.06	5.8	5.62	5.47	5.35	5.26	5.18	5.11
10	4.96	4.10	3.71	3.48	3.33	3.22	3.14	3.07	3.02	2.97	2.94	2.91
	10.04	7.65	6.55	5.99	5.64	5.39	5.21	5.06	4.95	4.85	4.78	4.71
11	4.84	3.98	3.59	3.36	3.20	3.09	3.01	2.95	2.90	2.86	2.32	2.79
	9.65	7.20	6.22	5.67	5.32	5.07	4.88	4.74	4.63	4.54	4.46	4.40
12	4.75	3.88	3.49	3.26	3.11	3.00	2.92	2.85	2.80	2.76	2.72	2.69
	9.33	6.93	5.95	5.41	5.06	4.82	4.65	4.50	4.39	4.30	4.22	4.16
13	4.67	3.80	3.41	3.18	3.02	2.92	2.84	2.77	2.72	2.67	2.63	2.60
	9.07	6.70	5.74	5.20	4.86	4.62	4.44	4.30	4.19	4.10	4.02	3.96
14	4.60	3.74	3.34	3.11	2.96	2.85	2.77	2.70	2.65	2.60	2.56	2.53
	8.86	6.51	5.56	5.03	4.69	4.46	4.28	4.14	4.03	3.94	3.86	3.80
15	4.54	3.68	3.29	3.06	2.90	2.79	2.70	2.64	2.59	2.55	2.51	2.48
	8.68	6.36	5.42	4.89	4.56	4.32	4.14	4.00	3.89	3.80	3.73	3.67
16	4.49	3.63	3.24	3.01	2.85	2.74	2.66	2.59	2.54	2.49	2.45	2.42
	8.53	6.23	5.29	4.77	4.44	4.20	4.03	3.89	3.78	3.69	3.61	3.55
17	4.45	3.59	3.20	2.96	2.81	2.70	2.62	2.55	2.50	2.45	2.41	2.38
	8.40	6.11	5.18	4.67	4.34	4.10	3.93	3.79	3.68	3.59	3.52	3.45
18	4.41	3.55	3.16	2.93	2.77	2.66	2.58	2.51	2.46	2.41	2.37	2.34
	8.28	6.01	5.09	4.58	4.25	4.01	3.85	3.71	3.60	3.51	3.44	3.37
19	4.38	3.52	3.13	2.90	2.74	2.63	2.55	2.48	2.43	2.38	2.34	2.31
	8.18	5.93	5.01	4.50	4.17	3.94	3.77	3.63	3.52	3.43	3.36	3.30
20	4.35	3.49	3.10	2.87	2.71	2.60	2.52	2.45	2.40	2.35	2.31	2.28
	8.10	5.85	4.94	4.43	4.10	3.87	3.71	3.56	3.45	3.37	3.30	3.23

续附表 5

DF_e	DF_t:大均方的自由度											
小均方的自由度	14	16	20	24	30	40	50	75	100	200	500	∞
1	245	246	248	249	250	251	252	253	253	254	254	254
	6 142	6 169	6 208	6 234	6 258	8 286	6 302	6 323	6 334	6 352	6 361	6 366
2	19.42	19.43	19.44	19.45	19.46	19.47	19.47	19.48	19.49	19.49	19.5	19.5
	99.43	99.44	99.45	99.46	99.47	99.48	99.48	99.49	99.49	99.49	99.5	99.5
3	8.71	8.69	8.66	8.64	8.62	8.6	8.58	8.57	8.56	8.54	8.54	8.53
	26.92	26.83	26.69	26.6	26.5	26.41	26.35	26.27	26.23	26.18	26.14	26.12
4	5.87	5.84	58.00	5.77	5.74	5.71	5.70	5.68	5.66	5.65	5.64	5.63
	14.24	14.15	14.02	13.93	13.83	13.74	13.96	13.61	13.57	13.52	13.48	13.46
5	4.64	4.60	4.56	4.53	4.50	4.46	4.44	4.42	4.40	4.38	4.37	4.36
	9.77	9.68	9.55	9.47	9.38	9.29	9.24	9.17	9.13	9.07	9.04	9.02
6	3.96	3.92	3.87	3.84	3.81	3.77	3.75	3.72	3.71	3.69	3.68	3.67
	7.60	7.52	7.39	7.31	7.23	7.14	7.09	7.02	6.99	6.94	6.90	6.88
7	3.52	3.49	3.44	3.41	3.33	3.31	3.32	3.29	3.28	3.25	3.24	3.23
	6.35	6.27	6.15	6.07	5.98	5.90	5.85	5.78	5.75	5.70	5.67	5.65
8	3.23	3.20	3.15	3.12	3.08	3.05	3.03	3.00	2.98	2.96	2.94	2.93
	5.56	5.48	5.36	5.28	5.20	5.11	5.06	5.00	4.96	4.91	4.88	4.86
9	3.02	2.98	2.93	2.90	2.86	2.82	2.80	2.77	2.76	2.73	2.72	2.71
	5.00	4.92	4.80	4.37	4.64	4.56	4.51	4.45	4.41	4.36	4.33	4.31
10	2.86	2.82	2.77	2.74	2.70	2.67	2.64	2.61	2.59	2.56	2.55	2.54
	4.60	4.52	4.41	4.33	4.25	4.17	4.12	4.05	4.01	3.96	3.93	3.91
11	2.74	2.70	2.65	2.61	2.57	2.53	2.50	2.47	2.45	2.42	2.41	2.40
	4.29	4.21	4.10	4.02	3.94	3.86	3.80	3.74	3.70	3.66	3.62	3.60
12	2.64	2.60	2.54	2.50	2.46	2.42	2.40	2.36	2.35	2.32	2.31	2.30
	4.05	3.98	3.86	3.78	3.70	3.61	3.56	3.49	3.46	3.41	3.38	3.36
13	2.55	2.51	2.46	2.42	2.33	2.31	2.32	2.28	2.26	2.21	2.22	2.21
	3.85	3.78	3.67	3.59	3.51	3.42	3.37	3.30	3.27	3.21	3.18	3.16
14	2.48	2.44	2.39	2.35	2.31	2.27	2.24	2.21	2.19	2.16	2.14	2.13
	3.70	3.62	3.51	3.43	3.34	3.26	3.21	3.14	3.11	3.06	3.02	3.00
15	2.43	2.39	2.33	2.29	2.25	2.21	2.18	2.15	2.12	2.10	2.08	2.07
	3.56	3.48	3.36	3.29	3.20	3.12	3.07	3.00	2.97	2.92	2.89	2.87
16	2.37	2.33	2.28	2.24	2.20	2.16	2.13	2.09	2.07	2.04	2.02	2.01
	3.45	3.37	3.25	3.18	3.10	3.01	2.96	2.89	2.86	2.80	2.77	2.75
17	2.33	2.29	2.23	2.19	2.15	2.11	2.08	2.04	2.02	1.99	1.97	1.96
	3.35	2.27	3.16	3.08	3.00	2.92	2.86	2.79	2.76	2.70	2.67	2.65
18	2.29	2.25	2.19	2.15	2.11	2.07	2.04	2.00	1.98	1.95	1.93	1.92
	3.27	3.19	3.07	3.00	2.91	2.83	2.78	2.71	2.68	2.62	2.59	2.57
19	2.26	2.21	2.15	2.11	2.07	2.02	2.00	1.96	1.94	1.91	1.90	1.88
	3.19	3.12	3.00	2.92	2.84	2.76	2.70	2.63	2.60	2.54	2.51	2.49
20	2.23	2.18	2.10	2.08	2.04	1.99	1.96	1.92	1.90	1.87	1.85	1.84
	3.13	3.05	2.94	3.86	2.77	2.69	2.63	2.56	2.53	2.47	2.44	2.42

续附表 5

小均方的自由度

DF_e	DF_t：大均方的自由度											
	1	2	3	4	5	6	7	8	9	10	11	12
21	4.32	3.47	3.07	2.34	2.68	2.57	2.49	2.42	2.37	2.32	2.28	2.25
	8.02	5.78	4.87	4.37	4.04	3.81	3.65	3.51	3.40	3.31	3.24	3.17
22	4.30	3.44	3.05	2.82	2.66	2.55	2.47	2.40	2.35	2.30	2.26	2.23
	7.94	5.72	4.82	4.31	3.99	3.76	3.59	3.45	3.35	3.26	3.18	3.12
23	4.23	3.42	3.03	2.80	2.64	2.53	2.45	2.38	2.32	2.28	2.24	2.20
	7.88	5.66	4.76	4.26	3.94	3.71	3.54	3.41	3.3	3.21	3.14	3.07
24	4.26	3.40	3.01	2.78	2.62	2.51	2.43	2.36	2.30	2.26	2.22	2.18
	7.82	5.61	4.72	4.22	3.90	3.67	3.50	3.36	3.25	3.17	3.09	3.03
25	4.21	3.38	2.99	2.76	2.60	2.49	2.41	2.34	3.28	2.24	2.20	2.11
	7.77	5.57	4.62	4.18	3.86	3.63	3.46	3.32	3.21	3.13	3.05	2.99
26	4.22	3.37	2.98	2.74	2.59	2.47	2.39	2.32	2.27	2.22	2.18	2.15
	7.72	5.53	4.64	4.14	3.82	3.59	3.42	3.29	3.17	3.09	3.02	2.96
27	4.21	3.35	2.96	2.73	2.57	2.46	2.37	2.30	2.25	2.20	2.16	2.13
	7.63	5.49	4.60	4.11	3.79	3.56	3.39	3.26	3.14	3.06	2.98	2.93
28	4.20	3.34	2.95	2.71	2.56	2.44	2.36	2.29	2.24	2.19	2.15	2.12
	7.64	5.45	4.57	4.07	3.76	3.53	3.36	3.23	3.11	3.03	2.95	2.90
29	4.18	3.33	2.93	2.70	2.54	2.43	2.35	2.28	2.22	2.18	2.14	2.10
	7.60	5.42	4.54	4.04	3.73	3.50	3.33	3.20	3.08	3.00	2.92	2.87
30	4.17	3.32	2.92	2.69	2.53	2.42	2.34	2.27	2.21	2.16	2.12	2.09
	7.56	5.39	4.51	4.02	3.70	3.47	3.30	3.17	3.06	2.98	2.90	2.84
32	4.15	3.30	2.90	2.67	2.51	2.40	2.32	2.25	2.19	2.14	2.10	2.07
	7.50	5.31	4.46	3.77	3.66	3.42	3.25	3.12	3.01	2.94	2.86	2.80
34	4.13	3.28	2.88	2.65	2.49	2.38	2.30	2.23	2.17	2.12	2.08	2.05
	7.44	5.29	4.42	3.93	3.61	3.38	3.21	3.08	2.97	2.89	2.82	2.76
36	4.11	3.26	2.86	2.63	2.48	2.36	2.28	2.21	2.15	2.10	2.06	2.03
	7.30	5.25	4.38	3.89	3.58	3.35	3.18	3.04	2.94	2.86	2.78	2.72
38	4.10	3.25	2.85	2.62	2.46	2.35	2.26	2.19	2.14	2.09	2.05	2.02
	7.35	5.21	4.31	3.86	3.54	3.32	3.15	3.02	2.91	2.82	2.75	2.69
40	4.08	3.23	2.84	2.61	2.45	2.34	2.25	2.18	2.12	2.07	2.04	2.00
	7.31	5.18	4.31	2.83	3.51	3.29	3.12	2.99	2.88	2.80	2.73	2.66
42	4.07	3.22	2.83	2.59	2.44	2.32	2.24	2.17	2.11	2.06	2.02	1.99
	7.27	5.15	4.29	3.80	3.49	3.26	3.10	2.96	2.86	2.77	2.70	2.64
44	4.06	3.21	2.82	2.58	2.43	2.31	2.23	2.16	2.10	2.05	2.01	1.98
	7.24	5.12	4.26	3.78	3.46	3.24	3.07	2.94	2.84	2.75	2.68	2.62
46	4.05	3.20	2.81	2.57	2.42	2.30	2.22	2.14	2.09	2.04	0.00	1.97
	7.21	5.10	4.24	3.76	3.44	3.22	3.05	2.92	2.82	2.73	2.66	2.60
48	4.04	3.19	2.80	2.56	2.41	2.30	2.21	2.14	2.08	2.03	1.99	1.96
	7.19	5.08	4.22	3.74	3.42	3.20	3.04	2.90	2.80	2.71	2.64	2.58
50	4.03	3.18	2.79	2.56	2.40	2.29	2.20	2.13	2.07	2.02	1.98	1.95
	7.17	5.06	4.20	3.72	3.41	3.18	3.02	2.88	2.78	2.70	2.62	2.56
∞	3.84	2.99	2.60	2.37	2.21	2.09	2.01	1.94	1.88	1.83	1.79	1.75
	6.64	4.60	3.78	3.32	3.02	2.80	2.64	2.51	2.41	2.32	2.24	2.18

续附表 5

DF_e		DF_t:大均方的自由度											
		14	16	20	24	30	40	50	75	100	200	500	∞
小均方的自由度	21	2.20	2.15	2.09	2.05	2.00	1.96	1.93	1.89	1.87	1.84	1.82	1.81
		3.07	2.99	2.88	2.80	2.72	2.63	2.58	2.51	2.47	2.42	2.38	2.36
	22	2.18	2.13	2.07	2.03	1.98	1.93	1.91	1.87	1.84	1.81	1.80	1.78
		3.02	2.94	2.83	2.75	2.67	2.58	2.53	2.46	2.42	2.37	2.33	2.31
	23	2.14	2.10	2.04	2.00	1.96	1.91	1.88	1.84	1.82	1.79	1.77	1.76
		2.97	2.89	2.78	2.70	2.62	2.53	2.48	2.41	2.37	2.32	2.28	2.26
	24	2.13	2.09	2.02	1.98	1.94	1.89	1.86	1.82	1.80	1.76	1.74	1.73
		2.93	2.85	2.74	2.66	2.58	2.49	2.44	2.36	2.33	2.27	2.23	2.21
	25	2.11	2.06	2.00	1.96	1.92	1.87	1.84	1.80	1.77	1.74	1.72	1.71
		2.89	2.81	2.70	2.62	2.54	2.45	2.40	2.32	2.29	2.23	2.19	2.17
	26	2.10	2.05	1.99	1.95	1.90	1.85	1.82	1.78	1.76	1.72	1.70	1.69
		2.86	2.77	2.66	2.58	2.50	2.41	2.36	2.28	2.25	2.19	2.15	2.13
	27	2.08	2.03	1.97	1.93	1.88	1.84	1.80	1.76	1.74	1.71	1.68	1.67
		2.83	2.74	2.63	2.55	2.47	2.38	2.33	2.25	2.21	2.16	2.12	2.10
	28	2.06	2.02	1.96	1.91	1.87	1.81	1.78	1.75	1.72	1.69	1.67	1.65
		2.80	2.71	2.60	2.52	2.44	2.35	2.30	2.22	2.18	2.13	2.09	2.06
	29	2.05	2.00	1.94	1.90	1.85	1.80	1.77	1.73	1.71	1.68	1.65	1.64
		2.77	2.68	2.57	2.49	2.41	2.32	2.27	2.19	2.15	2.10	2.06	2.03
	30	2.04	1.99	1.93	1.89	1.84	1.79	1.76	1.72	1.69	1.66	1.64	1.62
		2.74	2.66	2.55	2.47	2.38	2.29	2.24	2.16	2.13	2.07	2.03	2.01
	32	2.02	1.97	1.91	1.86	1.82	1.76	1.74	1.69	1.67	1.64	1.61	1.59
		2.7	2.62	2.51	2.42	2.31	2.25	2.20	2.12	2.08	2.02	1.98	1.96
	34	2.00	1.95	1.89	1.84	1.80	1.74	1.71	1.67	1.64	1.61	1.59	1.57
		2.66	2.58	2.47	2.38	2.30	2.21	2.15	2.08	2.04	1.98	1.94	1.91
	36	1.98	1.93	1.87	1.82	1.78	1.72	1.69	1.65	1.62	1.59	1.76	1.55
		2.62	2.54	2.43	2.35	2.26	2.17	2.12	2.04	2.00	1.94	1.90	1.87
	38	1.96	1.92	1.85	1.80	1.76	1.71	1.67	1.63	1.60	1.57	1.54	1.53
		2.59	2.51	2.40	2.32	2.22	2.14	2.08	2.00	1.97	1.90	1.86	1.84
	40	1.59	1.90	1.84	1.79	1.74	1.69	1.66	1.61	1.59	1.55	1.53	1.51
		2.56	2.49	2.37	2.29	2.20	2.11	2.05	1.97	1.94	1.88	1.84	1.81
	42	1.94	1.89	1.82	1.78	1.73	1.68	1.64	1.60	1.57	1.54	1.51	1.49
		2.54	2.46	2.35	2.26	2.17	2.08	2.02	1.94	1.91	1.85	1.80	1.78
	44	1.92	1.88	1.81	1.76	1.72	1.66	1.63	1.58	1.56	1.52	1.50	1.48
		2.52	2.44	2.32	2.24	2.15	2.06	2.00	1.92	1.88	1.82	1.78	1.75
	46	1.91	1.87	1.80	1.75	1.71	1.65	1.62	1.57	1.54	1.51	1.48	1.46
		2.50	2.42	2.30	2.22	2.13	2.04	1.98	1.90	1.86	1.80	1.76	1.72
	48	1.90	1.86	1.79	1.74	1.70	1.64	1.61	1.56	1.53	1.50	1.47	1.45
		2.48	2.40	2.28	2.20	2.11	2.02	1.96	1.88	1.84	1.78	1.73	1.70
	50	1.90	1.85	1.78	1.74	1.69	1.63	1.60	1.55	1.52	1.48	1.46	1.44
		2.46	2.39	2.26	2.18	2.10	2.00	1.94	1.86	1.82	1.76	1.71	1.68
	∞	1.69	1.64	1.57	1.52	1.46	1.40	1.35	1.28	1.24	1.17	1.11	1.00
		2.07	1.99	1.87	1.79	1.69	1.59	1.52	1.41	1.36	1.25	1.15	1.00

附表 6 Duncan's 新复极差检验 5%(上)和 1%(下)*SSR* 值表(双尾)

自由度	显著水平	检验极差的平均数个数(k)													
		2	3	4	5	6	7	8	9	10	12	14	16	18	20
1	0.05	18.0	18.0	18.0	18.0	18.0	18.0	18.0	18.0	18.0	18.0	18.0	18.0	18.0	18.0
	0.01	90.0	90.0	90.0	90.0	90.0	90.0	90.0	90.0	90.0	90.0	90.0	90.0	90.0	90.0
2	0.05	6.09	6.09	6.09	6.09	6.09	6.09	6.09	6.09	6.09	6.09	6.09	6.09	6.09	6.09
	0.01	14.0	14.0	14.0	14.0	14.0	14.0	14.0	14.0	14.0	14.0	14.0	14.0	14.0	14.0
3	0.05	4.50	4.50	4.50	4.50	4.50	4.50	4.50	4.50	4.50	4.50	4.50	4.50	4.50	4.50
	0.01	8.26	8.5	8.6	8.7	8.8	8.9	8.9	9.0	9.0	9.0	9.1	9.2	9.3	9.3
4	0.05	3.93	4.01	4.02	4.02	4.02	4.02	4.02	4.02	4.02	4.2	4.02	4.02	4.02	4.02
	0.01	6.51	6.8	6.9	7.0	7.1	7.1	7.2	7.2	7.3	7.3	7.4	7.4	7.5	7.5
5	0.05	3.64	3.74	3.79	3.83	3.83	3.83	3.83	3.83	3.83	3.83	3.83	3.83	3.83	3.88
	0.01	5.70	5.96	6.11	6.18	6.26	6.33	6.40	6.44	6.5	6.6	6.6	6.7	6.7	6.8
6	0.05	3.46	3.58	3.64	3.68	3.68	3.68	3.68	3.68	3.68	3.68	3.68	3.68	3.68	3.68
	0.01	5.24	5.51	5.65	5.73	5.81	5.88	5.95	6.00	6.0	6.1	6.2	6.2	6.33	6.33
7	0.05	3.35	3.47	3.54	3.58	3.60	3.61	3.61	3.61	3.61	3.61	3.61	3.61	3.61	3.61
	0.01	4.95	5.22	5.37	5.45	5.53	5.61	5.69	5.73	5.8	5.8	5.9	5.9	6.0	6.0
8	0.05	3.26	3.39	3.47	3.52	3.55	3.56	3.56	3.56	3.56	3.56	3.56	3.56	3.56	3.56
	0.01	4.74	5.00	5.14	5.23	5.32	5.4	5.47	5.51	5.5	5.6	5.7	5.7	5.8	5.8
9	0.05	3.20	3.34	3.41	3.47	3.50	3.52	3.52	3.52	3.52	3.52	3.52	3.52	3.52	3.52
	0.01	4.60	4.86	4.99	5.08	5.17	5.25	5.32	5.36	5.4	5.5	5.5	5.6	5.7	5.7
10	0.05	3.15	3.30	3.37	3.43	3.46	3.47	3.47	3.47	3.47	3.47	3.47	3.47	3.47	3.48
	0.01	4.48	4.73	4.88	4.96	5.06	5.13	5.20	5.24	5.28	5.36	5.42	5.46	5.54	5.55
11	0.05	3.11	3.27	3.35	3.39	3.43	3.44	3.45	3.46	3.46	3.46	3.46	3.46	3.47	3.48
	0.01	4.39	4.63	4.77	4.86	4.94	5.01	5.06	5.12	5.15	5.24	5.28	5.34	5.38	5.39
12	0.05	3.08	3.23	3.33	3.36	3.40	3.42	3.44	3.44	3.46	3.46	3.46	3.46	3.47	3.48
	0.01	4.32	4.55	4.68	4.76	4.84	4.92	4.96	5.02	5.07	5.13	5.17	5.22	5.24	5.26
13	0.05	3.06	3.21	3.30	3.35	3.38	3.41	3.42	3.44	3.45	3.45	3.46	3.46	3.47	3.47
	0.01	4.26	4.48	4.62	4.69	4.74	4.84	4.83	4.94	4.98	5.04	5.08	5.13	5.14	5.15
14	0.05	3.03	3.18	3.27	3.33	3.37	3.39	3.41	3.42	3.44	3.45	3.46	3.46	3.47	3.47
	0.01	4.21	4.42	4.55	4.63	4.70	4.78	4.83	4.87	4.91	4.96	5.00	5.04	5.06	5.07
15	0.05	3.01	3.16	3.25	3.31	3.36	3.38	3.40	3.42	3.43	3.44	3.45	3.46	3.47	3.47
	0.01	4.17	4.37	4.50	4.58	4.64	4.72	4.77	4.81	4.84	4.99	4.94	4.97	4.99	5.00

续附表 6

自由度	显著水平	检验极差的平均数个数(k)													
		2	3	4	5	6	7	8	9	10	12	14	16	18	20
16	0.05	3.00	3.15	3.23	3.30	3.34	3.37	3.39	3.41	3.43	3.44	3.45	3.46	3.47	3.47
	0.01	4.13	4.34	4.45	4.54	4.60	4.67	4.72	4.76	4.79	4.84	4.88	4.91	4.93	4.94
17	0.05	2.98	3.13	3.22	3.28	3.33	3.36	3.38	3.40	3.42	3.44	3.45	3.46	3.47	3.47
	0.01	4.10	4.30	4.41	4.50	4.56	4.63	4.68	4.72	4.75	4.80	4.83	4.86	4.88	4.89
18	0.05	2.97	3.12	3.21	3.27	3.32	3.35	3.37	3.39	3.41	3.43	3.45	3.46	3.47	3.47
	0.01	4.07	4.27	4.39	4.46	4.53	4.59	4.64	4.68	4.71	4.76	4.79	4.82	4.84	4.85
19	0.05	2.96	3.11	3.19	3.26	3.31	3.35	2.37	3.39	3.41	3.43	3.44	3.46	3.47	3.47
	0.01	4.05	4.24	4.35	4.43	4.50	4.56	4.61	4.64	4.67	4.72	4.76	4.79	4.81	4.82
20	0.05	2.95	3.10	3.18	3.25	3.30	3.34	3.36	3.38	3.40	3.43	3.44	3.46	3.46	3.47
	0.01	4.02	4.22	4.33	4.40	4.57	4.53	4.58	4.61	4.65	4.69	4.73	4.76	4.78	4.79
22	0.05	2.93	3.08	3.17	3.24	3.29	3.32	3.35	3.37	3.39	3.42	3.44	3.45	3.46	3.47
	0.01	3.99	4.17	4.28	4.36	4.42	4.48	4.53	4.57	4.60	4.65	4.68	4.71	4.74	4.75
24	0.05	2.92	3.07	3.15	3.22	3.28	3.31	3.34	3.37	3.38	3.41	3.44	3.45	3.46	3.47
	0.01	3.96	4.14	4.24	4.33	4.39	4.44	4.49	4.53	4.57	4.62	4.64	4.67	4.70	4.72
26	0.05	2.91	3.06	3.14	3.21	3.27	3.30	3.34	3.36	3.38	3.41	3.43	3.45	3.46	3.47
	0.01	3.93	4.11	4.21	4.30	4.36	4.41	4.46	4.50	4.53	4.58	4.62	4.65	4.67	4.69
28	0.05	2.90	3.04	3.13	3.2	3.26	3.30	3.33	3.35	3.37	3.40	3.43	3.45	3.46	3.47
	0.01	3.91	4.08	4.18	4.28	4.34	4.39	4.43	4.47	4.51	4.56	4.60	4.62	4.65	4.67
30	0.05	2.89	3.04	3.12	3.20	3.25	3.29	3.32	3.35	3.37	3.40	3.43	3.44	3.46	3.47
	0.01	3.89	4.06	4.16	4.22	4.32	4.36	4.41	4.45	4.48	4.54	4.58	4.61	4.63	4.65
40	0.05	2.86	3.01	3.10	3.17	3.22	3.27	3.30	3.33	3.35	3.39	3.42	3.44	3.46	3.47
	0.01	3.82	3.99	4.10	4.17	4.24	4.30	4.34	4.37	4.41	4.46	4.51	4.54	4.57	4.59
60	0.05	2.83	2.98	3.08	3.14	3.20	3.24	3.28	3.31	3.33	3.37	3.40	3.43	3.45	3.47
	0.01	3.76	3.92	4.03	4.12	4.17	4.23	4.27	4.31	4.34	4.39	4.44	4.47	4.50	4.53
100	0.05	2.80	2.95	3.05	3.12	3.18	3.22	3.26	3.29	3.32	3.36	3.40	3.42	3.45	3.47
	0.01	3.71	3.86	3.98	4.06	4.11	4.17	4.21	4.25	4.29	4.35	4.38	4.42	4.45	4.48
∞	0.05	2.77	2.92	3.02	3.09	3.15	3.19	3.23	3.26	3.29	3.34	3.38	3.41	3.44	3.47
	0.01	3.64	3.80	3.90	3.98	4.04	4.09	4.14	4.17	4.20	4.26	4.31	4.34	4.38	4.41

附表 7　百分数反正弦($\sin^{-1}\sqrt{x}$)转换表

%	0	1	2	3	4	5	6	7	8	9
0.0	0	0.57	0.81	0.99	1.15	1.28	1.40	1.52	1.62	1.72
0.1	1.81	1.90	1.99	2.07	2.14	2.22	2.29	2.36	2.43	2.50
0.2	2.56	2.63	2.69	2.75	2.81	2.87	2.92	2.98	3.03	3.09
0.3	3.14	3.19	3.24	3.29	3.34	3.39	3.44	3.49	3.53	3.58
0.4	3.63	3.67	3.72	3.76	3.80	3.85	3.89	3.93	3.97	4.01
0.5	4.05	4.09	4.13	4.17	4.21	4.25	4.29	4.33	4.37	4.40
0.6	4.44	4.48	4.52	4.55	4.59	4.62	4.66	4.69	4.73	4.76
0.7	4.80	4.83	4.37	4.90	4.93	4.97	5.00	5.03	5.07	5.10
0.8	5.13	5.16	5.20	5.23	5.26	5.29	5.32	5.35	5.38	5.41
0.9	5.14	5.57	5.50	5.53	5.56	5.59	5.62	5.65	5.68	5.71
1	5.74	6.02	6.29	6.55	6.80	7.03	7.27	7.49	7.71	7.92
2	8.13	8.33	8.53	8.72	8.91	9.10	9.28	9.46	9.63	9.80
3	9.97	10.14	10.30	10.47	10.63	10.78	10.94	11.09	11.24	11.39
4	11.54	11.68	11.83	11.97	12.11	12.25	12.38	12.52	12.66	12.79
5	12.92	13.05	13.18	13.31	13.44	13.56	13.69	13.81	13.94	14.06
6	14.18	14.30	14.42	14.54	14.65	14.77	14.89	15.00	15.12	15.23
7	15.34	15.45	15.56	15.68	15.79	15.89	16.00	16.11	16.22	16.32
8	16.43	16.54	16.64	16.74	16.85	16.95	17.05	17.15	17.26	17.36
9	17.46	17.56	17.66	17.76	17.85	17.95	18.05	18.15	18.24	18.34
10	18.43	18.53	18.63	18.72	18.81	18.91	19.00	19.09	19.19	19.23
11	19.37	19.46	19.55	19.64	19.73	19.82	19.91	20.00	22.09	20.18
12	20.27	20.36	20.44	20.53	20.62	20.70	10.79	20.88	20.96	21.05
13	21.13	21.22	21.30	21.39	21.47	21.56	21.64	21.72	21.81	21.89
14	21.97	22.06	22.14	22.22	22.30	22.38	22.46	22.54	22.63	22.71
15	22.79	22.87	22.95	23.00	23.11	23.18	23.26	23.34	23.42	23.50
16	23.58	23.66	23.73	23.81	23.89	23.97	24.04	24.12	24.20	24.27
17	24.35	24.43	24.50	24.58	24.65	24.73	24.80	24.88	24.95	25.03
18	25.10	25.18	25.25	25.33	25.40	25.47	25.55	25.62	25.70	25.77
19	25.84	25.91	25.99	26.06	26.13	26.21	26.28	26.35	26.42	26.49
20	26.57	26.64	26.71	26.78	26.85	26.92	26.99	27.06	27.13	27.20
21	27.27	27.35	27.42	27.49	27.56	27.62	27.69	27.76	27.83	27.90
22	27.97	28.04	28.11	28.18	28.25	28.32	28.39	28.45	28.52	28.59
23	28.66	28.73	28.79	28.86	28.93	29.00	29.06	29.13	29.20	29.27
24	29.33	29.40	29.47	29.53	29.60	29.67	29.73	29.80	29.87	29.93
25	30.00	30.07	30.13	30.20	30.26	30.33	30.40	30.46	30.53	30.59
26	30.66	30.72	30.79	30.85	30.92	30.98	31.50	31.11	31.18	31.24
27	31.31	31.37	21.44	31.50	31.56	31.63	31.69	31.76	31.82	31.88
28	31.95	32.01	32.08	32.14	32.20	32.27	32.33	32.39	32.46	32.52
29	32.58	32.65	32.71	32.77	32.83	32.90	32.96	33.02	33.09	33.15
30	33.21	33.27	33.34	33.40	33.46	33.52	33.58	33.65	33.71	33.77

续附表 7

%	0	1	2	3	4	5	6	7	8	9
31	33.83	33.90	33.96	34.02	34.08	34.14	34.20	34.27	34.33	34.39
32	34.45	34.51	34.57	34.63	34.70	34.76	34.82	34.88	34.94	35.00
33	35.06	35.12	35.18	35.24	35.30	35.37	35.43	35.49	35.55	35.61
34	35.67	35.73	35.79	35.85	35.91	35.97	36.03	36.09	36.15	36.21
35	36.27	36.33	36.39	36.45	36.51	36.57	36.63	36.69	36.75	36.81
36	36.87	36.93	36.99	37.05	37.11	37.17	37.23	37.29	37.35	37.41
37	37.46	37.52	37.58	37.64	37.70	37.76	37.82	37.88	37.94	38.00
38	38.06	38.12	38.17	38.23	38.29	38.35	38.41	38.47	38.53	38.59
39	38.65	38.70	38.76	38.82	38.88	38.94	39.00	39.06	39.11	39.17
40	29.23	39.29	39.35	39.41	39.47	39.52	39.58	39.64	39.70	39.76
41	39.82	39.87	39.93	39.99	40.05	40.11	47.16	40.22	40.28	40.34
42	40.40	40.45	40.51	40.57	40.63	40.69	40.74	40.80	40.86	40.92
43	40.98	41.03	41.09	41.15	41.21	41.27	41.32	41.38	41.44	41.50
44	41.55	41.61	41.67	41.73	41.78	41.84	41.90	41.96	42.02	42.07
45	42.13	42.19	42.25	42.30	42.36	42.42	42.48	42.53	42.59	42.65
46	42.71	42.76	42.82	42.88	42.94	42.99	43.05	43.11	43.17	43.22
47	43.28	43.34	43.39	43.45	43.51	43.57	43.62	43.68	43.74	43.80
48	43.85	43.91	43.97	44.03	44.08	44.14	44.20	44.26	44.31	44.37
49	44.43	44.48	44.54	44.60	44.66	44.71	44.77	44.83	44.89	44.94
50	45.00	45.06	45.11	45.17	45.23	45.29	45.34	45.40	45.46	45.32
51	45.57	45.63	45.69	45.74	45.80	45.86	45.92	45.97	46.03	46.09
52	46.15	46.20	46.26	46.32	46.38	46.43	46.49	46.55	46.61	46.66
53	46.72	46.78	46.83	46.89	46.95	47.00	40.06	47.12	47.18	47.24
54	47.29	47.35	47.41	47.47	47.52	47.58	47.64	47.70	47.75	47.81
55	47.87	47.93	47.98	48.04	48.10	48.16	48.22	48.27	48.33	48.39
56	48.45	48.50	48.56	48.62	48.68	48.73	48.79	48.85	48.91	48.97
57	49.02	49.08	49.14	49.20	49.26	49.31	49.37	49.43	49.49	49.55
58	49.60	49.66	49.72	49.78	49.84	49.89	49.95	59.01	50.07	50.13
59	50.18	50.24	50.30	50.36	50.42	50.48	50.53	50.59	50.65	50.71
60	50.77	50.83	50.89	50.94	51.00	51.06	51.12	51.18	51.24	51.30
61	51.35	51.41	51.47	51.53	51.59	51.65	51.71	51.77	51.83	51.88
62	51.94	52.00	52.06	52.12	52.18	52.24	52.30	52.36	52.42	52.48
63	52.53	52.59	52.65	52.71	52.77	52.83	52.89	52.95	53.01	53.07
64	53.13	53.19	53.25	53.31	53.37	53.43	53.49	52.55	53.61	53.67
65	53.73	53.79	53.85	53.91	53.97	54.03	54.09	54.15	54.21	54.27
66	54.33	54.39	54.45	54.51	54.57	54.63	54.70	54.76	54.82	54.88
67	54.94	55.00	55.06	55.12	55.18	55.24	55.30	55.37	55.43	55.49
68	55.55	55.61	55.67	55.73	55.80	55.86	55.92	55.98	56.04	56.10
69	56.17	56.23	56.29	56.35	56.42	56.48	56.54	56.60	56.66	56.73
70	56.79	56.85	56.91	56.98	57.04	57.10	57.17	57.23	57.29	57.35

续附表 7

%	0	1	2	3	4	5	6	7	8	9
71	57.42	57.48	57.54	57.61	57.67	57.73	57.80	57.86	57.92	57.99
72	58.05	58.12	58.18	58.24	58.31	58.37	58.44	58.50	58.56	58.63
73	58.69	58.76	58.82	58.89	58.95	59.02	59.08	59.15	59.21	59.23
74	59.34	59.41	59.47	59.54	59.60	59.67	59.74	59.80	59.87	59.93
75	60.00	60.07	60.13	60.20	60.27	60.33	60.40	60.47	60.53	60.60
76	60.67	60.73	60.80	60.87	60.94	61.00	61.07	61.14	61.21	61.27
77	61.34	61.41	61.48	61.55	61.61	61.68	61.75	61.82	61.89	61.96
78	62.03	62.10	62.17	62.24	62.31	62.38	62.44	62.51	62.58	62.65
79	62.73	62.80	62.87	62.94	63.01	63.08	63.15	63.22	63.29	63.36
80	63.44	63.51	63.58	63.65	63.72	63.79	63.87	63.94	64.01	64.09
81	64.16	64.23	64.30	64.38	64.45	64.53	64.60	64.67	64.75	64.82
82	64.90	64.97	65.05	65.12	65.20	65.27	65.35	65.42	65.50	65.57
83	65.65	65.73	65.80	65.88	65.96	66.03	66.11	66.19	66.27	66.34
84	66.42	66.50	66.58	66.66	66.74	66.82	66.89	66.97	67.05	67.13
85	67.21	67.29	67.37	67.46	67.54	67.62	67.70	67.78	67.86	67.94
86	68.03	68.11	68.19	68.28	68.36	68.44	68.53	68.61	66.70	68.78
87	68.87	68.95	69.04	69.12	69.21	69.30	69.38	69.47	69.56	69.64
88	69.73	69.82	69.91	70.00	70.09	70.18	70.27	70.36	70.45	70.54
89	70.63	70.72	70.81	70.91	71.00	71.09	71.19	71.28	71.37	71.47
90	71.57	71.66	71.76	71.85	71.95	72.05	72.15	72.24	72.34	72.44
91	72.54	72.64	72.74	72.85	72.95	73.05	73.15	73.26	73.36	73.46
92	73.57	73.68	73.78	73.89	74.00	74.11	74.21	74.32	74.44	74.55
93	74.66	74.77	74.88	75.09	75.11	75.23	75.35	75.46	75.58	75.70
94	75.82	75.94	76.06	76.19	76.31	76.44	76.56	76.69	76.82	76.95
95	77.08	77.21	77.34	77.48	77.62	77.75	77.89	78.03	78.17	78.32
96	78.46	78.61	78.76	78.91	79.06	79.22	79.37	79.53	79.70	79.86
97	80.03	80.20	80.37	80.54	80.72	80.90	81.09	81.28	81.47	81.67
98	81.87	82.08	82.29	82.51	82.73	82.97	83.20	83.45	83.71	83.98
99	84.26	84.29	84.32	84.35	84.38	84.41	84.44	84.47	84.50	84.53
99.1	84.56	84.59	84.62	84.65	84.68	84.71	84.74	84.77	84.80	84.84
99.2	84.87	84.90	84.93	84.97	85.00	85.03	85.07	85.10	85.13	85.17
99.3	85.20	85.24	85.27	85.31	85.34	85.38	85.41	85.45	85.48	85.52
99.4	85.56	85.06	85.63	85.67	85.71	85.75	85.79	85.83	85.87	85.94
99.5	85.95	85.99	86.03	86.07	86.11	86.15	86.20	86.24	86.28	86.33
99.6	86.37	86.42	86.47	86.51	86.56	86.61	86.66	86.71	86.76	86.81
99.7	86.86	86.91	86.97	87.02	87.08	87.13	87.19	87.25	87.31	87.37
99.8	87.44	87.50	87.57	87.64	87.71	87.78	87.86	87.93	88.01	88.10
99.9	88.19	88.28	88.38	88.48	88.60	88.72	88.85	89.01	89.19	89.43
100.0	90.00	—	—	—	—	—	—	—	—	—

附表 8　*r* 及 *R* 的显著数值表

自由度	显著水平	自变数的个数				自由度	显著水平	自变数的个数			
		1	2	3	4			1	2	3	4
1	0.05	0.997	0.999	0.999	0.999	24	0.05	0.388	0.470	0.523	0.562
	0.01	1.000	1.000	1.000	1.000		0.01	0.496	0.565	0.609	0.642
2	0.05	0.950	0.975	0.983	0.987	25	0.05	0.381	0.462	0.514	0.553
	0.01	0.990	0.995	0.997	0.998		0.01	0.487	0.555	0.600	0.633
3	0.05	0.878	0.930	0.950	0.961	26	0.05	0.374	0.454	0.506	0.545
	0.01	0.959	0.976	0.983	0.987		0.01	0.478	0.546	0.590	0.624
4	0.05	0.811	0.881	0.912	0.930	27	0.05	0.367	0.446	0.498	0.536
	0.01	0.917	0.949	0.962	0.970		0.01	0.470	0.538	0.582	0.615
5	0.05	0.754	0.836	0.874	0.898	28	0.05	0.361	0.439	0.490	0.529
	0.01	0.874	0.917	0.937	0.949		0.01	0.463	0.530	0.573	0.606
6	0.05	0.707	0.795	0.839	0.867	29	0.05	0.355	0.432	0.482	0.521
	0.01	0.834	0.886	0.911	0.927		0.01	0.456	0.522	0.565	0.598
7	0.05	0.666	0.758	0.807	0.838	30	0.05	0.349	0.426	0.476	0.514
	0.01	0.798	0.855	0.885	0.704		0.01	0.449	0.514	0.558	0.591
8	0.05	0.632	0.726	0.777	0.811	35	0.05	0.325	0.397	0.445	0.482
	0.01	0.765	0.827	0.860	0.882		0.01	0.418	0.481	0.523	0.556
9	0.05	0.602	0.697	0.750	0.768	40	0.05	0.304	0.373	0.419	0.455
	0.01	0.735	0.800	0.836	0.861		0.01	0.393	0.454	0.494	0.526
10	0.05	0.576	0.671	0.726	0.763	45	0.05	0.288	0.353	0.397	0.432
	0.01	0.708	0.776	0.814	0.840		0.01	0.372	0.430	0.470	0.501
11	0.05	0.553	0.648	0.703	0.741	50	0.05	0.273	0.336	0.379	0.412
	0.01	0.684	0.753	0.793	0.821		0.01	0.354	0.410	0.449	0.479
12	0.05	0.532	0.627	0.683	0.722	60	0.05	0.250	0.308	0.348	0.380
	0.01	0.661	0.732	0.773	0.802		0.01	0.325	0.377	0.414	0.442
13	0.05	0.514	0.608	0.664	0.703	70	0.05	0.232	0.286	0.324	0.354
	0.01	0.641	0.712	0.755	0.785		0.01	0.302	0.351	0.886	0.413
14	0.05	0.497	0.590	0.646	0.686	80	0.05	0.217	0.269	0.304	0.332
	0.01	0.623	0.694	0.737	0.868		0.01	0.283	0.330	0.362	0.389
15	0.05	0.482	0.574	0.630	0.670	90	0.05	0.205	0.254	0.288	0.315
	0.01	0.606	0.677	0.721	0.752		0.01	0.267	0.312	0.343	0.368
16	0.05	0.468	0.559	0.615	0.655	100	0.05	0.195	0.241	0.274	0.300
	0.01	0.590	0.662	0.706	0.738		0.01	0.254	0.297	0.327	0.351
17	0.05	0.456	0.545	0.601	0.641	125	0.05	0.174	0.216	0.246	0.269
	0.01	0.575	0.647	0.691	0.724		0.01	0.228	0.266	0.294	0.316
18	0.05	0.444	0.532	0.587	0.628	150	0.05	0.159	0.198	0.225	0.247
	0.01	0.561	0.633	0.678	0.710		0.01	0.208	0.244	0.270	0.290
19	0.05	0.433	0.520	0.575	0.615	200	0.05	0.138	0.172	0.196	0.215
	0.01	0.549	0.620	0.665	0.698		0.01	0.181	0.212	0.234	0.253
20	0.05	0.423	0.509	0.563	0.604	300	0.05	0.113	0.141	0.160	0.176
	0.01	0.537	0.608	0.652	0.685		0.01	0.148	0.174	0.192	0.208
21	0.05	0.413	0.498	0.522	0.592	400	0.05	0.098	0.122	0.139	0.153
	0.01	0.526	0.596	0.641	0.674		0.01	0.128	0.151	0.167	0.180
22	0.05	0.404	0.488	0.542	0.582	500	0.05	0.088	0.109	0.124	0.137
	0.01	0.515	0.585	0.630	0.663		0.01	0.115	0.135	0.150	0.162
23	0.05	0.396	0.479	0.532	0.572	1 000	0.05	0.062	0.077	0.088	0.097
	0.01	0.505	0.574	0.619	0.652		0.01	0.081	0.096	0.106	0.115

教学资源索引

参考文献

[1]华中农学院．果树研究法．北京:农业出版社,1979.
[2]马育华．试验统计．北京:农业出版社,1982.
[3]西南农业大学．蔬菜研究法．河南:河南科学技术出版社,1986.
[4]朱明哲．田间试验及统计分析．北京:农业出版社,1992.
[5]刘权,马宝焜,曲泽洲．果树试验设计与统计．北京:中国林业出版社,1992.
[6]王丽雪．果树试验与统计．北京:中国农业出版社,1995.
[7]霍志军,郭才．田间试验与生物统计．北京:中国农业大学出版社,2007.
[8]吴占福,王艳立．生物统计与试验设计．北京:化学工业出版社,2010.